建筑节能工作手册

中国建筑设计研究院建筑节能与新能源工程中心　刘　鹏　孙金颖　主编
中国建筑设计咨询公司节能环保事业部　丁　高　郝　军　主审

中国建筑工业出版社

图书在版编目（CIP）数据

建筑节能工作手册/刘鹏等主编．—北京：中国建筑工业出版社，2009
ISBN 978-7-112-11159-6

Ⅰ．建… Ⅱ．刘… Ⅲ．建筑-节能-技术手册 Ⅳ．TU111．4-62

中国版本图书馆 CIP 数据核字（2009）第 124669 号

本手册围绕建筑节能的工作目标，对建筑节能的推动与职责主体、激励机制、工作实施与投融资模式几个方面进行了梳理。在工作实施层面，按顺序分为实施步骤、工作内容、对服务机构的资格要求、执行标准、评价考核办法等几个部分：在投融资模式方面，分为投资主体、资金来源和财税政策三部分。本手册附录中汇集了我国 2009 年 8 月之前有关建筑节能法律法规、与政策的主要内容。

本书适合建筑节能技术研究人员与管理者、研究与制定建筑节能政策的政府官员阅读。

* * *

责任编辑：田启铭　王春能　石枫华
责任设计：赵明霞
责任校对：兰曼利　孟　楠

建筑节能工作手册

中国建筑设计研究院建筑节能与新能源工程中心　刘　鹏　孙金颖　主编
中国建筑设计咨询公司节能环保事业部　丁　高　郝　军　主审

*

中国建筑工业出版社出版、发行（北京西郊百万庄）
各地新华书店、建筑书店经销
北京千辰公司制版
北京市彩桥印刷有限责任公司印刷

*

开本：787×1092 毫米　1/16　印张：14　插页：1　字数：340 千字
2009 年 9 月第一版　2009 年 9 月第一次印刷
定价：**35.00** 元
ISBN 978-7-112-11159-6
（18413）

《建筑节能工作手册》编委会

主　　任　梁俊强

成　　员　丁　高　郝　军　许海松

刘韫刚　徐稳龙　占松林

主　　编　刘　鹏　孙金颖

主　　审　丁　高　郝　军

序　一

随着人类生态足迹对地球承载力的超越，资源与环境问题对人类的影响日益加剧，并成为全球的共同关注的问题。世界各个国家和地区为应对气候变化而采取的行动与合作变得日益频繁。从1972年《人类环境宣言》，到1992年《21世纪议程——可持续环境与发展行动计划》，到1997年《京都议定书》，到2002年《约翰内斯堡可持续发展承诺》，体现着各国对待资源与环境问题日益务实的态度，从统一意识的阶段走向了行动实施的阶段。

中国作为世界上最大的发展中国家，我们有一个均衡和谐的发展观：一是要发展，二是要减排，三是要改善，不断地改善中国人民的生活水平，增强国家和民族的竞争力和自信心。近些年来，我国相继颁布了《中华人民共和国节约能源法》、《中华人民共和国可再生能源法》、《民用建筑节能条例》、《公共机构节能条例》和《中国应对气候变化国家方案》，在工业、建筑、交通等各领域的节能都取得了长足的发展。

建筑营造着人们生产生活的空间，是人工环境的一个重要组成部分，在其寿命期需要持续的物质和能源支持。因此，建筑节能从一开始就具有了资源与环境的双重特征，建筑节能工作的开展也显得比其他领域节能更具有复杂性。为此，住房与城乡建设部在完善和推行建筑节能技术标准体系建设、制定和实施建筑节能经济激励政策、组织开展建筑节能示范工程项目、组织国际合作与交流、鼓励和扶持先进的建筑节能技术和产品等方面开展了大量的工作，取得了积极的进展。

伴随建筑节能工作向纵深推进，由于缺乏对建筑节能工作的系统梳理，导致相关利益主体在执行的过程中，不能明确责任、义务和权利，不了解技术标准、工作内容和方法，阻碍建筑节能工作的实施效率。中国建筑设计研究院建筑节能与新能源工程中心组织编撰的《建筑节能工作手册》，以住房与城乡建设部制定的建筑节能目标、技术标准、激励政策为总纲，提炼出建筑节能工作的一般方法，包括工作内容、步骤、投融资模式等，具有较强的操作指导性，对于推进建筑节能工作全面开展具有一定的价值，可以作为对建筑节能从业人员提供系统性培训的教材。

相信本书的出版能够更进一步推动我国建筑节能工作的开展，为解决我国的能源与环境问题贡献一份力量！

住房和城乡建设部副部长

仇保兴

2009年7月23日

序　二

改革开放三十年中国发生了根本性的历史转变，经济快速增长使我国迈入全球经济大国的行列，与此同时也使我们面临了前所未有的挑战：能源需求持续增长，温室气体排放增多，耕地、水等关键自然资源情况不断恶化，建设资源节约型和环境友好型社会就成为了中国经济社会发展的必然选择。建筑节能是国家实施节能减排战略的重要组成部分，我们承担着艰巨的任务与重大责任。

通过二十多年的工作，建筑节能取得了长足进步，走上了具有中国特色的发展道路。截止到2008年底，新建建筑基本做到了严格执行强制性节能标准，实现了国务院提出的“新建建筑施工阶段执行强制性标准的比例达到80%以上”的工作目标；北方采暖地区既有居住建筑供热计量及节能改造完成4000万平方米，每年可以节约标准煤27万吨，减排二氧化碳约70万吨；国家机关办公建筑和大型公共建筑节能运行与改造服务体系建设取得进展，完成了对10000多栋建筑的基本情况和能耗情况调查，对768栋建筑以及59所高等院校做了能源审计，公示了827栋建筑的能效，以北京、天津、深圳为试点在300多栋重点建筑建立了能效动态监测系统，为下一步开展节能运行与改造及制定用能限额标准提供了有力的数据支持；可再生能源建筑一体化规模化应用取得显著进展，中央财政资金总计支持了359个示范项目，太阳能光热利用面积达到10.3亿平方米，浅层地热能应用面积超过1亿平方米；绿色建筑的推广取得积极进展，共评出了10项绿色建筑评价标识，53项绿色建筑创新奖，53项绿色建筑示范工程。

虽然建筑节能取得了阶段性成果，但是，困扰建筑节能发展的问题却日益突出：主要是一些地方政府对建筑节能工作的认识不到位，推行力度不够。建筑节能是一项全新的工作，没有经验可供借鉴，又缺少可以进行系统学习的教材与机会，致使工作进展不平衡；建筑节能各项管理制度落实不到位，2008年10月1日《民用建筑节能条例》颁布实施，但地方政府和很多企业对于如何执行却并不十分清楚，具有可操作性的部门规章、地方性法规、实施细则和配套措施的制定落实工作滞后于发展。

解决这些问题不仅需要完善行政手段、经济政策、技术标准和配套措施，还需要各级领导、管理人员加强对我国现有法律、政策、标准的理解和运用。《建筑节能工作手册》是中国建筑设计研究院建筑节能与新能源工程中心根据我国建筑节能现状，总结多年的工程实践经验，在新建建筑节能、北方采暖地区既有居住建筑节能改造、国家机关办公建筑和大型公共建筑节能改造等领域，围绕建筑节能的总体目标，从工作内容、工作步骤、标准规范、激励政策、考核评价体系等方面提纲挈领、简明扼要的梳理了建筑节能的工作方法，可使管理人员、工程技术人员比较快地掌握建筑节能工作流程，提高工作效率。《建筑节能工作手册》汇集了建筑节能工作者的实践经验，是建筑节能领域具有参考价值的工具书。

建筑节能关系到每个人的利益，关系到建设事业的可持续发展，这项利国利民的事情必须常抓不懈。相信本书的出版能够让更多的人尽快掌握建筑节能知识，更好地推动建筑节能事业的发展。

住房和城乡建设部建筑节能与科技司司长

陈宜明

二〇〇九年六月二十二日

目　录

引 言

截至2008年末，我国第十一个五年计划已过去了整整三年。“十一五”是我国树立科学发展观、坚持可持续发展的一个重要历史时期。节能减排是这个时期的一项重要任务，建筑节能则是整个节能减排工作中的重要部分。

2007年10月28日第十届全国人民代表大会常务委员会第三十次会议修订通过了《中华人民共和国节约能源法》；2008年7月23日国务院第18次常务会议通过了《民用建筑节能条例》、《公共机构节能条例》，以国务院第530号、第531号令下发，自2008年10月1日起施行。结合2006年开始实施的《中华人民共和国可再生能源法》，两法两条例的颁布标志着建筑节能法律体系支撑层建立完成，也为建筑节能工作开展提出了方向指针和行动纲领。

此前由住房和城乡建设部与有关机构提出的建筑节能服务体系是面向全社会开展建筑节能的服务目标与内容的整套体系，是《民用建筑节能条例》和其他政策制定与执行的支撑，是建筑节能工作开展的基础。随着《民用建筑节能条例》的颁布施行，建筑节能服务体系以制度体系的形式得以明确，在今后的工作中也将日臻完善，逐步发挥其巨大的作用。

对于建筑节能，国家财政也配套出台了一系列激励政策。例如对于节能量值相对清晰的领域，投资五千万只节能灯推动绿色照明，分四批启动近360项可再生能源建筑应用示范工程等；对于目前还不能准确计算节能量值的既有建筑节能改造领域，制定了建立建筑节能监管体系和实施居住建筑供热计量及节能改造的专项补贴政策。伴随建筑节能技术进步，EMC、CDM等市场化操作模式也将得到进一步发展。

随着社会的发展，法规与政策必然经历一个逐步发展直到完善的动态过程。当我们置身于社会发展过程之中时，法规与政策的演变过程不应该妨碍我们对建筑节能的认知，反而应该成为企业在认知水平逐步提升过程中难得的机遇。目前，建筑节能服务体系正处于发展与完善的过程中，本手册汇集的是我国2008年之前有关建筑节能的主要内容，并希望伴随着法规与政策的发展不断更新。

建筑节能制度体系

《民用建筑节能条例》依据《中华人民共和国节约能源法》，深化或落实成16项制度，形成了建筑节能制度体系框架，这些制度分别是：

（1）民用建筑节能规划制度；

（2）民用建筑节能经济激励制度；

（3）建筑节能推广、限制、禁用制度；

（4）新建建筑市场准入制度；

（5）建筑能效测评标识制度；

（6）民用建筑节能信息公示制度；

（7）可再生能源建筑应用推广制度；

（8）建筑用能分项计量制度；

（9）既有居住建筑节能改造制度；

（10）国家机关办公建筑节能改造制度；

（11）节能改造的费用分担制度；

（12）建筑用能系统运行管理制度；

（13）建筑能耗报告制度；

（14）大型公共建筑运行节能管理制度；

（15）公共建筑室内温度控制制度（《中华人民共和国节约能源法》第三十七条，《民用建筑节能条例》第十八条）；

（16）建筑节能考核制度。

以上16项制度构成了图1所示体系。

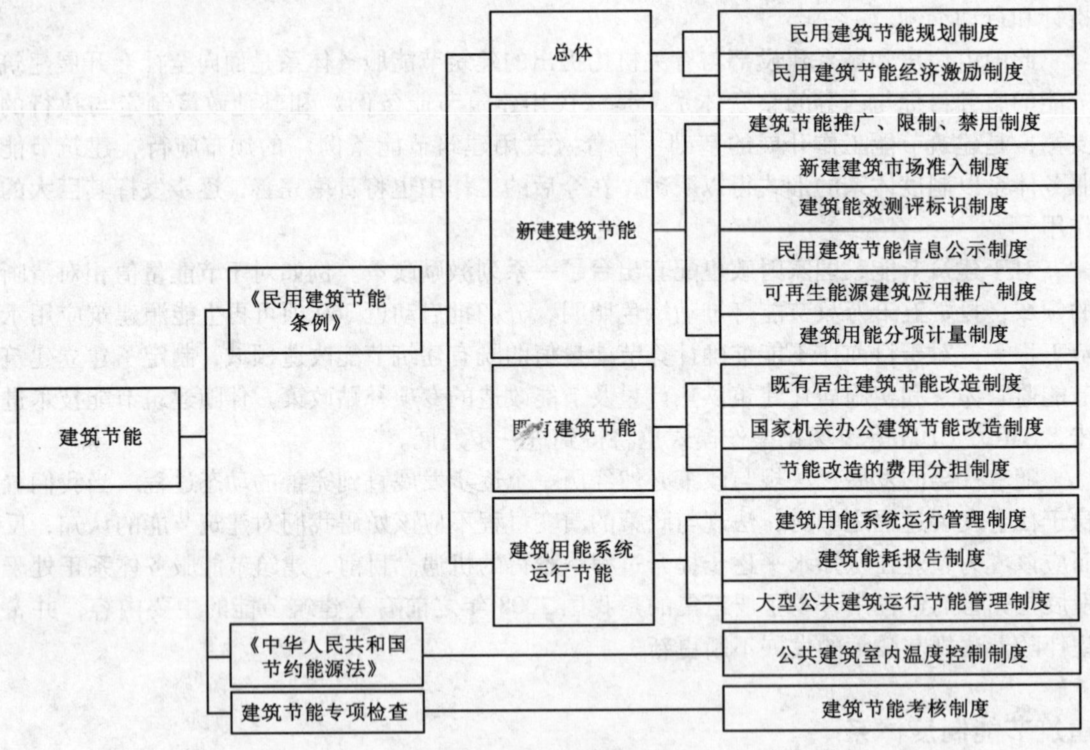

图1　建筑节能制度体系

本手册从建筑节能服务机构的角度看待建筑节能制度体系，研究体系对我们工作的指导意义，因此本手册提到的制度重点在于建筑节能技术服务和投融资服务两部分。

本手册的基本框架

图2所示为本手册的基本框架。围绕建筑节能的工作目标，对建筑节能的推动与职责主体、激励机制、工作实施与投融资模式几个方面进行梳理。在工作实施层面，按顺序分为实施步骤、工作内容、对服务机构的资格要求、执行标准、评价考核办法等几个部分；在投融资模式方面，分为投资主体、资金来源和财税政策三部分。各个部分解读了有关政策的规定内容等。

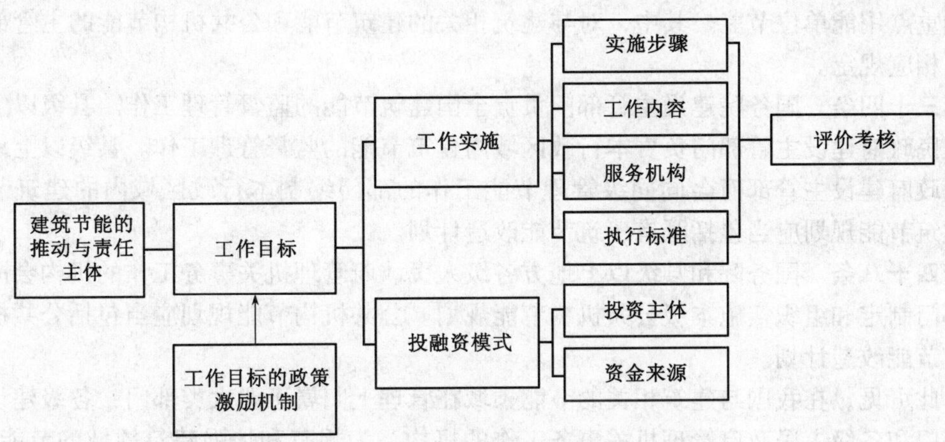

图2　建筑节能服务体系操作指南基本框架图

1　建筑节能的主管部门

修订后的《中华人民共和国节约能源法》[附录4:1.2]2008 年 4 月 1 日开始实施，规定了我国的节能领域主要包括以下五个方面：工业节能、建筑节能、交通运输节能、公共机构节能和重点用能单位节能。其中，对与建筑相关的建筑节能和公共机构节能的主管部门也进行了相应规定。

第三十四条　国务院建设主管部门负责全国建筑节能的监督管理工作。县级以上地方各级人民政府建设主管部门负责本行政区域内建筑节能的监督管理工作。县级以上地方各级人民政府建设主管部门会同同级管理节能工作的部门编制本行政区域内的建筑节能规划。建筑节能规划应当包括既有建筑节能改造计划。

第四十八条　国务院和县级以上地方各级人民政府管理机关事务工作的机构会同同级有关部门制定和组织实施本级公共机构节能规划。公共机构节能规划应当包括公共机构既有建筑节能改造计划。

由此可见，在我国与建筑相关的节能领域在管理上归属于两大类部门：各级建设行政主管部门和各级人民政府管理机关事务工作的机构，为规范和加强建筑领域的节能管理，国务院又分别制定了《民用建筑节能条例》[附录4:1.3]和《公共机构节能条例》[附录4:1.4]，这两个条例均在 2008 年 10 月 1 日开始实施。

1.1　民用建筑节能与公共机构节能

《民用建筑节能条例》第二条规定的民用建筑节能，是指在保证民用建筑使用功能和室内热环境质量的前提下，降低其使用过程中能源消耗的活动。

民用建筑，是指居住建筑、国家机关办公建筑和商业、服务业、教育、卫生等其他公共建筑。

《中华人民共和国节约能源法》第四十七条和《公共机构节能条例》第二条规定的公共机构，是指全部或者部分使用财政性资金的国家机关、事业单位和团体组织。

1.2　各级建设行政主管部门

我国的建设行政主管部门实行中央和地方两级行政区划，在中央设有中华人民共和国住房和城乡建设部，在地方各省市分别设有省级建设厅、市级建设委员会和市（县）建设局。两者之间是工作上的指导关系。

在建筑节能领域，住房和城乡建设部承担推进建筑节能、城镇减排的责任，会同有关部门拟订建筑节能的政策、规划并监督实施，组织实施重大建筑节能项目，推进城镇减排。地方各级建设行政主管部门负责落实和执行国家政策以及本级行政区域内的建筑节能工作。

《民用建筑节能条例》第五条对建筑节能的主管机构进行了明确规定：国务院建设主管部门负责全国民用建筑节能的监督管理工作。县级以上地方人民政府建设主管部门负责本行政区域民用建筑节能的监督管理工作。

1.3 各级机关事务管理机构

在我国，公共机构的管理部门为各级机关事务管理机构，分为两级行政区划，国务院机关事务管理局和县级以上地方各级人民政府机关事务管理机构。

国务院机关事务管理局（简称“国管局”）是国务院管理中央国家机关事务工作的直属机构。其在节能领域的主要工作职能包括：负责中央国家机关节约能源管理工作，会同有关部门制定规划、规章制度并组织实施；组织开展能耗统计、监测和评价考核工作。参与推动公共机构节能。

各省市机关事务管理局负责各省市级机关的办公用房、其他公务用房和公务员住房的建设、调配、租赁、使用和维修以及节能改造。

《公共机构节能条例》第四条对各级机关事务机构的节能管理工作进行了明确规定：国务院管理节能工作的部门主管全国的公共机构节能监督管理工作。国务院管理机关事务工作的机构在国务院管理节能工作的部门指导下，负责推进、指导、协调、监督全国的公共机构节能工作。国务院和县级以上地方各级人民政府管理机关事务工作的机构在同级管理节能工作的部门指导下，负责本级公共机构节能监督管理工作。教育、科技、文化、卫生、体育等系统各级主管部门在同级管理机关事务工作的机构指导下，开展本级系统内公共机构节能工作。

1.4 主管部门的职能

图1-1说明了《中华人民共和国节约能源法》、《民用建筑节能条例》和《公共机构节能条例》三部法律法规对建筑节能与公共机构节能在管理职能方面的关系。

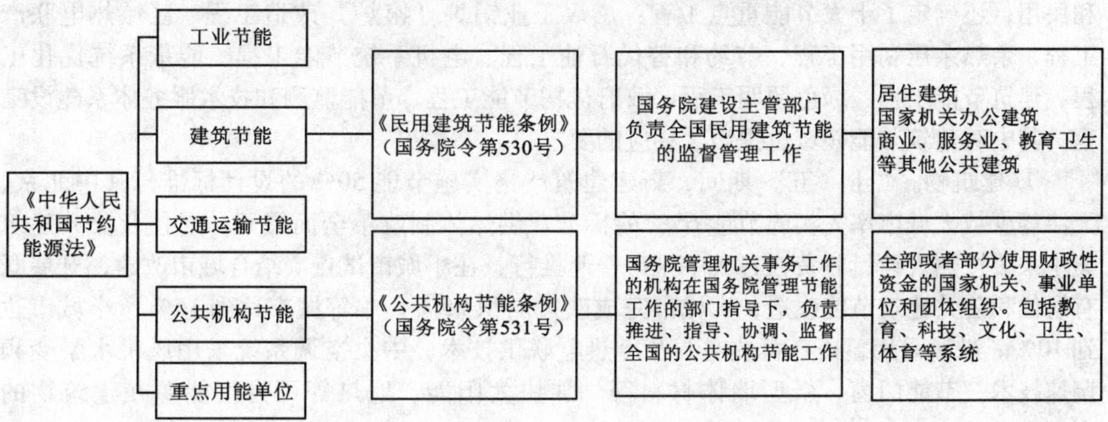

图1-1 建筑节能与公共机构节能的关系

2 建筑节能技术服务

2.1 工作目标

2.1.1 节能中长期规划对建筑节能的要求

1.《节能中长期规划》[附录4:2.1]对全国节能目标的规定

2004 年 11 月 25 日国家发展和改革委员会通过了《节能中长期规划》从四方面提出从现在到 2020 年的节能目标。

① 宏观节能量指标：到 2010 年每万元 GDP 能耗由 2002 年的 2.68 吨标准煤下降到 2.25 吨标准煤，2003 ~ 2010 年年均节能率为 2.2%，形成的节能能力为 4 亿吨标准煤。2020 年每万元 GDP 能耗下降到 1.54 吨标准煤，2003 ~ 2020 年年均节能率为 3%，形成的节能能力为 14 亿吨标准煤，相当于同期规划新增能源生产总量 12.6 亿吨标准煤的 111%，相当于减少二氧化硫排放 2100 万吨。

② 主要产品（工作量）单位能耗指标：2010 年总体达到或接近 20 世纪 90 年代初期国际先进水平，其中大中型企业达到本世纪初国际先进水平；2020 年达到或接近国际先进水平。

③ 主要耗能设备能效指标：2010 年新增主要耗能设备能源效率达到或接近国际先进水平，部分汽车、电动机、家用电器达到国际领先水平。

④ 宏观管理目标：2010 年初步建立与社会主义市场经济体制相适应的比较完善的节能法规标准体系、政策支持体系、监督管理体系、技术服务体系。

2.《节能中长期规划》对建筑节能的要求

《节能中长期规划》确定了节能的三大重点领域：重点工业，交通运输，建筑、商用和民用；还确定了十大节能重点工程：燃煤工业锅炉（窑炉）改造工程、区域热电联产工程、余热余压利用工程、节约和替代石油工程、电机系统节能工程、能量系统优化工程、建筑节能工程、绿色照明工程、政府机构节能工程、节能监测和技术服务体系建设工程。其中对建筑节能领域也提出了相应的要求：

① 建筑物。“十一五”期间，新建建筑严格实施节能 50% 的设计标准，其中北京、天津等少数大城市率先实施节能 65% 的标准。供热体制改革全面展开，居住及公共建筑集中采暖按热表计量收费在各大中城市普遍推行，在小城市试点。结合城市改建，开展既有居住和公共建筑节能改造，大城市完成改造面积 25%，中等城市达到 15%，小城市达到 10%。鼓励采用蓄冷、蓄热空调及冷热电联供技术，中央空调系统采用风机水泵变频调速技术，节能门窗、新型墙体材料等。加快太阳能、地热等可再生能源在建筑物的利用。

② 照明器具。推广稀土节能灯等高效荧光灯类产品、高强度气体放电灯及电子镇流

器，减少普通白炽灯使用比例，逐步淘汰高压汞灯，实施照明产品能效标准，提高高效节能荧光灯使用比例。

2.1.2 “十一五”期间建筑节能目标

2005年10月11日中国共产党第十六届中央委员会第五次全体会议通过《中共中央关于制定国民经济和社会发展第十一个五年规划的建议》进一步明确提出：单位国内生产总值能源消耗比“十五”期末降低20%左右，“十一五”期间实现节能5.6亿吨标准煤。

为了落实《节能中长期规划》，实现“十一五”期间的节能减排目标，国务院印发了《节能减排综合工作方案》(国发［2007］15号)[附录4:2.9]。随即颁布的《建设部关于落实〈国务院关于印发节能减排综合性工作方案的通知〉的实施方案》(建科［2007］159号)[附录4:2.11]提出到“十一五”期末，建筑节能实现节约1亿吨标准煤的目标。其中：加强新建建筑节能工作，实现节能6150万吨标准煤；深化供热体制改革，对北方采暖地区既有建筑实施热计量及节能改造，实现节能1600万吨标准煤；加强国家机关办公建筑和大型公共建筑节能运行管理与改造，实现节能1100万吨标准煤。发展太阳能、浅层地热能、生物质能等可再生能源在建筑中应用，实现替代常规能源1100万吨标准煤。优先发展城市公共交通，调整出行结构，提高交通效率，实现节约4亿升燃油的目标。与建筑节能直接相关的节约量为9950万吨标准煤，具体目标分解可见表2-1。

“十一五”期间建筑节能目标分解表 **表2-1**

建筑节能目标分解	节能指标（万吨标煤）
新建建筑节能	6150
北方采暖地区既有建筑实施热计量及节能改造	1600
国家机关办公建筑和大型公共建筑节能运行管理与改造	1100
可再生能源在建筑中应用	1100
合　计	9950

一是加强新建建筑节能工作。“十一五”期间，我国城镇将新建40亿~50亿平方米建筑。新建建筑将严格执行节能强制性标准，4个直辖市执行65%的节能标准，到“十二五”，全国范围内将执行65%的节能标准。同时，将发展节能省地环保型建筑和绿色建筑，建立符合中国特点的节约型住宅建设和消费模式。推广绿色建筑及低能耗示范工程。在“十一五”期间启动了“一百项绿色建筑示范工程与一百项低能耗建筑示范工程”（简称“双百工程”）的工作。通过“双百工程”的建设，希望形成一批以科技为先导、节能减排为重点、功能完善、特色鲜明、具有辐射带动作用的绿色建筑示范工程和低能耗建筑示范工程。

二是深化供热体制改革，对北方采暖地区居住建筑实施热计量及节能改造。住房和城乡建设部已将“十一五”期间1.5亿平方米的改造任务分解到各省区市，并要求其进一步分解到各城市（区）。北方采暖地区区域面积占我国国土面积的70%，其中城镇采暖住宅面积约占城镇住宅总面积的50%。目前节能住宅比例仅为10%，采暖能耗为1.35亿吨标煤，具有较大的节能潜力。北方地区节能改造的内容主要是围护结构改造、计量改造、供热系统改造。

三是加强国家机关办公建筑和大型公共建筑的节能运行管理与改造。主要工作内容为：加强能耗监测、能耗统计、能源审计、能效公示等在内的节能运行管理制度建设。24个示范省市确保完成2008年年中能效公示任务，2008年下半年开始在全国范围内推广。

四是推进可再生能源在建筑中的规模化应用。通过实施可再生能源建筑应用示范推广项目，扩大示范效应；在农村地区大力推广太阳能、风能、生物质能等；制定可再生能源建筑应用关键技术设计指南、施工关键技术指南、关键设备可靠适用性评估标准等。

2.2 政策和市场激励

新建建筑严格执行强制性节能标准，实行以能效标识为特征的新建建筑市场准入制度。北方采暖地区既有居住建筑节能改造实行供热计量与节能改造同步进行的既有建筑节能改造制度。国家机关办公建筑和大型公共建筑节能改造实行包含"能耗统计、能源审计、能效公示、用能定额、超定额加价"在内的节能运行管理制度。可再生能源在建筑中应用需执行"在条件具备的情况下，与建筑主体工程同步设计、同步施工、同步验收"的制度。

不同类型的建筑节能适用不同的政策和行政法规。市场激励机制的作用是与政策法规的正面指导配合，负责对节能服务需求与供给双向激发，并培育市场。

2.2.1 新建建筑节能

新建建筑节能工作的推进，纳入现有的工程建设标准体系，采用执行强制性节能标准的方式激励市场需求。

1. 严格执行强制性节能标准

《民用建筑节能条例》第十五条规定设计单位、施工单位、工程监理单位及其注册执业人员，应当按照民用建筑节能强制性标准进行设计、施工、监理。

《关于新建居住建筑严格执行节能设计标准的通知》(建科［2005］55号)[附录4:3.1.2]规定新建居住建筑节能标准必须严格执行。

2. 以能效标识为特征的新建建筑市场准入制度

《民用建筑节能条例》第二十二条规定：房地产开发企业销售商品房，应当向购买人明示所售商品房的能源消耗指标、节能措施和保护要求、保温工程保修期等信息，并在商品房买卖合同和住宅质量保证书、住宅使用说明书中载明。

《民用建筑能效测评标识管理暂行办法》(建科［2008］80号)[附录4:3.5.2附件1]规定了实行能效标识的项目类型、测评机构及管理办法。对于新建建筑通过能效标识的手段来严格控制进入市场的比例。

2.2.2 既有建筑节能改造

1. 北方采暖地区既有居住建筑节能改造

研究表明，我国北方城镇采暖能耗占全国城镇建筑总能耗的40%。既有建筑用热效率低是供热存在的主要问题之一，我国住宅的单位建筑面积采暖能耗折合标煤平均为每年20kg/m^2，是气候条件接近的北欧国家采暖能耗的1~1.5倍。基于历史原因，北方采暖地区居住建筑集中供热采用按面积计收热费的方式。

集中供热系统可以大致上看成热源、输配管网（一次网、二次网和换热站）、热用户三大块，每一块都面临提高能效问题。能效工作推进难的核心问题主要有以下几点：

1）北方地区集中供热普遍存在供热设施老化、地方财力匮乏、困难群体大、热费支付能力弱以及供热用能源价格上涨等实际困难。

2）既有居住建筑产权分散，节能改造责任主体不明晰。

3）按面积计收热费的运营模式阻碍了节能改造和可再生能源应用形成有效市场需求。

为激发既有居住建筑节能改造市场需求，目前采用的激励机制是：按所有权分解和"谁用热谁交费"为核心原则的供热体制改革，具体方法是分栋热计量和按用热量收费。分栋热计量指在楼栋安装热计量表，其目的在于将热计量表两侧的所有权明晰化，进而明确节能改造主体。表前热源和输配管网由政府、热力公司和物业公司负责筹措资金实施改造；表后的居住建筑热用户则由政府、供热单位和产权所有者共同负担改造经费实施围护结构和采暖系统节能改造。安装分栋热计量表即有条件实施按用热量收费，以激发节能改造和可再生能源应用的市场需求。

住房和城乡建设部在《关于推进北方采暖地区既有居住建筑供热计量及节能改造工作的实施意见》（建科［2008］95号）[附录4：3.2.3]中提出了"十一五"期间，启动和实施北方采暖地区既有居住建筑供热计量及节能改造面积1.5亿平方米的目标，改造过程遵循整体、同步改造原则，即对供热系统和围护结构统一规划和设计，同步实施改造。

同时，居住建筑节能改造享受财政资金支持，按《北方采暖地区既有居住建筑供热计量及节能改造奖励资金管理暂行办法》（财建［2007］957号）[附录4：3.2.1]规定，财政部设立了"北方采暖地区既有居住建筑供热计量及节能改造奖励资金"，按照气候区、改造面积和节能效果确立了资金分配的方法。

2. 国家机关办公建筑和大型公共建筑节能改造

国家机关办公建筑是公共建筑中的一个类型，大型公共建筑是面积大于2万平方米、设有集中空调系统的公共建筑，国家机关办公建筑既有可能是大型公共建筑，也有可能只是普通公共建筑。研究表明，大型公共建筑是用电大户。把国家机关办公建筑单列，其原因有三：一是当把国家机关作为一个统计单元时，发现国家机关的能耗水平远远高出社会平均能耗水平，可以作为一组重点用能单位对待；二是在构建两型社会，推进节能减排的工作中，国家机关办公建筑有理由发挥率先垂范作用；三是国家机关办公建筑在用能费用结算机制方面不同于其他公共建筑，由国家财政全部负担。

大型公共建筑节能改造的市场激励机制是："能耗统计、能源审计、能效公示、用能定额、超定额加价"。最终希望通过价格杠杆撬动市场需求。

用能费用全部由国家财政支付，使得超定额加价在国家机关办公建筑节能改造市场激发中不能有效发挥作用，所以国家机关办公建筑节能改造的市场激励机制略不同于大型公共建筑，重点是能耗统计、能源审计和能效公示。通过公示能效结果促使国家机关实施节能改造。

建设部《关于加强国家机关办公建筑和大型公共建筑节能管理工作实施意见》（建科［2007］245号）[附录4：3.3.1]提出"十一五"期间建立健全国家机关办公建筑和大型公共建

筑节能监管体系和节能运行管理制度，进一步强化监督管理，建立和完善能效测评、用能标准、能耗统计、能源审计、能效公示、用能定额、节能服务等各项制度。

《国家机关办公建筑和大型公共建筑节能专项资金管理暂行办法》(财建［2007］558号)[附录4:3.3.2]规定财政部设立“国家机关办公建筑和大型公共建筑节能专项资金”，并明确了资金支持领域和申请方法。

2.2.3　可再生能源建筑应用

《中华人民共和国可再生能源法》[附录4:1.1]**第十七条**规定：国家鼓励单位和个人安装和使用太阳能热水系统、太阳能供热采暖和制冷系统、太阳能光伏发电系统等太阳能利用系统。国务院建设行政主管部门会同国务院有关部门制定太阳能利用系统与建筑结合的技术经济政策和技术规范。

《民用建筑节能条例》第四条规定：国家鼓励和扶持在新建建筑和既有建筑节能改造中采用太阳能、地热能等可再生能源。

第二十条规定：对具备可再生能源利用条件的建筑，建设单位应当选择合适的可再生能源，用于采暖、制冷、照明和热水供应等；设计单位应当按照有关可再生能源利用的标准进行设计。建设可再生能源利用设施，应当与建筑主体工程同步设计、同步施工、同步验收。

推广建筑可再生能源应用的激励机制是政府补贴。

《可再生能源建筑应用专项资金管理暂行办法》(财建［2006］460号)[附录4:3.4.3附件]规定了建立“可再生能源建筑应用专项资金”支持的可再生能源建筑应用重点领域。

2.2.4　其　他

1. 节能材料

《中华人民共和国节约能源法》第六十一条规定：国家对生产、使用列入本法第五十八条规定的推广目录的需要支持的节能技术、节能产品，实行税收优惠等扶持政策。国家通过财政补贴支持节能照明器具等节能产品的推广和使用。

《中华人民共和国节约能源法》第五十八条规定：国务院管理节能工作的部门会同国务院有关部门制定并公布节能技术、节能产品的推广目录，引导用能单位和个人使用先进的节能技术、节能产品。

《建设部关于落实〈国务院关于印发节能减排综合性工作方案的通知〉的实施方案》(建科［2007］159号）从发展循环经济的角度对节能建材提出了发展要求：一是发挥墙改基金的引导和调控作用，开发和推广新型墙体材料，推进资源综合利用；二是建立健全城市垃圾收集系统，鼓励开展垃圾焚烧发电和供热，推进垃圾无害化处理设施建设，促进垃圾资源化利用。

《建设部推广应用和限制禁止使用技术》(中华人民共和国建设部公告第218号)[附录4:3.8.1]推广的技术中包含建筑节能部分，如外墙保温材料、保温系统、玻璃、散热器等。

2. 建筑节能服务机构

《中华人民共和国节约能源法》第二十二条规定：国家鼓励节能服务机构的发展，支持节能服务机构开展节能咨询、设计、评估、检测、审计、认证等服务。国家支持节能服务机构开展节能知识宣传和节能技术培训，提供节能信息、节能示范和其他公益性节能服务。

《国务院关于加快发展服务业的若干意见》(国发［2007］7号)[附录4:2.7]提出了对服务行业加大投入和政策扶持力度。并制定了《中央财政促进服务业发展专项资金管理暂行办法》(财建［2007］853号)[附录4:2.12附件]设立专项资金，采用奖励、贷款贴息和财政补助对服务业给予支持。

2.3 工作步骤和工作内容

2.3.1 新建建筑节能

对于新建建筑节能有关的管理目前纳入工程建设流程体系，具体工作内容分解为五个阶段，换言之，分为五个步骤实施。

1. 规划阶段

要点是确定建筑的布局、形状和朝向。

《民用建筑节能条例》第十二条规定：编制城市详细规划、镇详细规划，应当按照民用建筑节能的要求，确定建筑的布局、形状和朝向。城乡规划主管部门依法对民用建筑进行规划审查，应当就设计方案是否符合民用建筑节能强制性标准征求同级建设主管部门的意见；建设主管部门应当自收到征求意见材料之日起10日内提出意见。征求意见时间不计算在规划许可的期限内。对不符合民用建筑节能强制性标准的，不得颁发建设工程规划许可证。

《城市规划编制办法》(中华人民共和国建设部令第146号）规定了规划的阶段划分和编制单位。城市人民政府负责组织编制城市总体规划和城市分区规划。控制性详细规划由城市人民政府建设主管部门（城乡规划主管部门）依据已经批准的城市总体规划或者城市分区规划组织编制。修建性详细规划可以由有关单位依据控制性详细规划及建设主管部门（城乡规划主管部门）提出的规划条件，委托城市规划编制单位编制。

2. 设计阶段

要点是按建筑节能强制性标准设计。

《民用建筑节能条例》第十三条规定：施工图设计文件审查机构应当按照民用建筑节能强制性标准对施工图设计文件进行审查；经审查不符合民用建筑节能强制性标准的，县级以上地方人民政府建设主管部门不得颁发施工许可证。

《民用建筑工程节能质量监督管理办法》(建质［2006］192号)[附录4:3.1.3附件]规定：民用建筑工程设计要按功能要求合理组合空间造型，充分考虑建筑体形、围护结构对建筑节能的影响，合理确定冷源、热源的形式和设备性能，选用成熟、可靠、先进、适用的节能技术、材料和产品。初步设计文件应设建筑节能设计专篇，施工图设计文件须包括建筑节能热工计算书，大型公共建筑工程方案设计须同时报送有关建筑节能专题报告，明确建筑节能措施及目标等内容。

3. 施工阶段

要点是按照民用建筑节能强制性标准进行设计、施工、监理。

《民用建筑节能条例》第十五条规定：设计单位、施工单位、工程监理单位及其注册执业人员，应当按照民用建筑节能强制性标准进行设计、施工、监理。

《民用建筑工程节能质量监督管理办法》(建质［2006］192号）规定建设单位、设计单位、施工单位、监理单位、施工图审查机构、工程质量检测机构等单位，应当遵守国家有关建筑节能的法律法规和技术标准，履行合同约定义务，并依法对民用建筑工程节能质量负责。

4. 竣工验收阶段

要点是按照《建筑节能工程施工质量验收规范》验收。

《民用建筑节能条例》第十七条规定：建设单位组织竣工验收，应当对民用建筑是否符合民用建筑节能强制性标准进行查验；对不符合民用建筑节能强制性标准的，不得出具竣工验收合格报告。

建设部办公厅《关于加强〈建筑节能工程施工质量验收规范〉宣贯、实施及监督工作的通知》(建办标函［2007］302 号)[附录4:3.8.2]规定：《规范》实施后开工建设的民用建筑工程，以及已开工建设但建筑节能分部工程尚未开始施工的，应当严格按照《规范》的要求或相应的地方标准进行施工质量验收，不符合强制性条文规定或验收不合格的民用建筑工程，不得予以备案或交付使用。对《规范》实施前已开工建设且节能分部工程已开始施工的民用建筑工程，具备条件的，可以按照《规范》进行施工质量验收。

5. 标识阶段

要点是测评、标识和公示。

《民用建筑节能条例》第二十一条规定：国家机关办公建筑和大型公共建筑的所有权人应当对建筑的能源利用效率进行测评和标识，并按照国家有关规定将测评结果予以公示，接受社会监督。国家机关办公建筑应当安装、使用节能设备。本条例所称大型公共建筑，是指单体建筑面积 2 万平方米以上的公共建筑。

《民用建筑节能信息公示办法》(建科［2008］116 号)[附录4:3.5.3]规定，新建（改建、扩建）和进行节能改造的民用建筑应当公示建筑节能信息。建筑能效测评标识按《关于试行民用建筑能效测评标识制度的通知》(建科［2008］80 号)[附录4:3.5.2]执行。

2.3.2 北方采暖地区既有居住建筑节能改造

北方采暖地区既有居住建筑节能改造具体工作分解为五个阶段。

1. 规划阶段

要点是对既有建筑的建设年代、结构形式、用能系统、能源消耗指标、寿命周期等组织调查统计和分析；落实主体是县级以上地方人民政府建设、财政主管部门；通过自上而下的任务分解启动实施。

《民用建筑节能条例》第二十五条规定：县级以上地方人民政府建设主管部门应当对本行政区域内既有建筑的建设年代、结构形式、用能系统、能源消耗指标、寿命周期等组织调查统计和分析，制定既有建筑节能改造计划，明确节能改造的目标、范围和要求，报本级人民政府批准后组织实施。

《关于推进北方采暖地区既有居住建筑供热计量及节能改造工作的实施意见》(建科［2008］95 号）规定了既有居住建筑节能改造规划阶段的工作内容包括：

1）各省、自治区、直辖市应将国家分解的工作任务进一步分解到所辖各市（区、县)，并将分解结果报住房和城乡建设部、财政部备案。

2）各地根据承担的工作任务，确定具体改造项目。

3）各地建设、财政主管部门制定落实本地区改造任务的实施方案，经本级人民政府批准后，组织实施，同时报省级建设、财政主管部门备案。

4）各地建设、财政主管部门在所辖市（区、县）制订的实施方案基础上，填写既有居住建筑供热计量及节能改造项目汇总表及项目基本情况表，报住房和城乡建设部、财政部备案。

2. 节能诊断

要点是节能诊断的内容，有资质和标准的要求。

《北方采暖地区既有居住建筑供热计量及节能改造技术导则（试行）》(建科［2008］126号)[附录4:3.2.4]，对节能诊断作了规定：既有居住建筑节能改造前应进行节能诊断，了解围护结构的热工性能、采暖系统能耗及运行控制情况、室内热环境状况等，通过设计验算和全年能耗分析，对拟改造建筑的能耗状况及节能潜力做出评价并出具报告，作为节能改造的依据。

节能诊断应包括以下内容：1）围护结构及供热采暖系统现状调查；2）围护结构热工性能及供热采暖系统节能性能的测试和诊断；3）节能改造技术经济性评估。节能诊断应由建设单位委托具备相应资质的检测、评估机构进行。节能诊断方法可参照国家行业标准《采暖居住建筑节能检验标准》(JGJ 132—2001）中的有关规定。

3. 节能改造设计

《民用建筑节能条例》第二十八条规定：实施既有建筑节能改造，应当符合民用建筑节能强制性标准，优先采用遮阳、改善通风等低成本改造措施。既有建筑围护结构的改造和供热系统的改造，应当同步进行。

通过上一阶段的节能诊断工作，基本可以明确建筑结构体系的热工性能、建筑用能系统的能耗状况，可以有针对性地进行节能改造设计。节能改造设计的内容主要有：围护结构的改造设计、供热系统的改造设计和供热计量改造设计。

4. 节能改造实施

节能改造遵循现有的建筑节能强制性标准。节能改造应在节能诊断基础上，因地制宜地选择投资成本低、节能效果明显的方案。节能改造内容主要包括：1）围护结构节能改造；2）供热采暖系统节能改造；3）供热采暖系统计量改造。

5. 效果监测与评估

目前处于试行阶段，有资质要求。

《关于印发〈北方采暖地区既有居住建筑供热计量及节能改造技术导则〉(试行）的通知》(建科［2008］126号）规定，节能改造完成后，应对改造工程的节能效果进行检测与评估。检测与评估应由建设单位委托具有相应检测资质的检测机构检测，并出具报告。检测的项目主要包括：改造后供热能耗测试及与改造前能耗的对比分析；建筑物平均室温测试与分析；单项改造措施效果测试与分析；改造投资与技术经济分析。

《关于试行民用建筑能效测评标识制度的通知》(建科［2008］80号）发布的《民用建筑能效测评标识管理暂行办法》规定，试行（测评标识）的建筑项目包括申请中央财政北方采暖地区既有居住建筑供热计量及节能改造专项资金奖励的建筑项目。

《关于印发〈民用建筑能效测评标识技术导则〉(试行）的通知》(建科［2008］118号)[附录4:3.5.4]中发布的《民用建筑能效测评标识技术导则》规定导则适用于新建居住和公共建筑以及实施节能改造后的既有建筑能效测评标识。实施节能改造前的既有建筑可参照执行。

《关于印发〈北方采暖地区既有居住建筑供热计量改造工程验收办法〉的通知》(建城［2008］211 号)[附录4;3.2.6]规定了供热系统按照供热计量收费的要求进行改造的验收依据、内容和组织。

2.3.3　国家机关办公建筑和大型公共建筑节能改造

国家机关办公建筑和大型公共建筑节能改造具体工作内容分为八个阶段。由于国家机关办公建筑和大型公共建筑节能改造在激励机制、主管部门、投资主体等方面有所不同，因此，两类主体在改造实施中的步骤并不完全相同。其不同点主要体现在制度建设方面。

1. 规划阶段

要点是明确了规划主管部门和自上而下的任务分解启动形式。

《民用建筑节能条例》二十五条规定：中央国家机关既有建筑的节能改造，由有关管理机关事务工作的机构制定节能改造计划，并组织实施。

《公共机构节能条例》对公共机构节能规划有相应的规定：

第十条　国务院和县级以上地方各级人民政府管理机关事务工作的机构应当会同同级有关部门，根据本级人民政府节能中长期专项规划，制定本级公共机构节能规划。县级公共机构节能规划应当包括所辖乡（镇）公共机构节能的内容。

第十一条　公共机构节能规划应当包括指导思想和原则、用能现状和问题、节能目标和指标、节能重点环节、实施主体、保障措施等方面的内容。

第十二条　国务院和县级以上地方各级人民政府管理机关事务工作的机构应当将公共机构节能规划确定的节能目标和指标，按年度分解落实到本级公共机构。

第十三条　公共机构应当结合本单位用能特点和上一年度用能状况，制定年度节能目标和实施方案，有针对性地采取节能管理或者节能改造措施，保证节能目标的完成。公共机构应当将年度节能目标和实施方案报本级人民政府管理机关事务工作的机构备案。

2. 能耗统计

国家机关办公建筑和大型公共建筑节能改造与能耗监测平台的建立有密切的关联，目前平台建立与节能改造同步实施。《关于加强国家机关办公建筑和大型公共建筑节能管理工作的实施意见》(建科［2007］245 号）对于国家机关办公建筑和大型公共建筑节能改造的总体思路是“逐步建立起全国联网的国家机关办公建筑和大型公共建筑能耗监测平台，对全国重点城市重点建筑能耗进行实时监测，并通过能耗统计、能源审计、能效公示、用能定额和超定额加价等制度，促使国家机关办公建筑和大型公共建筑提高节能运行管理水平，培育建筑节能服务市场，为高能耗建筑的进一步节能改造准备条件”。

① 能耗监测平台建设

《关于印发国家机关办公建筑和大型公共建筑能耗监测系统建设相关技术导则的通知》[附录4;3.3.4]（建科［2008］114 号）附件 5《国家机关办公建筑和大型公共建筑能耗监测系统建设、验收与运行管理规范》规定，住房和城乡建设部信息中心是能耗动态监测系统建设的具体组织实施单位，在科技司的领导下，负责该系统中央级平台建设、相关导则编制和日常管理工作。各省、自治区建设行政主管部门负责能耗动态监测系统省级数据中心建设，负责本行政区内能耗动态监测系统建设组织实施工作，对技术方案、系统建设、项目验收、运行核查等工作进行把关。各城市建设行政主管部门负责本市能耗动态监测系统的立项申报、方案设计、建设组织、运行维护和数据上传工作。能耗动态监测系统的管理工作按进度划分为：技术方案评审；建设过程监管；项目验收；系统运行监管。

② 能耗统计方法

《关于印发〈民用建筑能耗统计报表制度〉（试行）的通知》（建科函［2007］271号）[附录4;3.8.3]规定："凡已纳入国家机关办公建筑和大型公共建筑节能监管体系建设的试点城市，开展国家机关办公建筑和大型公共建筑的能耗统计工作，均应按照《报表制度》的要求进行"能耗统计，即对国家机关办公建筑和大型公共建筑的基本情况、能源消耗（电、水、燃气、热量）分季度、年度的调查统计与分析。

民用建筑能耗统计工作分省、市两级组织实施，住房和城乡建设部负责指导和协调全国民用建筑能耗统计工作，省级建设行政主管部门负责组织实施辖区内民用建筑能耗统计工作。住房和城乡建设部委托部建筑节能中心负责全国民用建筑能耗统计的具体实施与管理。

民用建筑基本信息对政府办公建筑和大型公共建筑，以及随机抽样的街道（镇）范围内的其他民用建筑采取全面调查方式，应对每一栋政府办公建筑和大型公共建筑建立"民用建筑能耗统计台账"。民用建筑能耗统计针对不同类型的建筑采取不同的统计调查方式，其中，国家机关办公建筑和大型公共建筑能耗统计采取全面调查的方式；其他民用建筑能耗统计采取抽样调查方式。

《公共机构节能条例》对能耗统计有相应的规定：

第十四条　公共机构应当实行能源消费计量制度，区分用能种类、用能系统实行能源消费分户、分类、分项计量，并对能源消耗状况进行实时监测，及时发现、纠正用能浪费现象。

第十五条　公共机构应当指定专人负责能源消费统计，如实记录能源消费计量原始数据，建立统计台账。

公共机构应当于每年3月31日前，向本级人民政府管理机关事务工作的机构报送上一年度能源消费状况报告。

第十六条　国务院和县级以上地方各级人民政府管理机关事务工作的机构应当会同同级有关部门按照管理权限，根据不同行业、不同系统公共机构能源消耗综合水平和特点，制定能源消耗定额，财政部门根据能源消耗定额制定能源消耗支出标准。

第十七条　公共机构应当在能源消耗定额范围内使用能源，加强能源消耗支出管理；超过能源消耗定额使用能源的，应当向本级人民政府管理机关事务工作的机构作出说明。

能耗统计的对象、范围、占规划总量中的比例参照《民用建筑能耗统计报表制度（试行）》（建科函［2007］271号）执行。

3. 能源审计

能源审计，是根据能耗统计结果，选取各类型建筑中的部分高能耗建筑，或部分具有标杆作用的低能耗建筑进行能源审计。省（市）建筑能源审计工作领导小组或负责机构应根据法律、法规和国家其他有关规定，按照本级和上级人民政府建设主管部门的要求，确定年度建筑能源审计工作重点，编制年度审计项目计划，筛选被审计建筑。

《公共机构节能条例》第二十八条规定：公共机构实施节能改造，应当进行能源审计和投资收益分析，明确节能指标，并在节能改造后采用计量方式对节能指标进行考核和综合评价。

《关于加强国家机关办公建筑和大型公共建筑节能管理工作的实施意见》(建科［2007］245号）规定：示范省市应按照《国家机关办公建筑和大型公共建筑能源审计导则》[附录4:3.3.3]规定的方法进行能源审计。

4. 能效公示

能效公示，指在政府或其指定的官方网站以及本地主流媒体对能耗统计结果和能源审计结果进行公示。《国家机关办公建筑和大型公共建筑节能监管体系建设实施方案》[《关于加强国家机关办公建筑和大型公共建筑节能管理工作的实施意见》(建科［2007］245号］附件提出能效公示的计划：

① 于2007年12月底之前实现建筑基本能耗信息和审计结果的公示：a. 国家机关办公建筑。示范省、自治区、直辖市应完成20个省直国家机关办公建筑的能效公示；示范计划单列市、省会城市应完成10个市直国家机关办公建筑的能效公示；b. 商业性大型公共建筑。四个直辖市和深圳市应完成至少20个商业性大型公共建筑（宾馆、商场、写字楼）的能效公示；示范的省会城市、其他计划单列市应完成至少10个商业性大型公共建筑的能效公示；c. 高等院校。除海南省之外的示范省、自治区、直辖市完成不少于5所高校的能效公示。

② 2008年开始逐步增加分项能耗指标、综合能效排名、合理参考能耗水平等公示内容，每年对各类型建筑单位面积能耗排名前20%的建筑进行公示，对能效高的建筑按类型各选取3个作为标杆建筑进行公示。

截至目前，此项工作推进缓慢。

5. 改造设计

应当符合民用建筑节能强制性标准。

6. 改造实施

《关于加强国家机关办公建筑和大型公共建筑节能管理工作的实施意见》(建科［2007］245号）提出“国家机关办公建筑和大型公共建筑所有权人或使用人可以委托专业的能源服务机构对节能改造的必要性、可行性以及投入收益比等进行科学论证，并采取合同能源管理等方式组织实施。在改造时应同步考虑采用可再生能源。各地建设主管部门要在其改造过程中进行监督与管理，给予必要的指导和协助。国家机关办公建筑、政府投资和以政府投资为主的大型公共建筑的节能改造，应当制定节能改造方案，经充分论证，并按照国家有关规定办理相关审批手续后，方可进行。凡违反国家有关规定和标准，以节能改造的名义对既有建筑进行扩建、改建的，当地建设部门不得办理相关审批手续。”

《民用建筑节能条例》第二十八条规定：实施既有建筑节能改造，应当符合民用建筑节能强制性标准，优先采用遮阳、改善通风等低成本改造措施。既有建筑围护结构的改造和供热系统的改造，应当同步进行。节能改造项目的实际实施阶段严格按照改造设计图纸进行。

《公共机构节能条例》二十六条规定：公共机构可以采用合同能源管理方式，委托节能服务机构进行节能诊断、设计、融资、改造和运行管理。

7. 验收与评价

《民用建筑能效测评标识技术导则（试行)》(建科［2008］118号）[附录4:3.5.4]适用于新

建居住和公共建筑以及实施节能改造后的既有建筑能效测评标识。实施节能改造前的既有建筑可参照执行。

改造工程完工后，将由业主单位委托具有资质的能效测评机构对能耗及节能效益进行实际监测。检测的项目主要包括：改造后供热能耗测试及与改造前能耗的对比分析；建筑物平均室温测试与分析；单项改造措施效果测试与分析；改造投资与技术经济分析。

8. 制度建设

① 制度环境建设

《国家机关办公建筑和大型公共建筑节能监管体系建设实施方案》[《关于加强国家机关办公建筑和大型公共建筑节能管理工作的实施意见》(建科［2007］245号）附件］规定制度建设主要包括：制订本辖区内能效公示办法，能耗调查与能源审计管理办法，建立和完善节能运行管理制度及操作规程，研究能耗定额与用能系统运行标准，逐步建立超定额加价制度，研究探索推进大型公共建筑节能的市场化机制。建立建筑节能服务市场准入制度，规范其发展，建立建筑节能服务企业信用体系。制定建筑节能相关主体的资质管理办法，制定服务收费、质量、评价、验收等标准规范，研究制定建筑节能服务的规范性文本，维护市场秩序，促进建筑节能服务市场的规范发展，形成建筑节能服务市场监管体系。

② 运行管理制度

《民用建筑节能条例》第三十三条规定：供热单位应当建立健全相关制度，加强对专业技术人员的教育和培训。

《公共机构节能条例》第二十四条规定：公共机构应当建立、健全本单位节能运行管理制度和用能系统操作规程，加强用能系统和设备运行调节、维护保养、巡视检查，推行低成本、无成本节能措施。

第二十五条规定　公共机构应当设置能源管理岗位，实行能源管理岗位责任制。重点用能系统、设备的操作岗位应当配备专业技术人员。

2.3.4　其他公共建筑节能改造

《民用建筑节能条例》第二十七条、二十八条规定：居住建筑和本条例第二十六条规定以外的其他公共建筑不符合民用建筑节能强制性标准的，在尊重建筑所有权人意愿的基础上，可以结合扩建、改建，逐步实施节能改造。应当符合民用建筑节能强制性标准。

2.4　服务机构资格

目前我国的节能服务行业的发展处于起步阶段，没有建立完整的资质认定体系，仅对于节能检测机构做出了资格规定。

2008年5月颁布的《民用建筑能效测评机构管理暂行办法》[《关于试行民用建筑能效测评标识制度的通知》(建科［2008］80号）附件2］中规定：测评机构按其承接业务范围，分能效综合测评、围护结构能效测评、采暖空调系统能效测评、可再生能源系统能效测评及见证取样检测，其基本条件如下：

（1）应当具有独立法人资格。

（2）国家级测评机构注册资本金不少于500万元；省级测评机构注册资本金不少于

200万元。

（3）具有一定规模的业务活动固定场所和开展能效测评业务所需的设施及办公条件。

（4）应当取得计量认证和国家实验室认可。认可资格、授权检验范围及通过认证的计量检测项目应当满足《民用建筑能效测评与标识技术导则》所规定内容的需要。

（5）测评机构应设有专门的检测部门，并具备对检测结果进行评估分析的能力。测评机构人员的数量与素质应与所承担的测评任务相适应。测评机构工作人员，应熟练掌握有关标准规范的规定，具备胜任本岗位工作的业务能力，技术人员的比例不得低于70%，工程师以上人员比例不得低于50%，其中，从事本专业3年以上的业务人员不少于30%。

（6）应当有近两年来的建筑节能相关检测业绩。

（7）有健全的组织机构和符合相关要求的质量管理体系。

（8）技术经济负责人为本机构专职人员，具有10年以上检测评估管理经验，具有高级技术或经济职称。

2.5 主要节能标准

《民用建筑节能条例》第十二条、第十三条、第十四条、第十五条、第十六条、第十七条分别对新建建筑从规划、施工图设计、建设单位、设计施工与工程监理单位、材料采购、竣工验收各个环节和主体提出了必须符合“建筑节能强制性标准”的要求。第二十八条提出了实施既有建筑节能改造，应当符合“建筑节能强制性标准”的要求。

我国现有的标准法规体系，分为技术标准和行政法规两大类，常见的技术标准有多种分类方法，例如：

（1）国家标准（GB）→行业（协会）标准（如JGJ、CECS）→地方标准（DB）→企业标准（QB）；

（2）基础性标准→过程性标准→产品应用标准→特定系统的产品材料标准；

（3）强制性标准→推荐性标准（GBT）等。

从标准体系分类的现状来看，还不存在一个边界清晰、内容确切的“建筑节能强制性标准”类别；从长远来看，“建筑节能强制性标准”有可能发展成为一个技术标准体系，如能全面覆盖不同气候区、不同建筑类型、完整的建设过程和建筑的全生命周期则比较理想。

考虑到我国工程建设技术标准体系分类现状和目前建筑节能咨询、设计工作等内容的现状，在此且把平时工作中最常用的主要节能标准分为两个类别：强制性节能标准和其他。

本文所列“强制性节能标准”是指：全文强制或包含有关强制性条款的、主要的节能设计、验收技术标准；除此以外的技术标准和与建筑节能相关的政策文件、管理办法、实施方案、导则、通知等行政法规文件统称为“其他”，本节列出了其中的主要部分。

地方标准是建筑节能服务实际操作中的一系列重要技术标准。本节并列了北京市主要的地方标准，目的是作为范例，供参考。

2.5.1 新建建筑节能

1. 国家标准

1）强制性节能标准

①《公共建筑节能设计标准》(GB 50189—2005)

②《民用建筑节能设计标准（采暖居住建筑部分）》(JGJ 26—95)

③《夏热冬冷地区居住建筑节能设计标准》(JGJ 134—2001)

④《夏热冬暖地区居住建筑节能设计标准》(JGJ 75—2003 J 275—2003)

⑤《建筑照明设计标准》(GB 50034—2004)

⑥《建筑节能工程施工质量验收规范》(GB 50411—2007)

⑦《采暖居住建筑节能检验标准》(JGJ 132—2001)

⑧ 其他相关标准规范

2）其他

①《民用建筑能效测评标识管理暂行办法》(建科［2008］80 号)

②《民用建筑节能信息公示办法》(建科［2008］116 号)

③《供热计量技术导则》(建城［2008］183 号)

④《公共建筑室内温度控制管理办法》(建科［2008］115 号)

⑤ 其他相关行政法规文件

2. 北京市标准

1）《公共建筑节能设计标准（北京地区）》(DBJ 01—621—2005)

2）《居住建筑节能设计标准（北京地区）》(DBJ 11—602—2006)

3）《外墙外保温施工技术规程》(聚苯板增强网聚合物砂浆做法)(DB11/T 584—2008)

4）其他相关标准规范

2.5.2 北方采暖地区既有居住建筑节能改造

1. 国家标准

1）强制性节能标准

①《民用建筑节能设计标准（采暖居住建筑部分）》(JGJ 26—95)

②《既有采暖居住建筑节能改造技术规程》(JGJ 129—2000)

③《采暖居住建筑节能检验标准》(JGJ 132—2001)

④ 其他相关标准规范

2）其他

①《北方采暖地区既有居住建筑供热计量及节能改造技术导则（试行）》(建科［2008］126 号)

②《供热计量技术导则》(建城［2008］183 号)

③ 其他相关行政法规文件

2. 北京市标准

1）《居住建筑节能设计标准（北京地区）》(DBJ 11—602—2006)

2）《外墙外保温施工技术规程》(聚苯板增强网聚合物砂浆做法)(DB11/T 584—2008)

3）《既有居住建筑节能改造技术规程》(DB 11/381—2006)

4）《北京市既有建筑节能改造专项实施方案》

5）《北京市既有建筑节能改造项目管理办法》（京建材［2008］367号）

6）《北京市既有建筑节能改造评估导则》（京建材［2008］440号）

7）其他相关标准规范及行政法规文件

2.5.3 国家机关办公建筑和大型公共建筑节能改造

1. 国家标准

1）强制性节能标准

①《公共建筑节能设计标准》（GB 50189—2005）

② 其他相关标准规范

2）其他

①《建筑能耗统计报表制度》（建科函［2007］271号）

②《国家机关办公建筑和大型公共建筑能源审计导则》（建科［2007］249号）

③《高等学校节约型校园建设管理与技术导则（试行）》（建科［2008］89号）

④《国家机关办公建筑和大型公共建筑能耗监测系统建设相关技术导则》（建科［2008］114号）

附件1：《国家机关办公建筑和大型公共建筑能耗监测系统分项能耗数据采集技术导则》

附件2：《国家机关办公建筑和大型公共建筑能耗监测系统分项能耗数据传输技术导则》

附件3：《国家机关办公建筑和大型公共建筑能耗监测系统楼宇分项计量设计安装技术导则》

附件4：《国家机关办公建筑和大型公共建筑能耗监测系统数据中心建设与维护技术导则》

附件5：《国家机关办公建筑和大型公共建筑能耗监测系统建设、验收与运行管理规范》

⑤《公共建筑市内温度控制管理办法》（建科［2008］115号）

⑥ 其他相关行政法规文件

2. 北京市标准

1）《公共建筑节能设计标准（北京地区）》（DBJ 11—602—2006）

2）《北京市国家机关办公建筑和大型公共建筑监管体系建设工作方案》

3）《北京市既有建筑节能监管体系建设工作方案》

4）《北京市既有建筑节能改造专项实施方案》

5）《北京市既有建筑节能改造项目管理办法》

6）《北京市既有建筑节能改造评估导则》（京建材［2008］440号）

7）其他相关标准规范及行政法规文件

2.5.4 其他公共建筑节能改造

1. 国家标准

1）强制性节能标准

①《公共建筑节能设计标准》（GB 50189—2005）

② 其他相关标准规范

2）其他

①《公共建筑市内温度控制管理办法》（建科［2008］115号）

② 其他相关行政法规文件

2. 北京市标准

1）《公共建筑节能设计标准（北京地区）》（DBJ 01—621—2005）

2）《北京市既有建筑节能监管体系建设工作方案》

3）《北京市既有建筑节能改造专项实施方案》

4）《北京市既有建筑节能改造项目管理办法》

5）《北京市既有建筑节能改造评估导则》（京建材［2008］440号）

6）其他相关标准规范及行政法规文件

2.6 考核

2.6.1 考核要求

目前针对建筑节能开展情况的考核主要体现在以下方面：

1. 北方采暖地区既有居住建筑节能改造

《关于推进北方采暖地区既有居住建筑供热计量及节能改造工作的实施意见》（建科［2008］95号）规定：健全监督考核机制。住房和城乡建设部、财政部将视情况，组织对各地供热计量及节能改造工作进展情况，以及中央财政奖励资金的使用情况等进行监督检查。各地建设主管部门应建立责任考核机制，将节能改造目标及任务落实情况作为责任部门领导及相关人员的绩效考核内容。有关检查考核结果将作为财政部清算中央财政节能改造奖励资金的主要依据之一。

2. 国家机关办公建筑和大型公共建筑节能改造

《关于加强国家机关办公建筑和大型公共建筑节能管理工作的实施意见》（建科［2007］245号）规定：强化考核评价管理。各地要建立国家机关办公建筑和大型公共建筑节能的奖惩考核机制，要把节能量纳入本地单位GDP能耗降低的考核目标体系，将节能管理目标及任务分解落实到各级管理机构及人员工作的绩效考核内容。各地工作进展情况将作为全国建筑节能专项检查专项考核评价的重要内容。

2.6.2 建筑节能专项检查

为进一步增强各地对建设领域节能减排工作重要性和紧迫性的认识，督促各地贯彻落实《民用建筑节能条例》及国家建筑节能有关规定，督促各地认真完成“十一五”期间建设领域节能减排工作的部署和要求，总结推广各地在推进节能减排工作中的经验和做法，及时发现存在的问题并提出改进措施。住房和城乡建设部于每年年底要开展建设领域节能减排专项监督检查。

3 建筑节能投融资模式

建筑节能的投融资模式兼具资本市场和公共财政两个领域的特点，其中可利用和开发的投融资模式种类较多，在本章中只分析现有政策提及的建筑节能投资主体、资金来源和财税政策。

3.1 投资主体

3.1.1 北方采暖地区既有居住建筑节能改造

《北方采暖地区既有居住建筑供热计量及节能改造实施方案》[《关于推进北方采暖地区既有居住建筑供热计量及节能改造工作的实施意见》（建科［2008］95号）附件1］对北方采暖地区既有居住建筑节能改造的投资主体进行了相应的规定：

（1）供热企业改造模式：供热企业作为投资主体，供热企业投资供热计量及节能改造，通过降低既有居住建筑的供热成本，收取新增用户的入网费和采暖费实现投资回报。

（2）节能服务公司改造模式：节能服务公司作为投资主体，节能服务公司投资改造，可从与供热企业协议的热费价差及改造后节省的能源费用作为收益回报。

（3）单一产权主体改造模式：单一产权单位作为投资主体，产权单位投资改造，可通过改造后节省的能源费用实现回报。

（4）居民自发改造模式：居民作为投资主体，居民个人参与投资改造，可通过实施热计量收费降低热费支出获得收益，同时可改善居住环境。

（5）国际合作项目改造模式：国际组织作为投资主体，改造主体通过申请国际政府间贷款、清洁发展机制项目（CDM）等，获得改造资金。

（6）组合改造模式：以上主体混合作为投资主体，即以上几种模式的不同组合，例如供热企业、能源服务公司、居民在政府支持和协调下共同实施节能改造，供热企业负责一次管网的改造投资，能源服务公司负责室内供热系统的热计量及温度调控改造的投资，居民负责门窗等透明围护结构节能改造的投资。

实例：中德唐山既有建筑节能改造示范工程

唐山既有建筑节能改造项目示范工程位于唐山市路北区河北1号小区，该小区始建于1978年，是唐山震后兴建的第一个住宅小区。示范工程包括509号、512号和515号三栋既有建筑，皆为5层内浇外挂结构多层住宅，每栋楼三个单元，每单元每层三户，总计135户，总建筑面积约6135m^2（不含阳台每栋楼建筑面积2045m^2）。三栋示范工程，约投入节能改造资金338万元，节能改造每平方米造价为536.5元，其中设计13.5元，施工200元，采暖系统改造90元，屋顶保温防水18元，外墙保温90元，门窗65元。采用了以下融资方式：①示范工程的屋顶、外墙外保温及阳台加固工程资金全部由政府承担；②所有外窗工程资金全部由居民自己承担，政府对其旧窗进行了折旧（平均每户2000元左右）；③楼宇对讲系统政府和居民各承担50%（每户承担100元）；④室内暖气系统改造由热力公司承担，材料由政府承担，居民只承担更换暖气片费用的20%（每组60元）；⑤楼道太阳能灯系统资金由政府承担。

改造前

改造后

3.1.2 国家机关办公建筑和大型公共建筑节能改造

《民用建筑节能条例》第三十条对节能改造的投资主体进行了相应的规定：

（1）各级人民政府：国家机关办公建筑的节能改造费用，由县级以上人民政府纳入本级财政预算。

（2）各级政府及建筑所有权人：教育、科学、文化、卫生、体育等公益事业使用的公共建筑节能改造费用，由政府、建筑所有权人共同负担。

《公共机构节能条例》第二十六条规定：

公共机构可以采用合同能源管理方式，委托节能服务机构进行节能诊断、设计、融资、改造和运行管理。

3.2 资金来源

3.2.1 既有建筑节能改造

《民用建筑节能条例》规定了既有建筑节能改造的资金来源包括：

1. **第八条**规定：

（1）县级以上人民政府应当安排民用建筑节能资金用于既有建筑围护结构和供热系统的节能改造；

（2）政府引导金融机构对既有建筑节能改造提供支持。

2. **第三十条**规定：

（1）国家机关办公建筑的节能改造费用，由县级以上人民政府纳入本级财政预算；

（2）国家鼓励社会资金投资既有建筑节能改造。

3.2.2 可再生能源建筑应用

《民用建筑节能条例》规定了可再生能源建筑应用的资金来源包括：

第八条规定：

（1）县级以上人民政府应当安排民用建筑节能资金用于可再生能源的应用；

（2）政府引导金融机构对可再生能源的应用提供支持。

3.3 现有财税激励政策

3.3.1 北方采暖地区既有居住建筑节能改造

财政部、建设部关于《北方采暖地区既有居住建筑供热计量及节能改造奖励资金管理暂行办法》（财建［2007］957 号）明确中央财政设立“北方采暖地区既有居住建筑供热计量及节能改造奖励资金”。

目前，国家针对北方采暖地区既有居住建筑供热计量及节能改造示范工程累计投入 154734 万元，其中 2007 年投入是 89400 万元，2008 年投入是 65334 万元。

1. 支持领域

1）建筑围护结构节能改造；

2）室内供热系统计量及温度调控改造；

3）热源及供热管网热平衡改造等改造；

4）财政部批准的与北方采暖地区既有居住建筑供热计量及节能改造相关的其他支出。

2. 资金拨付程序

1）财政部会同建设部根据各地改造工作量与节能效果核定奖励资金；

2）在启动阶段，财政部会同建设部根据各地的改造任务量，按照 6 元/m^2 的标准，将部分奖励资金预拨到省级财政部门，用于对当地热计量装置的安装补助；

3）财政部会同建设部根据各地每年实际完成的工作量和节能效果核拨奖励资金，并在改造任务完成后，对当地奖励资金进行清算。

3. 奖励程度

某地区应分配专项资金额 = 所在气候区奖励基准 ×［∑（该地区单项改造内容面积 × 对应的单项改造权重）×70% + 该地区所实施的改造面积 × 节能效果系数 ×30%］× 进度系数。

气候区奖励基准分为严寒地区和寒冷地区两类：严寒地区为 55 元/m^2，寒冷地区为 45 元/m^2。

单项改造内容指建筑围护结构节能改造、室内供热系统计量及温度调控改造、热源及供热管网热平衡改造三项，对应的权重系数分别为：60%、30%、10%。

节能效果系数根据实施改造后的节能量确定。进度系数，根据改造任务的完成时间，分为三档：

1）2009 年采暖季前完成当地的改造任务，进度系数为 1.2；

2）2010 年采暖季前完成当地的改造任务，进度系数为 1；

3）2011 年采暖季前完成当地的改造任务，进度系数为 0.8。

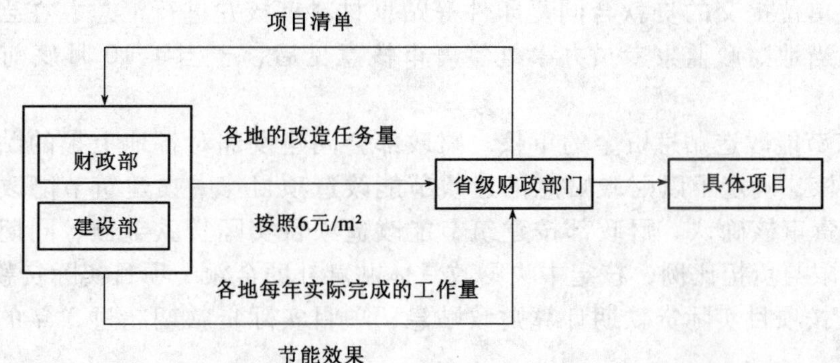

图 3-1 北方采暖地区既有居住建筑供热计量及节能改造奖励资金申请流程

3.3.2 国家机关办公建筑和大型公共建筑节能改造

国家机关办公建筑和大型公共建筑的政策核心主要是建立五项制度，即“能耗实测监测、能源审计、能效公示、用能定额和超定额加价”。

财政部、建设部关于《国家机关办公建筑和大型公共建筑节能专项资金管理暂行办法》(财建［2007］558 号）明确中央财政设立“国家机关办公建筑和大型公共建筑节能专项资金”。

目前，国家在国家机关办公建筑和大型公共建筑节能改造示范工程项目累计投入 28201 万元，其中 2007 年投入 9905 万元，2008 年是 18296 万元。

1. 支持领域

1）建立建筑节能监管体系支出，包括搭建建筑能耗监测平台、进行建筑能耗统计、建筑能源审计和建筑能效公示等补助支出；

2）建筑节能改造贴息支出；

3）财政部批准的国家机关办公建筑和大型公共建筑节能相关的其他支出。

2. 资金拨付程序

1）建筑节能监管体系补助的申请与审核。

① 建筑节能监管体系补助的申请。申请地方建筑节能监管体系补助资金，各地财政部门会同建设部门编制资金申请报告，并参照《国家机关办公建筑和大型公共建筑节能监管体系建设工作方案编写提纲》编写工作方案，填写《国家机关办公建筑和大型公共建筑节能监管体系资金申请表》，按照有关通知要求向财政部报送上述资金申请材料。中央建筑节能监管体系补助资金，由建设部会同国务院机关事务管理局等单位向财政部申请。

② 建筑节能监管体系补助的审核。财政部会同建设部对各地资金申请进行审核。中央建筑节能监管体系补助资金由财政部负责审核。根据需要安装的分项计量装置数量等，核定监测平台建设补助金额；根据建筑能耗统计、建筑能源审计、建筑能效公示的工作任务，核定相应经费补助金额。

2）建筑节能改造贴息资金的申请与审核

① 建筑节能改造贴息资金的申请。地方建筑节能改造项目，由项目单位凭借贷款银行开具的利息支付清单向地方财政部门申请贴息资金。省级财政部门会同建设部门

负责对项目单位提交的贷款合同复印件等贴息材料审核并进行汇总，在当年9月底前报财政部驻当地财政监察专员办事处签署审核意见后，于当年10月底前上报财政部审批。

② 建筑节能改造贴息资金的审核。财政部会同建设部对各地上报的贴息资金申请报告进行审核，确定予以财政贴息的建筑节能改造项目。中央建筑节能改造项目贴息由财政部负责审核确认。财政部按建筑节能改造项目实际贷款金额、同期银行贷款利率、贴息期限与负担比例，核定中央财政具体贴息补助金额。项目实际贷款期少于3年（含3年），按项目实际贷款期计算财政贴息；项目实际贷款期超过3年的，按3年计算财政贴息。

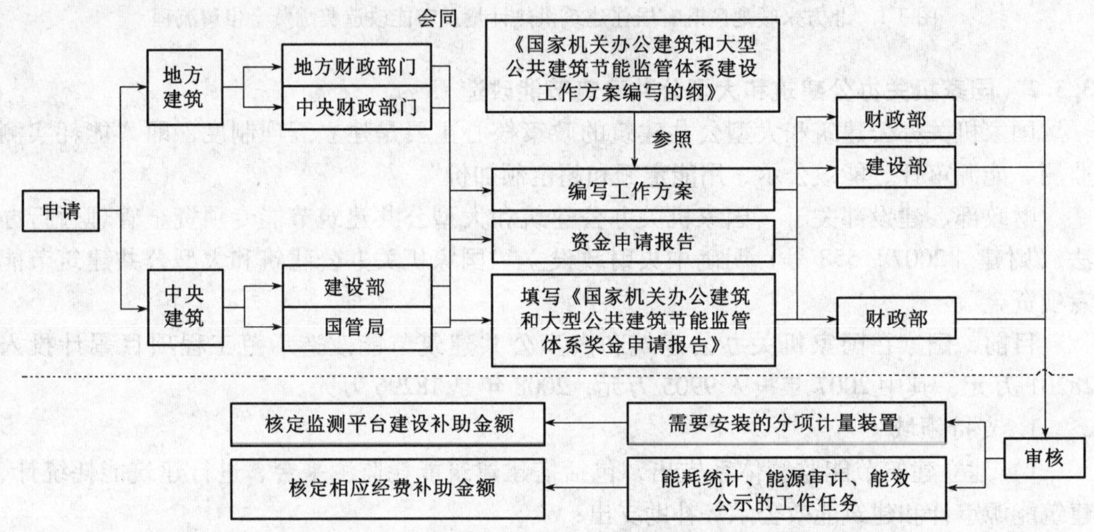

图3-2 国家机关办公建筑和大型公共建筑节能专项资金申请流程

3.3.3 可再生能源建筑应用

财政部、建设部关于《可再生能源建筑应用专项资金管理暂行办法》（财建［2006］460号）明确设立"可再生能源建筑应用专项资金"。

目前，国家对可再生能源建筑应用示范工程项目累计投入131779万元，2006年投入10368万元，其中2007年投入65340万元，2008年投入56071万元。

1. 支持领域

1）与建筑一体化的太阳能供应生活热水、供热制冷、光电转换、照明；

2）利用土壤源热泵和浅层地下水源热泵技术供热制冷；

3）地表水丰富地区利用淡水源热泵技术供热制冷；

4）沿海地区利用海水源热泵技术供热制冷；

5）利用污水源热泵技术供热制冷；

6）其他经批准的支持领域。

2. 资金拨付程序

1）财政部根据批准的示范项目，将项目补贴总额预算的50%下达到地方财政部门。当地建设主管部门对可再生能源建筑应用示范项目的施工图设计进行专项审查，达到

《实施方案》要求的，出具审核同意意见，地方财政部门根据地方建设主管部门出具的审核意见，将补贴拨付给项目承担单位；达不到《实施方案》要求的，责令示范项目申请单位重新修改施工图设计后，另行组织审查。

2）示范项目完成后，财政部根据示范项目验收评估报告，达到示范效果的，通过地方财政部门将项目剩余补贴拨付给项目承担单位。

3）专项资金实行国库集中支付改革后，资金拨付按照国库集中支付制度有关规定执行。

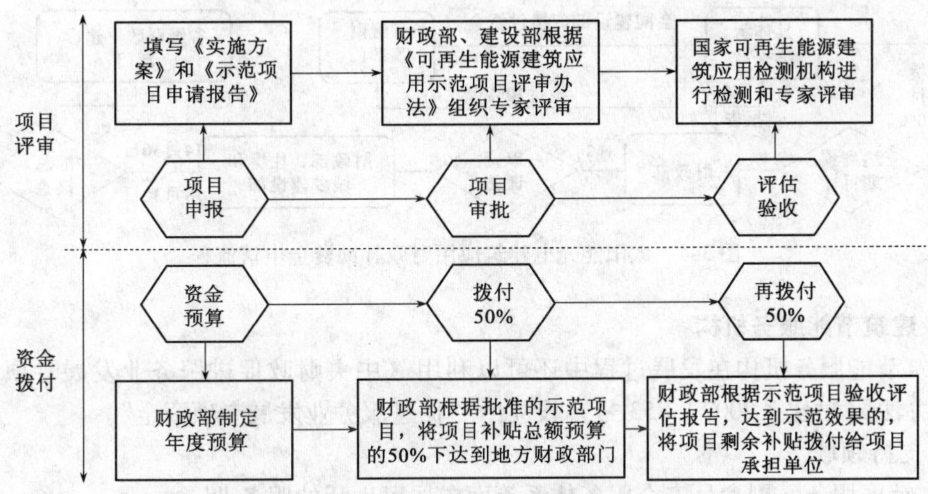

图 3-3　可再生能源建筑应用专项资金申请流程

3.3.4　太阳能光电建筑应用

财政部、建设部关于《太阳能光电建筑应用财政补助资金管理暂行办法》(财建[2009] 129 号)[附录4;3.4.6]明确设立“太阳能光电建筑应用财政补助资金”。

1. 支持领域

1）城市光电建筑一体化应用，农村及偏远地区建筑光电利用等给予定额补助。

2）太阳能光电产品建筑安装技术标准规程的编制。

3）太阳能光电建筑应用共性关键技术的集成与推广。

2. 资金拨付程序

1）申请补助资金的单位应为太阳能光电应用项目业主单位或太阳能光电产品生产企业，申请补助资金单位应提供以下材料：项目立项审批文件（复印件）；太阳能光电建筑应用技术方案；太阳能光电产品生产企业与建筑项目等业主单位签署的中标协议；其他需要提供的材料。

2）申请补助资金单位的申请材料按照属地原则，经当地财政、建设部门审核后，报省级财政、建设部门。

3）省级财政、建设部门对申请补助资金单位的申请材料进行汇总和核查，并于每年的 4 月 30 日、8 月 30 日前联合上报财政部、住房和城乡建设部（附表）。

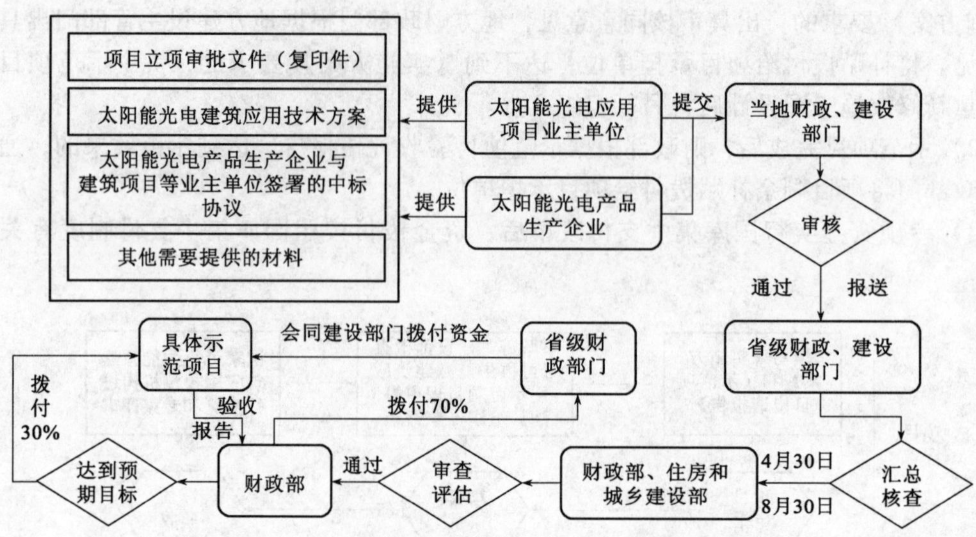

图 3-4　太阳能光电建筑应用财政补助资金申请流程

3.3.5　建筑节能服务机构

建筑节能服务机构在发展过程中还可以利用《中央财政促进服务业发展专项资金管理暂行办法》(财建［2007］853 号）设立的“促进服务业发展专项资金”。

1. 支持领域

1）社区服务、副食品安全服务体系等面向居民生活的服务业；

2）农业信息服务体系、农业产业化服务体系等面向农村的服务业；

3）第三方物流、连锁配送等商贸流通业、商务服务业、再生资源回收利用体系、业务外包、电子商务等面向生产的服务业；

4）其他需支持的重点服务业。

2. 支持方式

1）奖励。为了提高资金使用效益，对于能够制定具体量化评价标准的项目，采取奖励的方式。在项目实施后，根据规定的标准，经审核符合条件的项目，安排奖励资金。

2）贷款贴息。对于符合专项资金支持重点和银行贷款条件的项目采取贷款贴息的方式。贴息资金根据实际到位银行贷款、规定的利息率、实际支付的利息数计算。贴息年限一般不超过 3 年，年贴息率最高不超过当年国家规定的银行贷款基准利率。具体年贴息率由地方财政部门根据上述规定确定。

3）财政补助。对于盈利性弱、公益性强，难以量化评价，不适于以奖代补方式支持的项目采取财政补助的方式。项目承担单位自有资金比例较高的优先安排。

3. 资金拨付程序

1）财政部根据年度专项资金支持重点采取因素法将专项资金分配到省并下达资金预算指标，同时按国库支付管理的有关规定及时拨付资金。

2）省级财政部门在收到财政部下达的专项资金和项目安排确认通知后，按照规定程序办理专项资金划拨手续，及时、足额将专项资金拨付给项目承担单位。

省级财政部门根据财政部规定的年度专项资金支持重点和分配的专项资金预算指标，

会同相关部门编制本省的具体项目安排意见，在规定时间内报财政部审核确认后组织实施。

3）中央所属单位根据本办法的规定和当年专项资金支持方向，提供符合要求的材料，向财政部直接申报。财政部按规定进行审核后，下达资金预算并直接支付资金。

专项资金的申报材料一般应包括：专项资金申请文件；项目可行性研究报告；项目承担单位法人营业执照复印件，地税、国税登记证复印件；申请银行贷款财政贴息的项目，需提供相关银行贷款合同和贷款承诺书等凭证；项目承担单位相关资质证书复印件；其他要求提供的材料。

3.4 合同能源管理和清洁发展机制

合同能源管理（EMC）和清洁发展机制（CDM）是两种较为常用的建筑节能的市场化融资方式。

合同能源管理（EMC）是指合同能源管理公司（ESCO）通过与客户签订节能服务合同，由自己担负风险为客户提供节能改造的一整套服务，并从客户节能效益中收回投资和取得利润的一种商业运作模式，其实质就是一种以减少能源费用来支付节能项目全部投资的营运方式。

清洁发展机制（Clean Development Mechanism，CDM）是《京都议定书》中第12条定义的用于帮助发达国家以最小成本方式实现温室气体限控和减排义务的融资机制。通过参与CDM项目，发达国家政府可以获得项目产生的全部或者部分经核证的减排量（Certified Emission Reductions，CERs），并用于履行其在《京都议定书》中规定的温室气体减排义务。

附录1 北京市既有建筑节能改造实施案例

序号	重点领域	技术方法 对象	技术方法 主要措施	节约量	参照标准	成本控制	资金来源
1	供热系统	个体锅炉房	通过能耗诊断，与建筑围护结构改造同步进行锅炉房加装气候补偿、集中自动控制、烟气冷凝热能回收装置	节约3kg标煤/m^2年	《供热采暖系统水质及防腐技术规程》(DBJ 01—619—2004)	符合《北京市供热系统节能技术改造财政奖励资金管理暂行办法》	按照《北京市供热系统节能技术改造财政奖励资金管理暂行办法》，由供热单位向各区县供热主管部门申报，申请北京市供热系统节能技术改造财政奖励资金，项目由市政管委会同市建委向市财政申报审核
			进行系统水力平衡调试，安装必要的平衡阀和楼前热计量表				
		区域锅炉房	通过能耗诊断，与建筑围护结构改造同步进行锅炉房加装气候补偿、集中自动控制、烟气冷凝热能回收装置	节燃气2.3 m^3/m^2年	《供热采暖系统水质及防腐技术规程》(DBJ 01—619—2004)	符合《北京市供热系统节能技术改造财政奖励资金管理暂行办法》	
			进行系统水力平衡调试，安装必要的平衡阀和锅炉房热力出口、换热站进出口和楼前热计量表				
2	大型公共建筑	分项计量改造	按照照明、空调、热水、其他用能设备等不同用途安装分项电表	按节能20%计，每年节电24度/m^2			国家机关办公建筑和大型公共建筑的监管平台、能耗分项计量和远传设施安装、能源审计和能耗公示费用，按照《财政部关于印发〈国家机关办公建筑和大型公共建筑节能专项资金管理暂行办法〉的通知》(财建［2007］558号）规定，由实施单位向市建委申报项目明细和资金预算，市建委审核后分批汇总送市财政局，申请使用中央财政拨付的国家
		耗能信息监管平台	实现耗电数据的远程传输，对能耗进行动态监测分析				
		能源审计和节能诊断	根据监测分析结果派出节能专家和委托节能服务机构对耗能高的大型公共建筑进行能源审计和节能诊断				

续表

序号	重点领域	技术方法		节约量	参照标准	成本控制	资金来源
		对象	主要措施				
2	大型公共建筑	低成本节能改造	由产权单位对空调系统、供暖系统、热水系统、照明系统或变配电系统进行低成本节能改造（如增加遮阳措施、杜绝不合理的新风引入、更换选型偏大或能效低的水泵等）	按节能20%计，每年节电24度/m^2		安装楼栋热表、散热器恒温阀和进行平衡调节：10元/m^2；中央空调系统低成本节能改造：10元/m^2	机关办公建筑和大型公共建筑监管体系建设专项资金。分项计量装置、监测平台设备购置按照政府采购有关规定执行
		能效公示	在能源审计和节能诊断的基础上进行能效公示				
		能耗定额	逐步制定大型公共建筑的能耗定额并实行级差价格				
3	普通公共建筑	无集中空调的普通公共建筑	优先进行建筑外门窗改装、供热系统改造，其中经过论证确需进行墙体和屋面节能改造的，可以进行相应改造	节约采暖能耗8.8kg标煤/m^2	《公共建筑节能设计标准（北京地区）》(DBJ 01—621—2005)	安装楼栋热表、散热器恒温阀和进行平衡调节：10元/m^2；更换外门窗：100元/m^2；墙体和屋面保温100元/m^2	
		有集中空调的普通公共建筑	由政府制定相关能耗计量收费、能耗限额等激励政策，由产权单位对空调系统、供暖系统、热水系统、照明系统或变配电系统进行低成本节能改造	节约用电20度/m^2年	《公共建筑节能设计标准（北京地区）》(DBJ 01—621—2005)	安装楼栋热表、散热器恒温阀和进行平衡调节：10元/m^2；中央空调系统低成本节能改造：10元/m^2	

续表

序号	重点领域	技术方法		节约量	参照标准	成本控制	资金来源
		对象	主要措施				
4	居住建筑	混凝土装配式大板楼	优先对这部分建筑进行建筑外墙、外门窗、屋面进行节能改造和进行采暖系统平衡调节	节能16.38 kg标煤/m^2	《居住建筑节能设计标准（北京地区）》(DBJ 01—602—2006)	墙体保温：80元/m^2；门窗改造：90元/m^2；屋面保温改造：30元/m^2；单元门改造：5元/m^2；安装楼宇热表：5元/m^2；室内采暖系统平衡调节和安装恒温阀：10元/m^2	城镇居住建筑供热计量及节能改造项目，按照《财政部关于印发〈北方采暖地区既有居住建筑供热计量及节能改造奖励资金管理暂行办法〉的通知》（财建［2007］957号）规定，由各区县政府和各主管部门向市建委申报改造项目明细，市建委汇总并测算各项目奖励资金量后送市财政局，申请中央财政拨付的既有建筑改造奖励资金
		传统砖混结构住宅	主要考虑进行更换建筑外门窗的节能改造和进行采暖系统平衡调节，经评估确实应进行墙体和屋面保温改造的，可进行墙体和屋面保温改造	节能10.81 kg标煤/m^2	《居住建筑节能设计标准（北京地区）》(DBJ 01—602—2006)	更换外窗：90元/m^2；加装楼栋热表：5元/m^2；更换单元门：5元/m^2；室内采暖系统平衡调节和安装恒温阀：10元/m^2	
		农民住宅	对结构安全、近期内不会进行旧村改造或搬迁的农民自建住宅，鼓励进行墙体保温、改装门窗的节能改造和使用太阳能、生物质能等新能源进行建筑采暖	节能15 kg标煤/m^2	《居住建筑节能设计标准（北京地区）》(DBJ 01—602—2006)	《关于2008年北京市开展既有农民住宅节能保温改造示范项目实施办法的补充规定》	按照市建委和市农委联合下发的《关于2008年北京市开展既有农民住宅节能保温改造示范项目实施办法的补充规定》申报奖励资金
		老城区住宅	对确定长期保留的老城区四合院、平房，在结构安全的情况下，鼓励进行墙体、外门窗节能改造和使用可再生能源进行建筑采暖（其中对文物保护的四合院墙体可考虑采用内保温或不改造）	节能15kg标煤/m^2年	《居住建筑节能设计标准（北京地区）》(DBJ 01—602—2006)	墙体保温：80元/m^2；更换外门窗：150元/m^2	城区四合院和平房的节能改造纳入解危排险专项资金，按照解危排险专项资金的有关规定申报资金

附录3　建筑节能标准情况（2008年）

1　通用标准

1.1　《建筑节能气象参数标准》（行标，已列入2004年标准制订计划）

1.2　《民用建筑能耗数据采集标准》（JGJ/T 154—2007）

2　设计标准

2.1　《民用建筑热工设计规范》（GB 50176—93）（相关）

2.2　《民用建筑节能设计标准（采暖居住建筑部分）》（JGJ 26—95）

2.3　《夏热冬冷地区居住建筑节能设计标准》（JGJ 134—2001）

2.4　《夏热冬暖地区居住建筑节能设计标准》（JGJ 75—2003）

2.5　《公共建筑节能设计标准》（GB 50189—2005）

2.6　《采暖通风和空气调节设计规范》（GB 50019—2003）（相关）

2.7　《建筑照明设计标准》（GB 50034—2004）（含节能一章，同时取消了《建筑照明节能标准》编制计划）

2.8　《居住建筑节能设计标准》（国标，三气候区域居住建筑节能标准合并，已列入2005年标准制订计划）

3　建造环节标准

3.1　《既有采暖居住建筑节能改造技术规程》（JGJ 129—2000）

3.2　《建筑给水排水与采暖工程施工质量验收规程》（GB 50242—2002）（相关）

3.3　《通风与空调工程施工质量验收规范》（GB 50243—2002）

3.4　《外墙外保温工程技术规程》（JGJ 144—2004）

3.5　《地面辐射供暖技术规程》（JGJ 142—2004）

3.6　《建筑节能工程施工验收规范》（GB 50411—2007）

3.7　《地源热泵系统工程技术规范》（GB 50366—2005）

3.8　《民用建筑太阳能热水系统应用技术规范》（GB 50364—2005）

3.9　《采暖通风和空调工程施工规范》（待制订）

3.10　《集中采暖系统室温调控及热计量技术规程》（待制订）

4 运行管理及检验评价方面

4.1 《采暖居住建筑节能检验标准》JGJ 132—2001（在修订）

4.2 《空调通风系统运行管理规范》GB 50365—2005

4.3 《建筑门窗玻璃　墙热工计算规程》（在报批）

4.4 《城镇供热系统评价标准》（国标，已列入2005年标准制订计划）

4.5 《建筑全生命周期可持续性影响评价标准》（行标，已列入2005年标准制订计划）

4.6 《采暖通风与空气调节工程检测技术规程》（行标，已列入2005年标准制订计划）

4.7 建筑热工检测方法标准（待制订）

4.8 民用建筑室内热环境评价标准（待制订）

附录4 建筑节能政策法规汇编

目录

1 法律法规

1.1 《中华人民共和国可再生能源法》

中华人民共和国主席令

第三十三号

（2005年2月28日第十届全国人民代表大会常务委员会第十四次会议通过）

中华人民共和国可再生能源法

第一章 总 则

第一条 为了促进可再生能源的开发利用，增加能源供应，改善能源结构，保障能源安全，保护环境，实现经济社会的可持续发展，制定本法。

第二条 本法所称可再生能源，是指风能、太阳能、水能、生物质能、地热能、海洋能等非化石能源。

水力发电对本法的适用，由国务院能源主管部门规定，报国务院批准。

通过低效率炉灶直接燃烧方式利用秸秆、薪柴、粪便等，不适用本法。

第三条 本法适用于中华人民共和国领域和管辖的其他海域。

第四条 国家将可再生能源的开发利用列为能源发展的优先领域，通过制定可再生能源开发利用总量目标和采取相应措施，推动可再生能源市场的建立和发展。

国家鼓励各种所有制经济主体参与可再生能源的开发利用，依法保护可再生能源开发利用者的合法权益。

第五条 国务院能源主管部门对全国可再生能源的开发利用实施统一管理。国务院有关部门在各自的职责范围内负责有关的可再生能源开发利用管理工作。

县级以上地方人民政府管理能源工作的部门负责本行政区域内可再生能源开发利用的管理工作。县级以上地方人民政府有关部门在各自的职责范围内负责有关的可再生能源开发利用管理工作。

第二章 资源调查与发展规划

第六条 国务院能源主管部门负责组织和协调全国可再生能源资源的调查，并会同国务院有关部门组织制定资源调查的技术规范。

国务院有关部门在各自的职责范围内负责相关可再生能源资源的调查，调查结果报国务院能源主管部门汇总。

可再生能源资源的调查结果应当公布；但是，国家规定需要保密的内容除外。

第七条 国务院能源主管部门根据全国能源需求与可再生能源资源实际状况，制定全国可再生能源开发利用中长期总量目标，报国务院批准后执行，并予公布。

国务院能源主管部门根据前款规定的总量目标和省、自治区、直辖市经济发展与可再生能源资源实际状况，会同省、自治区、直辖市人民政府确定各行政区域可再生能源开发利用中长期目标，并予公布。

第八条 国务院能源主管部门根据全国可再生能源开发利用中长期总量目标，会同国务院有关部门，编制全国可再生能源开发利用规划，报国务院批准后实施。

省、自治区、直辖市人民政府管理能源工作的部门根据本行政区域可再生能源开发利用中长期目标，会同本级人民政府有关部门编制本行政区域可再生能源开发利用规划，报本级人民政府批准后实施。

经批准的规划应当公布；但是，国家规定需要保密的内容除外。

经批准的规划需要修改的，须经原批准机关批准。

第九条 编制可再生能源开发利用规划，应当征求有关单位、专家和公众的意见，进行科学论证。

第三章 产业指导与技术支持

第十条 国务院能源主管部门根据全国可再生能源开发利用规划，制定、公布可再生能源产业发展指导目录。

第十一条 国务院标准化行政主管部门应当制定、公布国家可再生能源电力的并网技术标准和其他需要在全国范围内统一技术要求的有关可再生能源技术和产品的国家标准。

对前款规定的国家标准中未作规定的技术要求，国务院有关部门可以制定相关的行业标准，并报国务院标准化行政主管部门备案。

第十二条 国家将可再生能源开发利用的科学技术研究和产业化发展列为科技发展与高技术产业发展的优先领域，纳入国家科技发展规划和高技术产业发展规划，并安排资金支持可再生能源开发利用的科学技术研究、应用示范和产业化发展，促进可再生能源开发利用的技术进步，降低可再生能源产品的生产成本，提高产品质量。

国务院教育行政部门应当将可再生能源知识和技术纳入普通教育、职业教育课程。

第四章 推广与应用

第十三条 国家鼓励和支持可再生能源并网发电。

建设可再生能源并网发电项目，应当依照法律和国务院的规定取得行政许可或者报送备案。

建设应当取得行政许可的可再生能源并网发电项目，有多人申请同一项目许可的，应当依法通过招标确定被许可人。

第十四条 电网企业应当与依法取得行政许可或者报送备案的可再生能源发电企业签订并网协议，全额收购其电网覆盖范围内可再生能源并网发电项目的上网电量，并为可再生能源发电提供上网服务。

第十五条 国家扶持在电网未覆盖的地区建设可再生能源独立电力系统，为当地生产和生活提供电力服务。

第十六条 国家鼓励清洁、高效地开发利用生物质燃料，鼓励发展能源作物。

利用生物质资源生产的燃气和热力，符合城市燃气管网、热力管网的入网技术标准的，经营燃气管网、热力管网的企业应当接收其入网。

国家鼓励生产和利用生物液体燃料。石油销售企业应当按照国务院能源主管部门或者省级人民政府的规定，将符合国家标准的生物液体燃料纳入其燃料销售体系。

第十七条 国家鼓励单位和个人安装和使用太阳能热水系统、太阳能供热采暖和制冷系统、太阳能光伏发电系统等太阳能利用系统。

国务院建设行政主管部门会同国务院有关部门制定太阳能利用系统与建筑结合的技术经济政策和技术规范。

房地产开发企业应当根据前款规定的技术规范，在建筑物的设计和施工中，为太阳能利用提供必备条件。

对已建成的建筑物，住户可以在不影响其质量与安全的前提下安装符合技术规范和产品标准的太阳能利用系统；但是，当事人另有约定的除外。

第十八条 国家鼓励和支持农村地区的可再生能源开发利用。

县级以上地方人民政府管理能源工作的部门会同有关部门，根据当地经济社会发展、生态保护和卫生综合治理需要等实际情况，制定农村地区可再生能源发展规划，因地制宜地推广应用沼气等生物质资源转化、户用太阳能、小型风能、小型水能等技术。

县级以上人民政府应当对农村地区的可再生能源利用项目提供财政支持。

第五章　价格管理与费用分摊

第十九条 可再生能源发电项目的上网电价，由国务院价格主管部门根据不同类型可再生能源发电的特点和不同地区的情况，按照有利于促进可再生能源开发利用和经济合理的原则确定，并根据可再生能源开发利用技术的发展适时调整。上网电价应当公布。

依照本法第十三条第三款规定实行招标的可再生能源发电项目的上网电价，按照中标确定的价格执行；但是，不得高于依照前款规定确定的同类可再生能源发电项目的上网电价水平。

第二十条 电网企业依照本法第十九条规定确定的上网电价收购可再生能源电量所发生的费用，高于按照常规能源发电平均上网电价计算所发生费用之间的差额，附加在销售电价中分摊。具体办法由国务院价格主管部门制定。

第二十一条 电网企业为收购可再生能源电量而支付的合理的接网费用以及其他合理的相关费用，可以计入电网企业输电成本，并从销售电价中回收。

第二十二条 国家投资或者补贴建设的公共可再生能源独立电力系统的销售电价，执行同一地区分类销售电价，其合理的运行和管理费用超出销售电价的部分，依照本法第二十条规定的办法分摊。

第二十三条 进入城市管网的可再生能源热力和燃气的价格，按照有利于促进可再生能源开发利用和经济合理的原则，根据价格管理权限确定。

第六章　经济激励与监督措施

第二十四条　国家财政设立可再生能源发展专项资金，用于支持以下活动：

（一）可再生能源开发利用的科学技术研究、标准制定和示范工程；

（二）农村、牧区生活用能的可再生能源利用项目；

（三）偏远地区和海岛可再生能源独立电力系统建设；

（四）可再生能源的资源勘查、评价和相关信息系统建设；

（五）促进可再生能源开发利用设备的本地化生产。

第二十五条　可再生能源产业发展指导目录、符合信贷条件的可再生能源开发利用项目，金融机构可以提供有财政贴息的优惠贷款。

第二十六条　国家对列入可再生能源产业发展指导目录的项目给予税收优惠。具体办法由国务院规定。

第二十七条　电力企业应当真实、完整地记载和保存可再生能源发电的有关资料，并接受电力监管机构的检查和监督。

电力监管机构进行检查时，应当依照规定的程序进行，并为被检查单位保守商业秘密和其他秘密。

第七章　法 律 责 任

第二十八条　国务院能源主管部门和县级以上地方人民政府管理能源工作的部门和其他有关部门在可再生能源开发利用监督管理工作中，违反本法规定，有下列行为之一的，由本级人民政府或者上级人民政府有关部门责令改正，对负有责任的主管人员和其他直接责任人员依法给予行政处分；构成犯罪的，依法追究刑事责任：

（一）不依法作出行政许可决定的；

（二）发现违法行为不予查处的；

（三）有不依法履行监督管理职责的其他行为的。

第二十九条　违反本法第十四条规定，电网企业未全额收购可再生能源电量，造成可再生能源发电企业经济损失的，应当承担赔偿责任，并由国家电力监管机构责令限期改正；拒不改正的，处以可再生能源发电企业经济损失额一倍以下的罚款。

第三十条　违反本法第十六条第二款规定，经营燃气管网、热力管网的企业不准许符合入网技术标准的燃气、热力入网，造成燃气、热力生产企业经济损失的，应当承担赔偿责任，并由省级人民政府管理能源工作的部门责令限期改正；拒不改正的，处以燃气、热力生产企业经济损失额一倍以下的罚款。

第三十一条　违反本法第十六条第三款规定，石油销售企业未按照规定将符合国家标准的生物液体燃料纳入其燃料销售体系，造成生物液体燃料生产企业经济损失的，应当承担赔偿责任，并由国务院能源主管部门或者省级人民政府管理能源工作的部门责令限期改正；拒不改正的，处以生物液体燃料生产企业经济损失额一倍以下的罚款。

第八章　附　　则

第三十二条　本法中下列用语的含义：

（一）生物质能，是指利用自然界的植物、粪便以及城乡有机废物转化成的能源。

（二）可再生能源独立电力系统，是指不与电网连接的单独运行的可再生能源电力系统。

（三）能源作物，是指经专门种植，用以提供能源原料的草本和木本植物。

（四）生物液体燃料，是指利用生物质资源生产的甲醇、乙醇和生物柴油等液体燃料。

第三十三条 本法自2006年1月1日起施行。

1.2 《中华人民共和国节约能源法》

中华人民共和国主席令

第七十七号

《中华人民共和国节约能源法》已由中华人民共和国第十届全国人民代表大会常务委员会第三十次会议于2007年10月28日修订通过，现将修订后的《中华人民共和国节约能源法》公布，自2008年4月1日起施行。

中华人民共和国主席　胡锦涛

二〇〇七年十月二十八日

中华人民共和国节约能源法

（1997年11月1日第八届全国人民代表大会常务委员会第二十八次会议通过2007年10月28日第十届全国人民代表大会常务委员会第三十次会议修订）

第一章　总　　则

第一条 为了推动全社会节约能源，提高能源利用效率，保护和改善环境，促进经济社会全面协调可持续发展，制定本法。

第二条 本法所称能源，是指煤炭、石油、天然气、生物质能和电力、热力以及其他直接或者通过加工、转换而取得有用能的各种资源。

第三条 本法所称节约能源（以下简称节能），是指加强用能管理，采取技术上可行、经济上合理以及环境和社会可以承受的措施，从能源生产到消费的各个环节，降低消耗、减少损失和污染物排放、制止浪费，有效、合理地利用能源。

第四条 节约资源是我国的基本国策。国家实施节约与开发并举、把节约放在首位的能源发展战略。

第五条 国务院和县级以上地方各级人民政府应当将节能工作纳入国民经济和社会发展规划、年度计划，并组织编制和实施节能中长期专项规划、年度节能计划。

国务院和县级以上地方各级人民政府每年向本级人民代表大会或者其常务委员会报告节能工作。

第六条 国家实行节能目标责任制和节能考核评价制度，将节能目标完成情况作为对地方人民政府及其负责人考核评价的内容。

省、自治区、直辖市人民政府每年向国务院报告节能目标责任的履行情况。

第七条 国家实行有利于节能和环境保护的产业政策，限制发展高耗能、高污染行业，发展节能环保型产业。

国务院和省、自治区、直辖市人民政府应当加强节能工作，合理调整产业结构、企业结构、产品结构和能源消费结构，推动企业降低单位产值能耗和单位产品能耗，淘汰落后的生产能力，改进能源的开发、加工、转换、输送、储存和供应，提高能源利用效率。

国家鼓励、支持开发和利用新能源、可再生能源。

第八条 国家鼓励、支持节能科学技术的研究、开发、示范和推广，促进节能技术创新与进步。

国家开展节能宣传和教育，将节能知识纳入国民教育和培训体系，普及节能科学知识，增强全民的节能意识，提倡节约型的消费方式。

第九条 任何单位和个人都应当依法履行节能义务，有权检举浪费能源的行为。

新闻媒体应当宣传节能法律、法规和政策，发挥舆论监督作用。

第十条 国务院管理节能工作的部门主管全国的节能监督管理工作。国务院有关部门在各自的职责范围内负责节能监督管理工作，并接受国务院管理节能工作的部门的指导。

县级以上地方各级人民政府管理节能工作的部门负责本行政区域内的节能监督管理工作。县级以上地方各级人民政府有关部门在各自的职责范围内负责节能监督管理工作，并接受同级管理节能工作的部门的指导。

第二章　节 能 管 理

第十一条 国务院和县级以上地方各级人民政府应当加强对节能工作的领导，部署、协调、监督、检查、推动节能工作。

第十二条 县级以上人民政府管理节能工作的部门和有关部门应当在各自的职责范围内，加强对节能法律、法规和节能标准执行情况的监督检查，依法查处违法用能行为。

履行节能监督管理职责不得向监督管理对象收取费用。

第十三条 国务院标准化主管部门和国务院有关部门依法组织制定并适时修订有关节能的国家标准、行业标准，建立健全节能标准体系。

国务院标准化主管部门会同国务院管理节能工作的部门和国务院有关部门制定强制性的用能产品、设备能源效率标准和生产过程中耗能高的产品的单位产品能耗限额标准。

国家鼓励企业制定严于国家标准、行业标准的企业节能标准。

省、自治区、直辖市制定严于强制性国家标准、行业标准的地方节能标准，由省、自治区、直辖市人民政府报经国务院批准；本法另有规定的除外。

第十四条 建筑节能的国家标准、行业标准由国务院建设主管部门组织制定，并依照法定程序发布。

省、自治区、直辖市人民政府建设主管部门可以根据本地实际情况，制定严于国家标准或者行业标准的地方建筑节能标准，并报国务院标准化主管部门和国务院建设主管部门备案。

第十五条 国家实行固定资产投资项目节能评估和审查制度。不符合强制性节能标准的项目，依法负责项目审批或者核准的机关不得批准或者核准建设；建设单位不得开工建设；已经建成的，不得投入生产、使用。具体办法由国务院管理节能工作的部门会同国务院有关部门制定。

第十六条 国家对落后的耗能过高的用能产品、设备和生产工艺实行淘汰制度。淘汰的用能产品、设备、生产工艺的目录和实施办法，由国务院管理节能工作的部门会同国务院有关部门制定并公布。

生产过程中耗能高的产品的生产单位，应当执行单位产品能耗限额标准。对超过单位产品能耗限额标准用能的生产单位，由管理节能工作的部门按照国务院规定的权限责令限期治理。

对高耗能的特种设备，按照国务院的规定实行节能审查和监管。

第十七条 禁止生产、进口、销售国家明令淘汰或者不符合强制性能源效率标准的用能产品、设备；禁止使用国家明令淘汰的用能设备、生产工艺。

第十八条 国家对家用电器等使用面广、耗能量大的用能产品，实行能源效率标识管理。实行能源效率标识管理的产品目录和实施办法，由国务院管理节能工作的部门会同国务院产品质量监督部门制定并公布。

第十九条 生产者和进口商应当对列入国家能源效率标识管理产品目录的用能产品标注能源效率标识，在产品包装物上或者说明书中予以说明，并按照规定报国务院产品质量监督部门和国务院管理节能工作的部门共同授权的机构备案。

生产者和进口商应当对其标注的能源效率标识及相关信息的准确性负责。禁止销售应当标注而未标注能源效率标识的产品。

禁止伪造、冒用能源效率标识或者利用能源效率标识进行虚假宣传。

第二十条 用能产品的生产者、销售者，可以根据自愿原则，按照国家有关节能产品认证的规定，向经国务院认证认可监督管理部门认可的从事节能产品认证的机构提出节能产品认证申请；经认证合格后，取得节能产品认证证书，可以在用能产品或者其包装物上使用节能产品认证标志。

禁止使用伪造的节能产品认证标志或者冒用节能产品认证标志。

第二十一条 县级以上各级人民政府统计部门应当会同同级有关部门，建立健全能源统计制度，完善能源统计指标体系，改进和规范能源统计方法，确保能源统计数据真实、完整。

国务院统计部门会同国务院管理节能工作的部门，定期向社会公布各省、自治区、直辖市以及主要耗能行业的能源消费和节能情况等信息。

第二十二条 国家鼓励节能服务机构的发展，支持节能服务机构开展节能咨询、设计、评估、检测、审计、认证等服务。

国家支持节能服务机构开展节能知识宣传和节能技术培训，提供节能信息、节能示范和其他公益性节能服务。

第二十三条 国家鼓励行业协会在行业节能规划、节能标准的制定和实施、节能技术推广、能源消费统计、节能宣传培训和信息咨询等方面发挥作用。

第三章　合理使用与节约能源

第一节　一般规定

第二十四条　用能单位应当按照合理用能的原则，加强节能管理，制定并实施节能计划和节能技术措施，降低能源消耗。

第二十五条　用能单位应当建立节能目标责任制，对节能工作取得成绩的集体、个人给予奖励。

第二十六条　用能单位应当定期开展节能教育和岗位节能培训。

第二十七条　用能单位应当加强能源计量管理，按照规定配备和使用经依法检定合格的能源计量器具。

用能单位应当建立能源消费统计和能源利用状况分析制度，对各类能源的消费实行分类计量和统计，并确保能源消费统计数据真实、完整。

第二十八条　能源生产经营单位不得向本单位职工无偿提供能源。任何单位不得对能源消费实行包费制。

第二节　工业节能

第二十九条　国务院和省、自治区、直辖市人民政府推进能源资源优化开发利用和合理配置，推进有利于节能的行业结构调整，优化用能结构和企业布局。

第三十条　国务院管理节能工作的部门会同国务院有关部门制定电力、钢铁、有色金属、建材、石油加工、化工、煤炭等主要耗能行业的节能技术政策，推动企业节能技术改造。

第三十一条　国家鼓励工业企业采用高效、节能的电动机、锅炉、窑炉、风机、泵类等设备，采用热电联产、余热余压利用、洁净煤以及先进的用能监测和控制等技术。

第三十二条　电网企业应当按照国务院有关部门制定的节能发电调度管理的规定，安排清洁、高效和符合规定的热电联产、利用余热余压发电的机组以及其他符合资源综合利用规定的发电机组与电网并网运行，上网电价执行国家有关规定。

第三十三条　禁止新建不符合国家规定的燃煤发电机组、燃油发电机组和燃煤热电机组。

第三节　建筑节能

第三十四条　国务院建设主管部门负责全国建筑节能的监督管理工作。

县级以上地方各级人民政府建设主管部门负责本行政区域内建筑节能的监督管理工作。

县级以上地方各级人民政府建设主管部门会同同级管理节能工作的部门编制本行政区域内的建筑节能规划。建筑节能规划应当包括既有建筑节能改造计划。

第三十五条　建筑工程的建设、设计、施工和监理单位应当遵守建筑节能标准。

不符合建筑节能标准的建筑工程，建设主管部门不得批准开工建设；已经开工建设的，应当责令停止施工、限期改正；已经建成的，不得销售或者使用。

建设主管部门应当加强对在建建筑工程执行建筑节能标准情况的监督检查。

第三十六条 房地产开发企业在销售房屋时，应当向购买人明示所售房屋的节能措施、保温工程保修期等信息，在房屋买卖合同、质量保证书和使用说明书中载明，并对其真实性、准确性负责。

第三十七条 使用空调采暖、制冷的公共建筑应当实行室内温度控制制度。具体办法由国务院建设主管部门制定。

第三十八条 国家采取措施，对实行集中供热的建筑分步骤实行供热分户计量、按照用热量收费的制度。新建建筑或者对既有建筑进行节能改造，应当按照规定安装用热计量装置、室内温度调控装置和供热系统调控装置。具体办法由国务院建设主管部门会同国务院有关部门制定。

第三十九条 县级以上地方各级人民政府有关部门应当加强城市节约用电管理，严格控制公用设施和大型建筑物装饰性景观照明的能耗。

第四十条 国家鼓励在新建建筑和既有建筑节能改造中使用新型墙体材料等节能建筑材料和节能设备，安装和使用太阳能等可再生能源利用系统。

第四节　交通运输节能

第四十一条 国务院有关交通运输主管部门按照各自的职责负责全国交通运输相关领域的节能监督管理工作。

国务院有关交通运输主管部门会同国务院管理节能工作的部门分别制定相关领域的节能规划。

第四十二条 国务院及其有关部门指导、促进各种交通运输方式协调发展和有效衔接，优化交通运输结构，建设节能型综合交通运输体系。

第四十三条 县级以上地方各级人民政府应当优先发展公共交通，加大对公共交通的投入，完善公共交通服务体系，鼓励利用公共交通工具出行；鼓励使用非机动交通工具出行。

第四十四条 国务院有关交通运输主管部门应当加强交通运输组织管理，引导道路、水路、航空运输企业提高运输组织化程度和集约化水平，提高能源利用效率。

第四十五条 国家鼓励开发、生产、使用节能环保型汽车、摩托车、铁路机车车辆、船舶和其他交通运输工具，实行老旧交通运输工具的报废、更新制度。

国家鼓励开发和推广应用交通运输工具使用的清洁燃料、石油替代燃料。

第四十六条 国务院有关部门制定交通运输营运车船的燃料消耗量限值标准；不符合标准的，不得用于营运。

国务院有关交通运输主管部门应当加强对交通运输营运车船燃料消耗检测的监督管理。

第五节　公共机构节能

第四十七条 公共机构应当厉行节约，杜绝浪费，带头使用节能产品、设备，提高能源利用效率。

本法所称公共机构，是指全部或者部分使用财政性资金的国家机关、事业单位和团体组织。

第四十八条 国务院和县级以上地方各级人民政府管理机关事务工作的机构会同同级有关部门制定和组织实施本级公共机构节能规划。公共机构节能规划应当包括公共机构既有建筑节能改造计划。

第四十九条 公共机构应当制定年度节能目标和实施方案，加强能源消费计量和监测管理，向本级人民政府管理机关事务工作的机构报送上年度的能源消费状况报告。

国务院和县级以上地方各级人民政府管理机关事务工作的机构会同同级有关部门按照管理权限，制定本级公共机构的能源消耗定额，财政部门根据该定额制定能源消耗支出标准。

第五十条 公共机构应当加强本单位用能系统管理，保证用能系统的运行符合国家相关标准。

公共机构应当按照规定进行能源审计，并根据能源审计结果采取提高能源利用效率的措施。

第五十一条 公共机构采购用能产品、设备，应当优先采购列入节能产品、设备政府采购名录中的产品、设备。禁止采购国家明令淘汰的用能产品、设备。

节能产品、设备政府采购名录由省级以上人民政府的政府采购监督管理部门会同同级有关部门制定并公布。

第六节　重点用能单位节能

第五十二条 国家加强对重点用能单位的节能管理。

下列用能单位为重点用能单位：

（一）年综合能源消费总量一万吨标准煤以上的用能单位；

（二）国务院有关部门或者省、自治区、直辖市人民政府管理节能工作的部门指定的年综合能源消费总量五千吨以上不满一万吨标准煤的用能单位。

重点用能单位节能管理办法，由国务院管理节能工作的部门会同国务院有关部门制定。

第五十三条 重点用能单位应当每年向管理节能工作的部门报送上年度的能源利用状况报告。能源利用状况包括能源消费情况、能源利用效率、节能目标完成情况和节能效益分析、节能措施等内容。

第五十四条 管理节能工作的部门应当对重点用能单位报送的能源利用状况报告进行审查。对节能管理制度不健全、节能措施不落实、能源利用效率低的重点用能单位，管理节能工作的部门应当开展现场调查，组织实施用能设备能源效率检测，责令实施能源审计，并提出书面整改要求，限期整改。

第五十五条 重点用能单位应当设立能源管理岗位，在具有节能专业知识、实际经验以及中级以上技术职称的人员中聘任能源管理负责人，并报管理节能工作的部门和有关部门备案。

能源管理负责人负责组织对本单位用能状况进行分析、评价，组织编写本单位能源利用状况报告，提出本单位节能工作的改进措施并组织实施。

能源管理负责人应当接受节能培训。

第四章　节能技术进步

第五十六条　国务院管理节能工作的部门会同国务院科技主管部门发布节能技术政策大纲，指导节能技术研究、开发和推广应用。

第五十七条　县级以上各级人民政府应当把节能技术研究开发作为政府科技投入的重点领域，支持科研单位和企业开展节能技术应用研究，制定节能标准，开发节能共性和关键技术，促进节能技术创新与成果转化。

第五十八条　国务院管理节能工作的部门会同国务院有关部门制定并公布节能技术、节能产品的推广目录，引导用能单位和个人使用先进的节能技术、节能产品。

国务院管理节能工作的部门会同国务院有关部门组织实施重大节能科研项目、节能示范项目、重点节能工程。

第五十九条　县级以上各级人民政府应当按照因地制宜、多能互补、综合利用、讲求效益的原则，加强农业和农村节能工作，增加对农业和农村节能技术、节能产品推广应用的资金投入。

农业、科技等有关主管部门应当支持、推广在农业生产、农产品加工储运等方面应用节能技术和节能产品，鼓励更新和淘汰高耗能的农业机械和渔业船舶。

国家鼓励、支持在农村大力发展沼气，推广生物质能、太阳能和风能等可再生能源利用技术，按照科学规划、有序开发的原则发展小型水力发电，推广节能型的农村住宅和炉灶等，鼓励利用非耕地种植能源植物，大力发展薪炭林等能源林。

第五章　激 励 措 施

第六十条　中央财政和省级地方财政安排节能专项资金，支持节能技术研究开发、节能技术和产品的示范与推广、重点节能工程的实施、节能宣传培训、信息服务和表彰奖励等。

第六十一条　国家对生产、使用列入本法第五十八条规定的推广目录的需要支持的节能技术、节能产品，实行税收优惠等扶持政策。

国家通过财政补贴支持节能照明器具等节能产品的推广和使用。

第六十二条　国家实行有利于节约能源资源的税收政策，健全能源矿产资源有偿使用制度，促进能源资源的节约及其开采利用水平的提高。

第六十三条　国家运用税收等政策，鼓励先进节能技术、设备的进口，控制在生产过程中耗能高、污染重的产品的出口。

第六十四条　政府采购监督管理部门会同有关部门制定节能产品、设备政府采购名录，应当优先列入取得节能产品认证证书的产品、设备。

第六十五条　国家引导金融机构增加对节能项目的信贷支持，为符合条件的节能技术研究开发、节能产品生产以及节能技术改造等项目提供优惠贷款。

国家推动和引导社会有关方面加大对节能的资金投入，加快节能技术改造。

第六十六条　国家实行有利于节能的价格政策，引导用能单位和个人节能。

国家运用财税、价格等政策，支持推广电力需求侧管理、合同能源管理、节能自愿协议等节能办法。

国家实行峰谷分时电价、季节性电价、可中断负荷电价制度，鼓励电力用户合理调整用电负荷；对钢铁、有色金属、建材、化工和其他主要耗能行业的企业，分淘汰、限制、允许和鼓励类实行差别电价政策。

第六十七条 各级人民政府对在节能管理、节能科学技术研究和推广应用中有显著成绩以及检举严重浪费能源行为的单位和个人，给予表彰和奖励。

第六章 法律责任

第六十八条 负责审批或者核准固定资产投资项目的机关违反本法规定，对不符合强制性节能标准的项目予以批准或者核准建设的，对直接负责的主管人员和其他直接责任人员依法给予处分。

固定资产投资项目建设单位开工建设不符合强制性节能标准的项目或者将该项目投入生产、使用的，由管理节能工作的部门责令停止建设或者停止生产、使用，限期改造；不能改造或者逾期不改造的生产性项目，由管理节能工作的部门报请本级人民政府按照国务院规定的权限责令关闭。

第六十九条 生产、进口、销售国家明令淘汰的用能产品、设备的，使用伪造的节能产品认证标志或者冒用节能产品认证标志的，依照《中华人民共和国产品质量法》的规定处罚。

第七十条 生产、进口、销售不符合强制性能源效率标准的用能产品、设备的，由产品质量监督部门责令停止生产、进口、销售，没收违法生产、进口、销售的用能产品、设备和违法所得，并处违法所得一倍以上五倍以下罚款；情节严重的，由工商行政管理部门吊销营业执照。

第七十一条 使用国家明令淘汰的用能设备或者生产工艺的，由管理节能工作的部门责令停止使用，没收国家明令淘汰的用能设备；情节严重的，可以由管理节能工作的部门提出意见，报请本级人民政府按照国务院规定的权限责令停业整顿或者关闭。

第七十二条 生产单位超过单位产品能耗限额标准用能，情节严重，经限期治理逾期不治理或者没有达到治理要求的，可以由管理节能工作的部门提出意见，报请本级人民政府按照国务院规定的权限责令停业整顿或者关闭。

第七十三条 违反本法规定，应当标注能源效率标识而未标注的，由产品质量监督部门责令改正，处三万元以上五万元以下罚款。

违反本法规定，未办理能源效率标识备案，或者使用的能源效率标识不符合规定的，由产品质量监督部门责令限期改正；逾期不改正的，处一万元以上三万元以下罚款。

伪造、冒用能源效率标识或者利用能源效率标识进行虚假宣传的，由产品质量监督部门责令改正，处五万元以上十万元以下罚款；情节严重的，由工商行政管理部门吊销营业执照。

第七十四条 用能单位未按照规定配备、使用能源计量器具的，由产品质量监督部门责令限期改正；逾期不改正的，处一万元以上五万元以下罚款。

第七十五条 瞒报、伪造、篡改能源统计资料或者编造虚假能源统计数据的，依照《中华人民共和国统计法》的规定处罚。

第七十六条 从事节能咨询、设计、评估、检测、审计、认证等服务的机构提供虚假信息的，由管理节能工作的部门责令改正，没收违法所得，并处五万元以上十万元以下罚款。

第七十七条 违反本法规定，无偿向本单位职工提供能源或者对能源消费实行包费制的，由管理节能工作的部门责令限期改正；逾期不改正的，处五万元以上二十万元以下罚款。

第七十八条 电网企业未按照本法规定安排符合规定的热电联产和利用余热余压发电的机组与电网并网运行，或者未执行国家有关上网电价规定的，由国家电力监管机构责令改正；造成发电企业经济损失的，依法承担赔偿责任。

第七十九条 建设单位违反建筑节能标准的，由建设主管部门责令改正，处二十万元以上五十万元以下罚款。

设计单位、施工单位、监理单位违反建筑节能标准的，由建设主管部门责令改正，处十万元以上五十万元以下罚款；情节严重的，由颁发资质证书的部门降低资质等级或者吊销资质证书；造成损失的，依法承担赔偿责任。

第八十条 房地产开发企业违反本法规定，在销售房屋时未向购买人明示所售房屋的节能措施、保温工程保修期等信息的，由建设主管部门责令限期改正，逾期不改正的，处三万元以上五万元以下罚款；对以上信息作虚假宣传的，由建设主管部门责令改正，处五万元以上二十万元以下罚款。

第八十一条 公共机构采购用能产品、设备，未优先采购列入节能产品、设备政府采购名录中的产品、设备，或者采购国家明令淘汰的用能产品、设备的，由政府采购监督管理部门给予警告，可以并处罚款；对直接负责的主管人员和其他直接责任人员依法给予处分，并予通报。

第八十二条 重点用能单位未按照本法规定报送能源利用状况报告或者报告内容不实的，由管理节能工作的部门责令限期改正；逾期不改正的，处一万元以上五万元以下罚款。

第八十三条 重点用能单位无正当理由拒不落实本法第五十四条规定的整改要求或者整改没有达到要求的，由管理节能工作的部门处十万元以上三十万元以下罚款。

第八十四条 重点用能单位未按照本法规定设立能源管理岗位，聘任能源管理负责人，并报管理节能工作的部门和有关部门备案的，由管理节能工作的部门责令改正；拒不改正的，处一万元以上三万元以下罚款。

第八十五条 违反本法规定，构成犯罪的，依法追究刑事责任。

第八十六条 国家工作人员在节能管理工作中滥用职权、玩忽职守、徇私舞弊，构成犯罪的，依法追究刑事责任；尚不构成犯罪的，依法给予处分。

第七章　附　　则

第八十七条 本法自 2008 年 4 月 1 日起施行。

1.3《民用建筑节能条例》

中华人民共和国国务院令

第 530 号

《民用建筑节能条例》已经 2008 年 7 月 23 日国务院第 18 次常务会议通过，现予公布，自 2008 年 10 月 1 日起施行。

总　理　温家宝

二〇〇八年八月一日

民用建筑节能条例

第一章　总　　则

第一条　为了加强民用建筑节能管理，降低民用建筑使用过程中的能源消耗，提高能源利用效率，制定本条例。

第二条　本条例所称民用建筑节能，是指在保证民用建筑使用功能和室内热环境质量的前提下，降低其使用过程中能源消耗的活动。

本条例所称民用建筑，是指居住建筑、国家机关办公建筑和商业、服务业、教育、卫生等其他公共建筑。

第三条　各级人民政府应当加强对民用建筑节能工作的领导，积极培育民用建筑节能服务市场，健全民用建筑节能服务体系，推动民用建筑节能技术的开发应用，做好民用建筑节能知识的宣传教育工作。

第四条　国家鼓励和扶持在新建建筑和既有建筑节能改造中采用太阳能、地热能等可再生能源。

在具备太阳能利用条件的地区，有关地方人民政府及其部门应当采取有效措施，鼓励和扶持单位、个人安装使用太阳能热水系统、照明系统、供热系统、采暖制冷系统等太阳能利用系统。

第五条　国务院建设主管部门负责全国民用建筑节能的监督管理工作。县级以上地方人民政府建设主管部门负责本行政区域民用建筑节能的监督管理工作。

县级以上人民政府有关部门应当依照本条例的规定以及本级人民政府规定的职责分工，负责民用建筑节能的有关工作。

第六条　国务院建设主管部门应当在国家节能中长期专项规划指导下，编制全国民用建筑节能规划，并与相关规划相衔接。

县级以上地方人民政府建设主管部门应当组织编制本行政区域的民用建筑节能规划，报本级人民政府批准后实施。

第七条　国家建立健全民用建筑节能标准体系。国家民用建筑节能标准由国务院建设主管部门负责组织制定，并依照法定程序发布。

国家鼓励制定、采用优于国家民用建筑节能标准的地方民用建筑节能标准。

第八条 县级以上人民政府应当安排民用建筑节能资金，用于支持民用建筑节能的科学技术研究和标准制定、既有建筑围护结构和供热系统的节能改造、可再生能源的应用，以及民用建筑节能示范工程、节能项目的推广。

政府引导金融机构对既有建筑节能改造、可再生能源的应用，以及民用建筑节能示范工程等项目提供支持。

民用建筑节能项目依法享受税收优惠。

第九条 国家积极推进供热体制改革，完善供热价格形成机制，鼓励发展集中供热，逐步实行按照用热量收费制度。

第十条 对在民用建筑节能工作中做出显著成绩的单位和个人，按照国家有关规定给予表彰和奖励。

第二章 新建建筑节能

第十一条 国家推广使用民用建筑节能的新技术、新工艺、新材料和新设备，限制使用或者禁止使用能源消耗高的技术、工艺、材料和设备。国务院节能工作主管部门、建设主管部门应当制定、公布并及时更新推广使用、限制使用、禁止使用目录。

国家限制进口或者禁止进口能源消耗高的技术、材料和设备。

建设单位、设计单位、施工单位不得在建筑活动中使用列入禁止使用目录的技术、工艺、材料和设备。

第十二条 编制城市详细规划、镇详细规划，应当按照民用建筑节能的要求，确定建筑的布局、形状和朝向。

城乡规划主管部门依法对民用建筑进行规划审查，应当就设计方案是否符合民用建筑节能强制性标准征求同级建设主管部门的意见；建设主管部门应当自收到征求意见材料之日起 10 日内提出意见。征求意见时间不计算在规划许可的期限内。

对不符合民用建筑节能强制性标准的，不得颁发建设工程规划许可证。

第十三条 施工图设计文件审查机构应当按照民用建筑节能强制性标准对施工图设计文件进行审查；经审查不符合民用建筑节能强制性标准的，县级以上地方人民政府建设主管部门不得颁发施工许可证。

第十四条 建设单位不得明示或者暗示设计单位、施工单位违反民用建筑节能强制性标准进行设计、施工，不得明示或者暗示施工单位使用不符合施工图设计文件要求的墙体材料、保温材料、门窗、采暖制冷系统和照明设备。

按照合同约定由建设单位采购墙体材料、保温材料、门窗、采暖制冷系统和照明设备的，建设单位应当保证其符合施工图设计文件要求。

第十五条 设计单位、施工单位、工程监理单位及其注册执业人员，应当按照民用建筑节能强制性标准进行设计、施工、监理。

第十六条 施工单位应当对进入施工现场的墙体材料、保温材料、门窗、采暖制冷系统和照明设备进行查验；不符合施工图设计文件要求的，不得使用。

工程监理单位发现施工单位不按照民用建筑节能强制性标准施工的，应当要求施工单位改正；施工单位拒不改正的，工程监理单位应当及时报告建设单位，并向有关主管部门报告。

墙体、屋面的保温工程施工时，监理工程师应当按照工程监理规范的要求，采取旁站、巡视和平行检验等形式实施监理。

未经监理工程师签字，墙体材料、保温材料、门窗、采暖制冷系统和照明设备不得在建筑上使用或者安装，施工单位不得进行下一道工序的施工。

第十七条 建设单位组织竣工验收，应当对民用建筑是否符合民用建筑节能强制性标准进行查验；对不符合民用建筑节能强制性标准的，不得出具竣工验收合格报告。

第十八条 实行集中供热的建筑应当安装供热系统调控装置、用热计量装置和室内温度调控装置；公共建筑还应当安装用电分项计量装置。居住建筑安装的用热计量装置应当满足分户计量的要求。

计量装置应当依法检定合格。

第十九条 建筑的公共走廊、楼梯等部位，应当安装、使用节能灯具和电气控制装置。

第二十条 对具备可再生能源利用条件的建筑，建设单位应当选择合适的可再生能源，用于采暖、制冷、照明和热水供应等；设计单位应当按照有关可再生能源利用的标准进行设计。

建设可再生能源利用设施，应当与建筑主体工程同步设计、同步施工、同步验收。

第二十一条 国家机关办公建筑和大型公共建筑的所有权人应当对建筑的能源利用效率进行测评和标识，并按照国家有关规定将测评结果予以公示，接受社会监督。

国家机关办公建筑应当安装、使用节能设备。

本条例所称大型公共建筑，是指单体建筑面积2万平方米以上的公共建筑。

第二十二条 房地产开发企业销售商品房，应当向购买人明示所售商品房的能源消耗指标、节能措施和保护要求、保温工程保修期等信息，并在商品房买卖合同和住宅质量保证书、住宅使用说明书中载明。

第二十三条 在正常使用条件下，保温工程的最低保修期限为5年。保温工程的保修期，自竣工验收合格之日起计算。

保温工程在保修范围和保修期内发生质量问题的，施工单位应当履行保修义务，并对造成的损失依法承担赔偿责任。

第三章 既有建筑节能

第二十四条 既有建筑节能改造应当根据当地经济、社会发展水平和地理气候条件等实际情况，有计划、分步骤地实施分类改造。

本条例所称既有建筑节能改造，是指对不符合民用建筑节能强制性标准的既有建筑的围护结构、供热系统、采暖制冷系统、照明设备和热水供应设施等实施节能改造的活动。

第二十五条 县级以上地方人民政府建设主管部门应当对本行政区域内既有建筑的建设年代、结构形式、用能系统、能源消耗指标、寿命周期等组织调查统计和分析，制定既有建筑节能改造计划，明确节能改造的目标、范围和要求，报本级人民政府批准后组织实施。

中央国家机关既有建筑的节能改造，由有关管理机关事务工作的机构制定节能改造计划，并组织实施。

第二十六条 国家机关办公建筑、政府投资和以政府投资为主的公共建筑的节能改造，应当制定节能改造方案，经充分论证，并按照国家有关规定办理相关审批手续方可进行。

各级人民政府及其有关部门、单位不得违反国家有关规定和标准，以节能改造的名义对前款规定的既有建筑进行扩建、改建。

第二十七条 居住建筑和本条例第二十六条规定以外的其他公共建筑不符合民用建筑节能强制性标准的，在尊重建筑所有权人意愿的基础上，可以结合扩建、改建，逐步实施节能改造。

第二十八条 实施既有建筑节能改造，应当符合民用建筑节能强制性标准，优先采用遮阳、改善通风等低成本改造措施。

既有建筑围护结构的改造和供热系统的改造，应当同步进行。

第二十九条 对实行集中供热的建筑进行节能改造，应当安装供热系统调控装置和用热计量装置；对公共建筑进行节能改造，还应当安装室内温度调控装置和用电分项计量装置。

第三十条 国家机关办公建筑的节能改造费用，由县级以上人民政府纳入本级财政预算。

居住建筑和教育、科学、文化、卫生、体育等公益事业使用的公共建筑节能改造费用，由政府、建筑所有权人共同负担。

国家鼓励社会资金投资既有建筑节能改造。

第四章 建筑用能系统运行节能

第三十一条 建筑所有权人或者使用权人应当保证建筑用能系统的正常运行，不得人为损坏建筑围护结构和用能系统。

国家机关办公建筑和大型公共建筑的所有权人或者使用权人应当建立健全民用建筑节能管理制度和操作规程，对建筑用能系统进行监测、维护，并定期将分项用电量报县级以上地方人民政府建设主管部门。

第三十二条 县级以上地方人民政府节能工作主管部门应当会同同级建设主管部门确定本行政区域内公共建筑重点用电单位及其年度用电限额。

县级以上地方人民政府建设主管部门应当对本行政区域内国家机关办公建筑和公共建筑用电情况进行调查统计和评价分析。国家机关办公建筑和大型公共建筑采暖、制冷、照明的能源消耗情况应当依照法律、行政法规和国家其他有关规定向社会公布。

国家机关办公建筑和公共建筑的所有权人或者使用权人应当对县级以上地方人民政府建设主管部门的调查统计工作予以配合。

第三十三条 供热单位应当建立健全相关制度，加强对专业技术人员的教育和培训。

供热单位应当改进技术装备，实施计量管理，并对供热系统进行监测、维护，提高供热系统的效率，保证供热系统的运行符合民用建筑节能强制性标准。

第三十四条 县级以上地方人民政府建设主管部门应当对本行政区域内供热单位的能源消耗情况进行调查统计和分析，并制定供热单位能源消耗指标；对超过能源消耗指标的，应当要求供热单位制定相应的改进措施，并监督实施。

第五章 法律责任

第三十五条 违反本条例规定，县级以上人民政府有关部门有下列行为之一的，对负有责任的主管人员和其他直接责任人员依法给予处分；构成犯罪的，依法追究刑事责任：

（一）对设计方案不符合民用建筑节能强制性标准的民用建筑项目颁发建设工程规划许可证的；

（二）对不符合民用建筑节能强制性标准的设计方案出具合格意见的；

（三）对施工图设计文件不符合民用建筑节能强制性标准的民用建筑项目颁发施工许可证的；

（四）不依法履行监督管理职责的其他行为。

第三十六条 违反本条例规定，各级人民政府及其有关部门、单位违反国家有关规定和标准，以节能改造的名义对既有建筑进行扩建、改建的，对负有责任的主管人员和其他直接责任人员，依法给予处分。

第三十七条 违反本条例规定，建设单位有下列行为之一的，由县级以上地方人民政府建设主管部门责令改正，处20万元以上50万元以下的罚款：

（一）明示或者暗示设计单位、施工单位违反民用建筑节能强制性标准进行设计、施工的；

（二）明示或者暗示施工单位使用不符合施工图设计文件要求的墙体材料、保温材料、门窗、采暖制冷系统和照明设备的；

（三）采购不符合施工图设计文件要求的墙体材料、保温材料、门窗、采暖制冷系统和照明设备的；

（四）使用列入禁止使用目录的技术、工艺、材料和设备的。

第三十八条 违反本条例规定，建设单位对不符合民用建筑节能强制性标准的民用建筑项目出具竣工验收合格报告的，由县级以上地方人民政府建设主管部门责令改正，处民用建筑项目合同价款2%以上4%以下的罚款；造成损失的，依法承担赔偿责任。

第三十九条 违反本条例规定，设计单位未按照民用建筑节能强制性标准进行设计，或者使用列入禁止使用目录的技术、工艺、材料和设备的，由县级以上地方人民政府建设主管部门责令改正，处10万元以上30万元以下的罚款；情节严重的，由颁发资质证书的部门责令停业整顿，降低资质等级或者吊销资质证书；造成损失的，依法承担赔偿责任。

第四十条 违反本条例规定，施工单位未按照民用建筑节能强制性标准进行施工的，由县级以上地方人民政府建设主管部门责令改正，处民用建筑项目合同价款2%以上4%以下的罚款；情节严重的，由颁发资质证书的部门责令停业整顿，降低资质等级或者吊销资质证书；造成损失的，依法承担赔偿责任。

第四十一条 违反本条例规定，施工单位有下列行为之一的，由县级以上地方人民政府建设主管部门责令改正，处10万元以上20万元以下的罚款；情节严重的，由颁发资质证书的部门责令停业整顿，降低资质等级或者吊销资质证书；造成损失的，依法承担赔偿责任：

（一）未对进入施工现场的墙体材料、保温材料、门窗、采暖制冷系统和照明设备进行查验的；

（二）使用不符合施工图设计文件要求的墙体材料、保温材料、门窗、采暖制冷系统和照明设备的；

（三）使用列入禁止使用目录的技术、工艺、材料和设备的。

第四十二条 违反本条例规定，工程监理单位有下列行为之一的，由县级以上地方人民政府建设主管部门责令限期改正；逾期未改正的，处10万元以上30万元以下的罚款；情节严重的，由颁发资质证书的部门责令停业整顿，降低资质等级或者吊销资质证书；造成损失的，依法承担赔偿责任：

（一）未按照民用建筑节能强制性标准实施监理的；

（二）墙体、屋面的保温工程施工时，未采取旁站、巡视和平行检验等形式实施监理的。

对不符合施工图设计文件要求的墙体材料、保温材料、门窗、采暖制冷系统和照明设备，按照符合施工图设计文件要求签字的，依照《建设工程质量管理条例》第六十七条的规定处罚。

第四十三条 违反本条例规定，房地产开发企业销售商品房，未向购买人明示所售商品房的能源消耗指标、节能措施和保护要求、保温工程保修期等信息，或者向购买人明示的所售商品房能源消耗指标与实际能源消耗不符的，依法承担民事责任；由县级以上地方人民政府建设主管部门责令限期改正；逾期未改正的，处交付使用的房屋销售总额2%以下的罚款；情节严重的，由颁发资质证书的部门降低资质等级或者吊销资质证书。

第四十四条 违反本条例规定，注册执业人员未执行民用建筑节能强制性标准的，由县级以上人民政府建设主管部门责令停止执业3个月以上1年以下；情节严重的，由颁发资格证书的部门吊销执业资格证书，5年内不予注册。

第六章　附　　则

第四十五条 本条例自2008年10月1日起施行。

1.4 《公共机构节能条例》

中华人民共和国国务院令

第531号

《公共机构节能条例》已经2008年7月23日国务院第18次常务会议通过，现予公布，自2008年10月1日起施行。

总　理　温家宝

二〇〇八年八月一日

公共机构节能条例

第一章　总　　则

第一条 为了推动公共机构节能，提高公共机构能源利用效率，发挥公共机构在全社会节能中的表率作用，根据《中华人民共和国节约能源法》，制定本条例。

第二条 本条例所称公共机构，是指全部或者部分使用财政性资金的国家机关、事业单位和团体组织。

第三条 公共机构应当加强用能管理，采取技术上可行、经济上合理的措施，降低能源消耗，减少、制止能源浪费，有效、合理地利用能源。

第四条 国务院管理节能工作的部门主管全国的公共机构节能监督管理工作。国务院管理机关事务工作的机构在国务院管理节能工作的部门指导下，负责推进、指导、协调、监督全国的公共机构节能工作。

国务院和县级以上地方各级人民政府管理机关事务工作的机构在同级管理节能工作的部门指导下，负责本级公共机构节能监督管理工作。

教育、科技、文化、卫生、体育等系统各级主管部门在同级管理机关事务工作的机构指导下，开展本级系统内公共机构节能工作。

第五条 国务院和县级以上地方各级人民政府管理机关事务工作的机构应当会同同级有关部门开展公共机构节能宣传、教育和培训，普及节能科学知识。

第六条 公共机构负责人对本单位节能工作全面负责。

公共机构的节能工作实行目标责任制和考核评价制度，节能目标完成情况应当作为对公共机构负责人考核评价的内容。

第七条 公共机构应当建立、健全本单位节能管理的规章制度，开展节能宣传教育和岗位培训，增强工作人员的节能意识，培养节能习惯，提高节能管理水平。

第八条 公共机构的节能工作应当接受社会监督。任何单位和个人都有权举报公共机构浪费能源的行为，有关部门对举报应当及时调查处理。

第九条 对在公共机构节能工作中做出显著成绩的单位和个人，按照国家规定予以表彰和奖励。

第二章 节能规划

第十条 国务院和县级以上地方各级人民政府管理机关事务工作的机构应当会同同级有关部门，根据本级人民政府节能中长期专项规划，制定本级公共机构节能规划。

县级公共机构节能规划应当包括所辖乡（镇）公共机构节能的内容。

第十一条 公共机构节能规划应当包括指导思想和原则、用能现状和问题、节能目标和指标、节能重点环节、实施主体、保障措施等方面的内容。

第十二条 国务院和县级以上地方各级人民政府管理机关事务工作的机构应当将公共机构节能规划确定的节能目标和指标，按年度分解落实到本级公共机构。

第十三条 公共机构应当结合本单位用能特点和上一年度用能状况，制定年度节能目标和实施方案，有针对性地采取节能管理或者节能改造措施，保证节能目标的完成。

公共机构应当将年度节能目标和实施方案报本级人民政府管理机关事务工作的机构备案。

第三章 节能管理

第十四条 公共机构应当实行能源消费计量制度，区分用能种类、用能系统实行能源消费分户、分类、分项计量，并对能源消耗状况进行实时监测，及时发现、纠正用能浪费现象。

第十五条 公共机构应当指定专人负责能源消费统计，如实记录能源消费计量原始数据，建立统计台账。

公共机构应当于每年3月31日前，向本级人民政府管理机关事务工作的机构报送上一年度能源消费状况报告。

第十六条 国务院和县级以上地方各级人民政府管理机关事务工作的机构应当会同同级有关部门按照管理权限，根据不同行业、不同系统公共机构能源消耗综合水平和特点，制定能源消耗定额，财政部门根据能源消耗定额制定能源消耗支出标准。

第十七条 公共机构应当在能源消耗定额范围内使用能源，加强能源消耗支出管理；超过能源消耗定额使用能源的，应当向本级人民政府管理机关事务工作的机构作出说明。

第十八条 公共机构应当按照国家有关强制采购或者优先采购的规定，采购列入节能产品、设备政府采购名录和环境标志产品政府采购名录中的产品、设备，不得采购国家明令淘汰的用能产品、设备。

第十九条 国务院和省级人民政府的政府采购监督管理部门应当会同同级有关部门完善节能产品、设备政府采购名录，优先将取得节能产品认证证书的产品、设备列入政府采购名录。

国务院和省级人民政府应当将节能产品、设备政府采购名录中的产品、设备纳入政府集中采购目录。

第二十条 公共机构新建建筑和既有建筑维修改造应当严格执行国家有关建筑节能设计、施工、调试、竣工验收等方面的规定和标准，国务院和县级以上地方人民政府建设主管部门对执行国家有关规定和标准的情况应当加强监督检查。

国务院和县级以上地方各级人民政府负责审批或者核准固定资产投资项目的部门，应当严格控制公共机构建设项目的建设规模和标准，统筹兼顾节能投资和效益，对建设项目进行节能评估和审查；未通过节能评估和审查的项目，不得批准或者核准建设。

第二十一条 国务院和县级以上地方各级人民政府管理机关事务工作的机构会同有关部门制定本级公共机构既有建筑节能改造计划，并组织实施。

第二十二条 公共机构应当按照规定进行能源审计，对本单位用能系统、设备的运行及使用能源情况进行技术和经济性评价，根据审计结果采取提高能源利用效率的措施。具体办法由国务院管理节能工作的部门会同国务院有关部门制定。

第二十三条 能源审计的内容包括：

（一）查阅建筑物竣工验收资料和用能系统、设备台账资料，检查节能设计标准的执行情况；

（二）核对电、气、煤、油、市政热力等能源消耗计量记录和财务账单，评估分类与分项的总能耗、人均能耗和单位建筑面积能耗；

（三）检查用能系统、设备的运行状况，审查节能管理制度执行情况；

（四）检查前一次能源审计合理使用能源建议的落实情况；

（五）查找存在节能潜力的用能环节或者部位，提出合理使用能源的建议；

（六）审查年度节能计划、能源消耗定额执行情况，核实公共机构超过能源消耗定额使用能源的说明；

（七）审查能源计量器具的运行情况，检查能耗统计数据的真实性、准确性。

第四章　节 能 措 施

第二十四条　公共机构应当建立、健全本单位节能运行管理制度和用能系统操作规程，加强用能系统和设备运行调节、维护保养、巡视检查，推行低成本、无成本节能措施。

第二十五条　公共机构应当设置能源管理岗位，实行能源管理岗位责任制。重点用能系统、设备的操作岗位应当配备专业技术人员。

第二十六条　公共机构可以采用合同能源管理方式，委托节能服务机构进行节能诊断、设计、融资、改造和运行管理。

第二十七条　公共机构选择物业服务企业，应当考虑其节能管理能力。公共机构与物业服务企业订立物业服务合同，应当载明节能管理的目标和要求。

第二十八条　公共机构实施节能改造，应当进行能源审计和投资收益分析，明确节能指标，并在节能改造后采用计量方式对节能指标进行考核和综合评价。

第二十九条　公共机构应当减少空调、计算机、复印机等用电设备的待机能耗，及时关闭用电设备。

第三十条　公共机构应当严格执行国家有关空调室内温度控制的规定，充分利用自然通风，改进空调运行管理。

第三十一条　公共机构电梯系统应当实行智能化控制，合理设置电梯开启数量和时间，加强运行调节和维护保养。

第三十二条　公共机构办公建筑应当充分利用自然采光，使用高效节能照明灯具，优化照明系统设计，改进电路控制方式，推广应用智能调控装置，严格控制建筑物外部泛光照明以及外部装饰用照明。

第三十三条　公共机构应当对网络机房、食堂、开水间、锅炉房等部位的用能情况实行重点监测，采取有效措施降低能耗。

第三十四条　公共机构的公务用车应当按照标准配备，优先选用低能耗、低污染、使用清洁能源的车辆，并严格执行车辆报废制度。

公共机构应当按照规定用途使用公务用车，制定节能驾驶规范，推行单车能耗核算制度。

公共机构应当积极推进公务用车服务社会化，鼓励工作人员利用公共交通工具、非机动交通工具出行。

第五章　监督和保障

第三十五条　国务院和县级以上地方各级人民政府管理机关事务工作的机构应当会同有关部门加强对本级公共机构节能的监督检查。监督检查的内容包括：

（一）年度节能目标和实施方案的制定、落实情况；

（二）能源消费计量、监测和统计情况；

（三）能源消耗定额执行情况；

（四）节能管理规章制度建立情况；

（五）能源管理岗位设置以及能源管理岗位责任制落实情况；

（六）用能系统、设备节能运行情况；

（七）开展能源审计情况；

（八）公务用车配备、使用情况。

对于节能规章制度不健全、超过能源消耗定额使用能源情况严重的公共机构，应当进行重点监督检查。

第三十六条 公共机构应当配合节能监督检查，如实说明有关情况，提供相关资料和数据，不得拒绝、阻碍。

第三十七条 公共机构有下列行为之一的，由本级人民政府管理机关事务工作的机构会同有关部门责令限期改正；逾期不改正的，予以通报，并由有关机关对公共机构负责人依法给予处分：

（一）未制定年度节能目标和实施方案，或者未按照规定将年度节能目标和实施方案备案的；

（二）未实行能源消费计量制度，或者未区分用能种类、用能系统实行能源消费分户、分类、分项计量，并对能源消耗状况进行实时监测的；

（三）未指定专人负责能源消费统计，或者未如实记录能源消费计量原始数据，建立统计台账的；

（四）未按照要求报送上一年度能源消费状况报告的；

（五）超过能源消耗定额使用能源，未向本级人民政府管理机关事务工作的机构作出说明的；

（六）未设立能源管理岗位，或者未在重点用能系统、设备操作岗位配备专业技术人员的；

（七）未按照规定进行能源审计，或者未根据审计结果采取提高能源利用效率的措施的；

（八）拒绝、阻碍节能监督检查的。

第三十八条 公共机构不执行节能产品、设备政府采购名录，未按照国家有关强制采购或者优先采购的规定采购列人节能产品、设备政府采购名录中的产品、设备，或者采购国家明令淘汰的用能产品、设备的，由政府采购监督管理部门给予警告，可以并处罚款；对直接负责的主管人员和其他直接责任人员依法给予处分，并予通报。

第三十九条 负责审批或者核准固定资产投资项目的部门对未通过节能评估和审查的公共机构建设项目予以批准或者核准的，对直接负责的主管人员和其他直接责任人员依法给予处分。

公共机构开工建设未通过节能评估和审查的建设项目的，由有关机关依法责令限期整改；对直接负责的主管人员和其他直接责任人员依法给予处分。

第四十条 公共机构违反规定超标准、超编制购置公务用车或者拒不报废高耗能、高污染车辆的，对直接负责的主管人员和其他直接责任人员依法给予处分，并由本级人民政府管理机关事务工作的机构依照有关规定，对车辆采取收回、拍卖、责令退还等方式处理。

第四十一条 公共机构违反规定用能造成能源浪费的，由本级人民政府管理机关事务工作的机构会同有关部门下达节能整改意见书，公共机构应当及时予以落实。

第四十二条 管理机关事务工作的机构的工作人员在公共机构节能监督管理中滥用职权、玩忽职守、徇私舞弊，构成犯罪的，依法追究刑事责任；尚不构成犯罪的，依法给予处分。

第六章 附 则

第四十三条 本条例自2008年10月1日起施行。

2　综合规范性文件

2.1 《节能中长期规划》

国家发展和改革委员会

前　　言

节能是我国经济和社会发展的一项长远战略方针，也是当前一项极为紧迫的任务。为推动全社会开展节能降耗，缓解能源瓶颈制约，建设节能型社会，促进经济社会可持续发展，实现全面建设小康社会的宏伟目标，特制定本规划。

规划期分为“十一五”和2020年，重点规划了到2010年节能的目标和发展重点，并提出2020年的目标。

规划分五个部分：我国能源利用现状，节能工作面临的形势和任务，节能的指导思想、原则和目标，节能的重点领域和重点工程，以及保障措施。

节能专项规划是我国能源中长期发展规划的重要组成部分，也是我国中长期节能工作的指导性文件和节能项目建设的依据。

（说明：规划采用了国家统计局对2000年、2002年能源生产、消费总量及GDP能耗等相关数字的初步调整数。）

一、我国能源利用现状

（一）能源消费特点

2002年，全国一次能源消费总量15.14亿吨标准煤，比1990年增加5.27亿吨标准煤，增长53%，年均增长3.6%。其中，煤炭占66.3%，石油占23.5%，天然气占2.6%，水电、核电占7.6%。

我国能源消费呈以下主要特点：

1. 能源消费以煤为主，环境问题日益突出。2002年，煤炭消费量14.2亿吨，比1990年增长34%，年均增长2.5%。近70%的原煤没有经过洗选直接燃烧，燃煤造成的二氧化硫和烟尘排放量约占排放总量的70～80%，二氧化硫排放形成的酸雨面积已占国土面积的三分之一；化石燃料二氧化碳排放是我国温室气体的主要来源。

2. 优质能源比重上升，石油安全不容忽视。2002年，石油、天然气、水电等优质能源消费量占能源消费总量的33.7%，比1990年提高9.9个百分点，其中石油占消费总量的比重由1990年的16.6%提高到23.5%，提高6.9个百分点。“九五”以来交通运输用油呈快速增长态势，特别是营运运输用油，年均增长速度大大高于同期国内生产总值的增长速度。我国自1993年开始成为石油净进口国以来，对外依存度逐年提高，2002年石油净进口量8130万吨，对外依存度达32.8%。

3. 工业用能居高不下，结构调整任重道远。2002年，一、二、三产业和生活用能分别占能源消费总量的4.4%、69.3%、14.9%和11.4%。其中，工业用能占68.3%，自1990年以来始终保持在70%左右的水平，虽然统计口径不完全可比，但与国外能源消费构成相比，我国工业用能比重明显偏高。在推进工业化的进程中，调整经济结构的任务十分艰巨。

4. 生活用能有所改善，用能水平仍然很低。2002年，城乡居民生活用电2001亿千瓦时，天然气和煤气177亿立方米，液化石油气1169万吨，占生活用能的比重分别由1990年的3.7%、1.66%、1.72%上升到14.4%、6.8%、11.8%。但用能水平仍然很低，人均生活用电量156千瓦时，仅相当于日本的7.7%，美国的4%。

（二）能源利用情况

改革开放以来，在党中央、国务院“能源开发与节约并举，把节约放在首位”的方针指引下，各地区、各部门和各企业单位大力开展节能工作，取得明显成效。

1. 能源利用效率有所提高。

单位产值能耗。按1990年不变价计算，每万元GDP能耗由1990年的5.32吨标准煤下降到2002年的2.68吨标准煤，下降50%，年均节能率为5.6%。

单位产品能耗。2000年与1990年相比，火电供电煤耗由每千瓦时427克标准煤下降到392克标准煤，吨钢可比能耗由997千克标准煤下降到784千克标准煤，水泥综合能耗由每吨201千克标准煤下降到181千克标准煤，大型合成氨（以油气为原料）综合能耗由每吨1343千克标准煤下降到1273千克标准煤。单位产品能耗与国际先进水平的差距分别缩小了6.1、37.1、18.7、3.1个百分点。

能源效率。2000年能源效率为33%，比1990年提高5个百分点。其中，能源加工、转换、贮运效率为67.8%，终端能源利用效率为49.2%。

2. 节能取得明显的经济和社会效益。

按环比法计算，1991~2002年的12年间，累计节约和少用能源约7亿吨标准煤，能源消费以年均3.6%的增长速度支持了国民经济年均9.7%的增长速度。节约和少用能源相当于减少二氧化硫排放1050万吨。节能对缓解能源供需矛盾，提高经济增长质量和效益，减少环境污染，保障国民经济持续、快速、健康发展发挥了重要作用。

3. 能源利用效率与国外的差距。

单位产值能耗。据有关机构研究，2000年按现行汇率计算的每百万美元国内生产总值能耗，我国为1274吨标准煤，比世界平均水平高2.4倍，比美国、欧盟、日本、印度分别高2.5倍、4.9倍、8.7倍和0.43倍。

单位产品能耗。2000年电力、钢铁、有色、石化、建材、化工、轻工、纺织8个行业主要产品单位能耗平均比国际先进水平高40%，如火电供电煤耗高22.5%，大中型钢铁企业吨钢可比能耗高21.4%，铜冶炼综合能耗高65%，水泥综合能耗高45.3%，大型合成氨综合能耗高31.2%，纸和纸板综合能耗高120%。

主要耗能设备能源效率。2000年，燃煤工业锅炉平均运行效率65%左右，比国际先进水平低15~20个百分点；中小电动机平均效率87%，风机、水泵平均设计效率75%，均比国际先进水平低5个百分点，系统运行效率低近20个百分点；机动车燃油经济性水平比欧洲低25%，比日本低20%，比美国整体水平低10%；载货汽车百吨公里油耗7.6升，比国外先进水平高1倍以上；内河运输船舶油耗比国外先进水平高10~20%。

单位建筑面积能耗。目前我国单位建筑面积采暖能耗相当于气候条件相近发达国家的2~3倍。据专家分析，我国公共建筑和居住建筑全面执行节能50%的标准是现实可行的；与发达国家相比，即使在达到了节能50%的目标以后仍有约50%的节能潜力。

能源效率。能源效率比国际先进水平低10个百分点。如火电机组平均效率33.8%，比国际先进水平低6~7个百分点。能源利用中间环节（加工、转换和贮运）损失量大，浪费严重。

我国能源利用效率与国外的差距表明，节能潜力巨大。根据有关单位研究，按单位产品能耗和终端用能设备能耗与国际先进水平比较，目前我国的节能潜力约为3亿吨标准煤。

我国能源利用效率低下的主要原因是粗放型经济增长方式，结构不合理，技术装备落后，管理水平低。一是结构不合理。产业结构中低能耗的第三产业（产值能耗为第二产业产值能耗的43%）特别是服务业明显滞后，我国第三产业增加值占GDP的比重为33%，而世界平均水平约63%；第二产业中高能耗重化工业比重高，工业化仍以量的扩张为主，消耗高，浪费大，污染重；能源消费结构中优质能源比重低；企业规模小，产业集中度低。二是工艺技术和装备落后。重点行业落后工艺所占比重仍然较高，如大型钢铁联合企业吨钢综合能耗与小型企业相差200千克标准煤左右，火电厂30万千瓦机组与5万千瓦机组每千瓦时供电煤耗相差100克标准煤以上，大中型合成氨吨产品综合能耗与小型企业相差300千克标准煤左右。三是管理水平低，与节能密切相关的统计、计量、考核制度不完善，信息化水平低，损失浪费严重。

（三）节能工作存在的主要问题

一是对节能重要性缺乏足够的认识，节能优先的方针没有落到实处。在发展思路上存在重开发、轻节约，重速度、轻效益的倾向，把节能仅仅作为缓解能源供需矛盾的权宜之计，供应紧张时重视节能，供应缓和时放松节能，片面认为节能可以依靠市场机制来实现，对节能在转变经济增长方式、实施可持续发展战略中的重要地位以及政府在节能管理中的重要作用缺乏足够的认识，在宏观政策的各个方面节能优先的方针还没有充分体现，一些地方和行业节能管理有所削弱，节能还没有成为绝大多数企业和全体公民的自觉行动。

二是节能法律法规不完善。1998年颁布实施了《节约能源法》，但有法不依，执法不严的现象严重，配套法规不完善，操作性上有待改进。能效标准制定工作滞后，尚未颁布机动车燃油经济性标准，大部分工业用能设备（产品）没有能效标准。虽然陆续制定和颁布了各气候区建筑节能50%的设计标准，但全国城市每年新增建筑中达到节能建筑设计标准的不到5%。

三是缺乏有效的节能激励政策。国内外实践表明，节能在很多方面属于市场失灵的领域，需要政府宏观调控和引导。目前在财税政策上对节能改造、节能设备研制和应用以及节能奖励等方面，支持的力度不够，没有建立有效的节能激励机制。

四是尚未建立适应市场经济体制要求的节能新机制。在计划经济体制下形成的节能管理体系已不适应新形势的要求。国外普遍采用的综合资源规划、电力需求侧管理、合同能源管理、能效标识管理、自愿协议等节能新机制，在我国还没有广泛推行，有的还处于试点和探索阶段。供热体制改革滞后，受各种因素影响贯彻落实难度较大。

五是节能技术开发和推广应用不够。节能必须依靠技术进步，改革开放以来，我国开发、示范（引进）和推广了一大批节能新技术、新工艺和新设备，节能技术水平有了很大提高。但从总体上看，投入不足，创新能力弱，先进适用的节能技术，特别是一些有重大带动作用的共性和关键技术开发不够。同时由于缺乏鼓励节能技术推广的政策和机制，多数企业融资困难，节能技术推广应用难。

六是节能监管和服务机构能力建设滞后。目前，全国共有节能监测（技术服务）中心 145 个，绝大部分受政府委托开展节能执法监督和监测。但总体上看，多数节能监测（技术服务）机构能力建设滞后，监测装备落后，信息缺乏，人才短缺，整体实力不强。能源统计体系不完善、节能信息不畅，难以适应节能工作的需要。

二、节能工作面临的形势和任务

党的十六大报告提出，到 2020 年我国将实现全面建设小康社会的目标。随着人口增加、工业化和城镇化进程的加快，特别是重化工业和交通运输的快速发展，能源需求量将大幅度上升，经济发展面临的能源约束矛盾和能源使用带来的环境污染问题更加突出。

一是能源约束矛盾突出。实现 GDP 到 2020 年比 2000 年翻两番的目标，我国钢铁、有色金属、石化、化工、水泥等高耗能重化工业将加速发展；随着生活水平的提高，消费结构升级，汽车和家用电器大量进入家庭；城镇化进程加快，建筑和生活用能大幅度上升。如按近三年能源消费增长趋势发展，到 2020 年能源需求量将高达 40 多亿吨标准煤。如此巨大的需求，在煤炭、石油和电力供应以及能源安全等方面都会带来严重的问题。按照能源中长期发展规划，在充分考虑节能因素的情况下，到 2020 年能源消费总量需要 30 亿吨标准煤。要满足这一需求，无论是增加国内能源供应还是利用国外资源，都面临着巨大的压力。能源基础设施建设投资大、周期长，还面临水资源和交通运输制约等一系列问题。能源需求的快速增长对能源资源的可供量、承载能力，以及国家能源安全提出严峻挑战。

二是环境问题加剧。我国是少数以煤为主要能源的国家，也是世界上最大的煤炭消费国，煤烟型污染已相当严重。随着机动车的快速增长，大城市大气污染已由煤烟型污染向煤烟、机动车尾气混合型污染发展。粗放型使用能源，对环境造成了严重破坏。目前，我国年排放二氧化硫 2000 多万吨，酸雨面积已占国土面积的 30%，大大超过环境容量。虽然到 2020 年我国能源结构将继续改善，煤炭消费比重将有所下降，但煤炭消费总量仍将大幅度增加，经济发展面临巨大的环境压力。

能源是战略资源，是全面建设小康社会的重要物质基础。解决能源约束问题，一方面要开源，加大国内勘探开发力度，加快工程建设，充分利用国外资源。另一方面，必须坚持节约优先，走一条跨越式节能的道路。节能是缓解能源约束矛盾的现实选择，是解决能源环境问题的根本措施，是提高经济增长质量和效益的重要途径，是增强企业竞争力的必然要求。不下大力节约能源，难以支持国民经济持续快速协调健康发展；不走跨越式节能的道路，新型工业化难以实现。必须从战略高度充分认识节能的重要性，树立忧患意识，增强危机感和责任感，大力节能降耗，提高能源利用效率，加快建设节能型社会，为保障到2020年实现全面建设小康社会目标作贡献。

三、节能的指导思想、原则和目标

（一）指导思想

认真贯彻党的十六大和十六届三中、四中全会精神，以科学发展观为指导，坚持节能优先的方针，以大幅度提高能源利用效率为核心，以转变增长方式、调整经济结构、加快技术进步为根本，以法治为保障，以提高终端用能效率为重点，健全法规，完善政策，深化改革，创新机制，强化宣传，加强管理，逐步改变生产方式和消费方式，形成企业和社会自觉节能的机制，加快建设节能型社会，以能源的有效利用促进经济社会的可持续发展。

（二）遵循原则

1. 坚持把节能作为转变经济增长方式的重要内容。我国能源消耗高、浪费大的根本原因在于粗放型的增长方式。要大幅度提高能源利用效率，必须从根本上改变单纯依靠外延发展，忽视挖潜改造的粗放型发展模式，走科技含量高、经济效益好、资源消耗低、环境污染少、人力资源优势得到充分发挥的新型工业化道路，努力实现经济持续发展、社会全面进步、资源永续利用、环境不断改善和生态良性循环的协调统一。

2. 坚持节能与结构调整、技术进步和加强管理相结合。通过调整产业结构、产品结构和能源消费结构，淘汰落后技术和设备，加快发展以服务业为主要代表的第三产业和以信息技术为主要代表的高新技术产业，用高新技术和先进适用技术改造传统产业，促进产业结构优化和升级，提高产业的整体技术装备水平。开发和推广应用先进高效的能源节约和替代技术、综合利用技术及新能源和可再生能源利用技术。加强管理，减少损失浪费，提高能源利用效率。

3. 坚持发挥市场机制作用与政府宏观调控相结合。以市场为导向，以企业为主体，通过深化改革，创新机制，充分发挥市场配置资源的基础性作用。政府通过制定和实施法规标准，加强政策导向和信息引导，营造有利于节能的体制环境、政策环境和市场环境，建立符合市场经济体制要求的企业自觉节能的机制，推动全社会节能。

4. 坚持依法管理与政策激励相结合。增量要严格市场准入，加强执法监督检查，辅以政策支持，从源头控制高耗能企业、高耗能建筑和低效设备（产品）的发展。存量要深入挖潜，在严格执法的前提下，通过政策激励和信息引导，加快结构调整和技术进步。

5. 坚持突出重点、分类指导、全面推进。对年耗能万吨标准煤以上重点用能单位要严格依法管理，明确目标措施，公布能耗状况，强化监督检查；对中小企业在严格依法管理的同时，要注重政策引导和提供服务。交通节能的重点是新增机动车，要建立和实施机动车燃油经济性标准及配套政策和制度。建筑节能的重点是严格执行节能设计标准，加强政策导向。商用和民用节能的重点是提高用能设备能效标准，严格市场准入，运用市场机制，引导和鼓励用户和消费者购买节能型产品。

6. 坚持全社会共同参与。节能涉及各行各业、千家万户，需要全社会共同努力，积极参与。企业和消费者是节能的主体，要改变不合理的生产方式和消费方式，依法履行节能责任；政府通过制定法规、政策和标准，引导、规范用能行为，为企业和消费者提供服务，并带头节能；中介机构要发挥政府和企业、企业和企业之间的桥梁和纽带作用。

（三）节能目标

1. 宏观节能量指标：到2010年每万元GDP（1990年不变价，下同）能耗由2002年的2.68吨标准煤下降到2.25吨标准煤，2003～2010年年均节能率为2.2%，形成的节能能力为4亿吨标准煤。

2020年每万元GDP能耗下降到1.54吨标准煤，2003～2020年年均节能率为3%，形成的节能能力为14亿吨标准煤，相当于同期规划新增能源生产总量12.6亿吨标准煤的111%，相当于减少二氧化硫排放2100万吨。

2. 主要产品（工作量）单位能耗指标：2010年总体达到或接近20世纪90年代初期国际先进水平，其中大中型企业达到本世纪初国际先进水平；2020年达到或接近国际先进水平（见表1）。

主要产品单位能耗指标（表1略）

3. 主要耗能设备能效指标：2010年新增主要耗能设备能源效率达到或接近国际先进水平，部分汽车、电动机、家用电器达到国际领先水平（见表2）。

主要耗能设备能效指标（表2略）

4. 宏观管理目标：2010年初步建立与社会主义市场经济体制相适应的比较完善的节能法规标准体系、政策支持体系、监督管理体系、技术服务体系。

四、节能的重点领域和重点工程

（一）重点领域

1. 重点工业

电力工业。大力发展60万千瓦及以上超（超）临界机组、大型联合循环机组；采用高效、洁净发电技术，改造在运火电机组，提高机组发电效率；实施“以大代小”、“上大压小”和小机组淘汰退役，提高单机容量；发展热电联产、热电冷联产和热电煤气多联供；推进跨大区联网，实施电网经济运行技术；采用先进的输、变、配电技术和设备，逐步淘汰能耗高的老旧设备，降低输、变、配电损耗；采用天然气发电机组替代燃油小机组；优化电源布局，适当发展以天然气、煤层气和其他工业废气为燃料的小型分散电源，加强电力安全；减少电厂自用电。

钢铁工业。加快淘汰落后工艺和设备，提高新建、改扩建工程的能耗准入标准。实现技术装备大型化、生产流程连续化、紧凑化、高效化，最大限度综合利用各种能源和资源。大型钢铁企业焦炉要建设干熄焦装置，大型高炉配套炉顶压差发电装置（TRT）；炼钢系统采用全连铸、溅渣护炉等技术；轧钢系统进一步实现连轧化，大力推进连铸坯一火成材和热装热送工艺，采用蓄热式燃烧技术；充分利用高炉煤气、焦炉煤气和转炉煤气等可燃气体和各类蒸汽，以自备电站为主要集成手段，推动钢铁企业节能降耗。

有色金属工业。矿山重点采用大型、高效节能设备，提高采矿、选矿效率；铜熔炼采用先进的富氧闪速及富氧熔池熔炼工艺，替代反射炉、鼓风炉和电炉等传统工艺，提高熔炼强度；氧化铝发展选矿拜耳法等技术，逐步淘汰直接加热熔出技术；电解铝生产采用大型预焙电解槽，限期淘汰自焙电解槽，逐步淘汰小预焙槽；铅熔炼生产采用氧气底吹炼铅新工艺及其他氧气直接炼铅技术，改造烧结鼓风炉工艺，淘汰土法炼铅；锌冶炼生产发展新型湿法工艺，淘汰土法炼锌。

石油石化工业。油气开采应用采油系统优化配置技术，稠油热采配套节能技术，注水系统优化运行技术，油气密闭集输综合节能技术，放空天然气回收利用技术。石油炼制提高装置开工负荷和换热效率，优化操作，降低加工损失。乙烯生产优化原料结构，采用先进技术改造乙烯裂解炉，优化急冷系统操作，加强装置管理，降低非生产过程能耗。以洁净煤、天然气和高硫石油焦替代燃料油（轻油），推广应用循环流化床锅炉技术和石油焦气化燃烧技术，采用能量系统优化、重油乳化、高效燃烧器及吸收式热泵技术回收余热和地热。

化学工业。大型合成氨装置采用先进节能工艺、新型催化剂和高效节能设备，提高转化效率，加强余热回收利用；以天然气为原料的合成氨推广一段炉烟气余热回收技术，并改造蒸汽系统；以石油为原料的合成氨加快以洁净煤或天然气替代原料油改造；中小型合成氨采用节能设备和变压吸附回收技术，降低能源消耗。煤造气采用水煤浆或先进粉煤气化技术替代传统的固定床造气技术。烧碱生产逐步淘汰石墨阳极隔膜法烧碱，提高离子膜法烧碱比重。纯碱生产淘汰高耗能设备、采用设备大型化、自动化等措施。

建材工业。水泥行业发展新型干法窑外分解技术，提高新型干法水泥熟料比重，积极推广节能粉磨设备和水泥窑余热发电技术，对现有大中型回转窑、磨机、烘干机进行节能改造，逐步淘汰机立窑、湿法窑、干法中空窑及其他落后的水泥生产工艺。玻璃行业发展先进的浮法工艺，淘汰落后的垂直引上和平拉工艺，推广炉窑全保温技术、富氧和全氧燃烧技术等。建筑陶瓷行业淘汰倒焰窑、推板窑、多孔窑等落后窑型，推广辊道窑技术，改善燃烧系统；卫生陶瓷生产改变燃料结构，采用洁净气体燃料无匣钵烧成工艺。积极推广应用新型墙体材料以及优质环保节能的绝热隔音材料、防水材料和密封材料，提高高性能混凝土的应用比重。煤炭工业。逐步淘汰技术落后、效率低、浪费资源严重和污染环境的小煤矿，建设大型现代化煤矿，实现高效高产。采用新型高效通风机、节能排水泵，对设备及系统进行节能改造，完善煤炭综合加工体系，提高煤炭利用效率。

机械工业。淘汰落后的高能耗机电产品，发展变频电机、稀土永磁电机等高效节能机电产品，促进风机、水泵等通用机电产品提高用能效率，提高节能型机电产品设计制造水平和加工能力。

2. 交通运输

公路运输。加速淘汰高耗能的老旧汽车；加快发展柴油车、大吨位车和专业车；推广厢式货车，发展集装箱等专业运输车辆；改善道路质量；加快运输企业集约化进程，优化运输组织结构；减少单车单放空驶现象，提高运输效率等。

新增机动车。未来用油增长最快的是机动车。根据美国、日本、欧洲等国家的经验，机动车节油最经济有效的措施就是制定和实施机动车燃油经济性标准并实施车辆燃油税等相关制度，促进汽车制造企业改进技术，降低油耗，提高燃油经济性，引导消费者购买低油耗汽车。

城市交通。合理规划交通运输发展模式，加快发展轨道交通等公共交通，提高综合交通运输系统效率。在大城市建立以道路交通为主，轨道交通为辅，私人机动交通为补充，合理发展自行车交通的城市交通模式；中小城市主要以道路公共交通和私人交通为主要发展方向。

铁路运输。加快发展电气化铁路，实现铁路运输以电代油；开发交—直—交高效电力机车；推广电气化铁路牵引功率因数补偿技术和其他节电措施，提高用电效率。内燃机车采用高效柴油添加剂和各种节油技术和装置；严格机车用油收、发计算机集中管理；发展机车向客车供电技术，推广使用客车电源，逐步减少和取消柴油发电车，加强运输组织管理，优化机车操纵，降低铁路运输燃油消耗。

航空运输。采用节油机型（不同机型单耗在0.2到1.4千克/吨公里的范围）加强管理，提高载运率、客座率和运输周转能力，提高燃油效率，降低油耗。

水上运输。通过制定船舶技术标准，加速淘汰老旧船舶；采用新船型和先进动力系统；发展大宗散货专业化运输和多式联运等现代运输组织方式；优化船舶运力结构，提高船舶平均载重吨位等。

农业、渔业机械。淘汰落后农业机械；采用先进柴油机节油技术，降低柴油机燃油消耗；推广少耕免耕法、联合作业等先进的机械化农艺技术；在固定作业场地更多的使用电动机；开发水能、风能、太阳能等可再生能源在农业机械上的应用。通过淘汰落后渔船，提高利用效率，降低渔业油耗。

3. 建筑、商用和民用

建筑物。“十一五”期间，新建建筑严格实施节能50%的设计标准，其中北京、天津等少数大城市率先实施节能65%的标准。供热体制改革全面展开，居住及公共建筑集中采暖按热表计量收费在各大中城市普遍推行，在小城市试点。结合城市改建，开展既有居住和公共建筑节能改造，大城市完成改造面积25%，中等城市达到15%，小城市达到10%。鼓励采用蓄冷、蓄热空调及冷热电联供技术，中央空调系统采用风机水泵变频调速技术，节能门窗、新型墙体材料等。加快太阳能、地热等可再生能源在建筑物的利用。

家用及办公电器。推广高效节能电冰箱、空调器、电视机、洗衣机、电脑等家用及办公电器，降低待机能耗，实施能效标准和标识，规范节能产品市场。

照明器具。推广稀土节能灯等高效荧光灯类产品、高强度气体放电灯及电子镇流器，减少普通白炽灯使用比例，逐步淘汰高压汞灯，实施照明产品能效标准，提高高效节能荧光灯使用比例。

（二）重点工程

燃煤工业锅炉（窑炉）改造工程。我国在用中小锅炉约50万台，平均单台容量只有2.5吨/时，设计效率为72~80%，实际运行效率65%左右，其中90%为燃煤锅炉，年消耗煤炭3.5~4亿吨，节煤潜力约7000万吨。“十一五”期间通过实施以燃用优质煤、筛选块煤、固硫型煤和采用循环流化床、粉煤燃烧等先进技术改造或替代现有中小燃煤锅炉（窑炉），建立科学的管理和运行机制，燃煤工业锅炉效率提高5个百分点，节煤2500万吨，燃煤窑炉效率提高2个百分点，节煤1000万吨。

区域热电联产工程。热电联产与热、电分产相比，热效率提高30%，集中供热比分散小锅炉供热效率高50%。“十一五”期间重点在以采暖热负荷为主，且热负荷比较集中或发展潜力较大的地区，建设30万千瓦等级高效环保热电联产机组；在工业热负荷为主的地区，因地制宜建设以热力为主的背压机组；在以采暖供热需求为主，且热负荷较小的地区，先发展集中供热，待具备条件后再发展热电联产；在中小城市建设以循环流化床为主要技术的热电煤气三联供，以洁净能源作燃料的分布式热电联产和热电冷联供，将现有分散式供热燃煤小锅炉改造为集中供热。到2010年城市集中供热普及率由2002年的27%提高到40%，新增供暖热电联产机组4000万千瓦，年节能3500万吨标准煤。

余热余压利用工程。“十一五”期间在钢铁联合企业实施干法熄焦、高炉炉顶压差发电、全高炉煤气发电改造以及转炉煤气回收利用，形成年节能266万吨标准煤；在日产2000吨以上水泥生产线建设中低温余热发电装置每年30套，形成年节能300万吨标准煤；通过地面煤层气开发及地面采空区、废弃矿井和井下瓦斯抽放，瓦斯气年利用量达到10亿立方米，相当于年节约135万吨标准煤。

节约和替代石油工程。"十一五"期间电力、石油石化、冶金、建材、化工和交通运输行业通过实施以洁净煤、石油焦、天然气替代燃料油（轻油），加快西电东送，替代燃油小机组；实施机动车燃油经济性标准及相配套政策和制度，采取各种措施节约石油；实施清洁汽车行动计划，发展混合动力汽车，在城市公交客车、出租车等推广燃气汽车，加快醇类燃料推广和煤炭液化工程实施进度，发展替代燃料，可节约和替代石油3800万吨。

电机系统节能工程。目前，我国各类电动机总容量约4.2亿千瓦，实际运行效率比国外低10～30个百分点，用电量约占全国用电量的60%。"十一五"期间重点推广高效节能电动机、稀土永磁电动机；在煤炭、电力、有色、石化等行业实施高效节能风机、水泵、压缩机系统优化改造，推广变频调速、自动化系统控制技术，使运行效率提高2个百分点，年节电200亿千瓦时。

能量系统优化工程。在重点耗能行业推行能量系统优化，即通过系统优化设计、技术改造和改善管理，实现能源系统效率达到同行业最高或接近世界先进水平。"十一五"期间重点在冶金、石化、化工等行业组织实施，降低企业综合能耗，提高市场竞争力。

建筑节能工程。"十一五"期间住宅建筑和公共建筑严格执行节能50%的标准，加快供热体制改革，加大建筑节能技术和产品的推广力度等，可分别节能5000万吨标准煤。与此同时，开展北方采暖地区既有建筑节能改造，加大既有宾馆、饭店的综合节能改造。

绿色照明工程。照明用电约占全国用电量的13%，高效节能荧光灯与普通白炽灯之比为1：2.6，用高效节能荧光灯替代白炽灯可节电70～80%，用电子镇流器替代传统电感镇流器可节电20～30%，交通信号灯由发光二极管（LED）替代白炽灯，可节电90%。"十一五"期间重点是在公用设施、宾馆、商厦、写字楼、体育场馆、居民中推广高效节电照明系统、稀土三基色荧光灯，对高效照明电器产品生产装配线进行自动化改造，可节电290亿千瓦时。

政府机构节能工程。政府机构（包括国防、教育、公共服务等公共财政支持的部门）能源消费增长快，能源费用开支较大。开展政府机构节能，不仅可以降低政府机构能耗，节约行政支出，而且通过政府自身带头节能，推进全社会节能工作的开展。"十一五"期间重点是政府机构建筑物及采暖、空调、照明系统节能改造，按照建筑节能标准改造的政府机构建筑面积达到政府机构建筑总面积的20%；推广使用高效节能产品，将节能产品纳入政府采购目录；实施公务车改革，带头采购低油耗汽车；中央国家机关率先试点，2010年中央国家机关单位建筑面积能耗和人均能耗在2002年基础上降低10%。

节能监测和技术服务体系建设工程。"十一五"期间通过更新监测设备、加强人员培训、推行合同能源管理等市场化服务新机制等措施，强化省级和主要耗能行业节能监测中心能力建设，依法开展节能执法和监测（监察）；省级和主要耗能行业节能技术服务中心具备为企业、机关和学校等提供节能诊断、设计、融资、改造、运行、管理"一条龙"服务的能力。

通过实施上述十项重点节能工程，"十一五"可实现节能2.4亿吨标准煤（含增量部分)，经济和环境效益显著。

五、保障措施

(一) 坚持和实施节能优先的方针

从国情出发，树立和落实以人为本、全面协调可持续的科学发展观，从战略和全局高度充分认识能源对经济和社会发展的支撑作用和约束作用，节能对缓解能源约束矛盾、保障国家能源安全、提高经济增长质量和效益、保护环境的重要意义，把节能作为能源发展战略和实施可持续发展战略的重要组成部分，无论生产建设还是消费领域，都要把节能放在突出位置，长期坚持和实施节能优先的方针，推动全社会节能。

节能优先要体现在制定和实施发展战略、发展规划、产业政策、投资管理以及财政、税收、金融和价格等政策中。编制专项规划要把节能作为重要内容加以体现，各地区都要结合本地区实际制定节能中长期规划；建设项目的项目建议书、可行性研究报告应强化节能篇的论证和评估；要在推进结构调整和技术进步中体现节能优先；要在国家财政、税收、金融和价格政策中支持节能。

(二) 制定和实施统一协调促进节能的能源和环境政策

为确保经济增长、能源安全和可持续发展，促进能源高效利用，需要建立基于我国资源特点、统筹规划、协调一致的能源和环境政策。

1. 煤炭应主要用于发电。煤炭在大型燃煤发电机组上使用，同时配套安装烟气脱硫装置等，一方面能够大幅度提高煤炭利用效率，减少原煤消耗，另一方面集中解决二氧化硫等污染问题，做到高效、清洁利用煤炭，是最经济有效解决能源环境问题的办法。应提高我国煤炭用于发电的比重，终端用户更多地使用优质电能，鼓励企业和居民合理用电，提高电力占终端能源消费的比例。

2. 石油应主要用于交通运输、化工原料和现阶段无法替代的用油领域。对目前燃料用油领域要区别不同情况，因地制宜，鼓励用洁净煤、天然气和石油焦来替代。对烧低硫油的燃油锅炉实施洁净煤替代改造，能够实现达标排放的企业，应合理调整污染物排放总量控制指标。统一规划交通运输发展模式，制定符合我国国情的交通运输发展整体规划。特大城市要加快城市轨道交通建设，形成立体城市交通系统，大力发展城市公共交通系统，提高公共交通效率，抑制私人机动交通工具对城市交通资源的过度使用。

3. 城市大气污染治理应以改造后达标排放和污染物总量控制为原则，城市燃料构成要从实际出发，不宜硬性规定燃煤锅炉必须改燃油锅炉，以控制和减少盲目“弃煤改油”带来燃料油需求量的增加。对中小型燃煤锅炉，在有天然气资源的地区应鼓励使用天然气进行替代；在无天然气或天然气资源不足的地区，应鼓励优先使用优质洗选加工煤或其他优质能源，并采用先进的节能环保型锅炉，减少燃煤污染。

(三) 制定和实施促进结构调整的产业政策

加快调整产业结构、产品结构和能源消费结构，是建立节能型工业、节能型社会的重要途径。研究制定促进服务业发展的政策措施，发挥服务业引导资金的作用，从体制、政策、机制、投入等方面采取有力措施，加快发展低能耗、高附加值的第三产业，重点发展劳动密集型服务业和现代服务业，扭转服务业发展长期滞后局面，提高第三产业在国民经济中的比重。

加快制定《产业结构调整指导目录》，鼓励发展高新技术产业，优先发展对经济增长有重大带动作用的低能耗的信息产业，不断提高高新技术产业在国民经济中的比重。鼓励运用高新技术和先进适用技术改造和提升传统产业，促进产业结构优化和升级。国家对落后的耗能过高的用能产品、设备实行淘汰制度，节能主管部门要定期公布淘汰的耗能过高的用能产品、设备的目录，并加大监督检查的力度。达不到强制性能效标准的耗能产品或建筑，不能出厂销售或不准开工建设，对生产、销售和使用国家淘汰的耗能过高的用能产品、设备的，要加大惩罚力度。制定钢铁、有色、水泥等高耗能行业发展规划、政策，提高行业准入标准。制定限制用能的领域以及国内紧缺资源及高耗能产品出口的政策。严禁新建、扩建常规燃油发电机组；在区域供电平衡、能够满足用电需求的情况下，限制柴油发电和燃油的燃气轮机的使用和建设。

（四）制定和实施强化节能的激励政策

制定《节能设备（产品）目录》，重点是终端用能设备，包括高效电动机、风机、水泵、变压器、家用电器、照明产品及建筑节能产品等，对生产或使用《目录》所列节能产品实行鼓励政策；将节能产品纳入政府采购目录。

国家对一些重大节能工程项目和重大节能技术开发、示范项目给予投资和资金补助或贷款贴息支持。政府节能管理、政府机构节能改造等所需费用，纳入同级财政预算。

深化能源价格改革，逐步理顺不同能源品种的价格，形成有利于节能、提高能效的价格激励机制。建立和完善峰谷、丰枯电价和可中断电价补偿制度，对国家淘汰和限制类项目及高耗能企业按国家产业政策实行差别电价，抑制高耗能行业盲目发展，引导用户合理用电，节约用电。

研究鼓励发展节能车型和加快淘汰高油耗车辆的财政税收政策，择机实施燃油税改革方案。取消一切不合理的限制低油耗、小排量、低排放汽车使用和运营的规定。研究鼓励混合动力汽车、纯电动汽车的生产和消费政策。

（五）加大依法实施节能管理的力度

加快建立和完善以《节约能源法》为核心，配套法规、标准相协调的节能法律法规体系，依法强化监督管理。一是研究完善节约能源的相关法律，抓紧制定《节约用电管理办法》、《节约石油管理办法》、《能源效率标识管理办法》、《建筑节能管理办法》等配套法规、规章。二是制定和实施强制性、超前性能效标准。包括主要工业耗能设备、家用电器、照明器具、机动车等能效标准。组织修订和完善主要耗能行业节能设计规范、建筑节能标准，加快制定建筑物制冷、采暖温度控制标准等。当前重点是加快制定机动车燃油经济性限值标准，从2005年7月1日起分阶段实施，同时建立和实施机动车燃油经济性申报、标识、公布三项制度。三是建立和完善节能监督机制。组织对钢铁、有色、建材、化工、石化等高耗能行业用能情况、节能管理情况的监督检查；对产品能效标准、建筑节能设计标准、行业设计规范执行情况的监督检查；对固定资产投资项目可行性研究报告增列节能篇（章）的规定进行监督检查。健全依法淘汰的制度，采取强制性措施，依法淘汰落后的耗能过高的用能产品、设备。充分发挥建设、工商、质检等部门及各地节能监测（监察）机构的作用，从各环节加大监督执法力度。

（六）加快节能技术开发、示范和推广

组织对共性、关键和前沿节能技术的科研开发，实施重大节能示范工程，促进节能技术产业化。建立以企业为主体的节能技术创新体系，加快科技成果的转化。引进国外先进的节能技术，并消化吸收。组织先进、成熟节能新技术、新工艺、新设备和新材料的推广应用，同时组织开展原材料、水等载能体的节约和替代技术的开发和推广应用。重点推广列入《节能设备（产品）目录》的终端用能设备（产品）。

国家制定节能技术开发、示范和推广计划，明确阶段目标、重点支持政策，分步组织实施。国家修订颁布《中国节能技术政策大纲》，引导企业有重点地开发和应用先进的节能技术，引导企业和金融机构投资方向。在国家中长期科学技术发展规划、国家高技术产业发展项目计划等各类国家科技计划以及地方相应的计划中，加大对重大节能技术开发和产业化的支持力度。

建立节能共性技术和通用设备科研基地（平台）。鼓励依托科研单位和企业、个人，开发先进节能技术和高效节能设备。引入竞争机制，实行市场化运作，国家对高投入、高风险的项目给予经费支持。

地方各级人民政府要采取积极措施，加大资金投入，加强节能技术开发、示范和推广应用。

（七）推行以市场机制为基础的节能新机制

一是建立节能信息发布制度，利用现代信息传播技术，及时发布国内外各类能耗信息、先进的节能新技术、新工艺、新设备及先进的管理经验，引导企业挖潜改造，提高能效。二是推行综合资源规划和电力需求侧管理，将节约量作为资源纳入总体规划，引导资源合理配置。采取有效措施，提高终端用电效率、优化用电方式，节约电力。三是大力推动节能产品认证和能效标识管理制度的实施，运用市场机制，引导用户和消费者购买节能型产品。四是推行合同能源管理，克服节能新技术推广的市场障碍，促进节能产业化，为企业实施节能改造提供诊断、设计、融资、改造、运行、管理一条龙服务。五是建立节能投资担保机制，促进节能技术服务体系的发展。六是推行节能自愿协议，即耗能用户或行业协会与政府签订节能自愿协议。

（八）加强重点用能单位节能管理

落实《重点用能单位节能管理办法》和《节约用电管理办法》，加强对年耗能一万吨标准煤以上重点用能单位的节能管理和监督。组织对重点用能单位能源利用状况的监督检查和主要耗能设备、工艺系统的检测，定期公布重点用能单位名单、重点用能单位能源利用状况及与国内外同类企业先进水平的比较情况，做好对重点用能单位节能管理人员的培训。重点用能单位应设立能源管理岗位，聘用符合条件的能源管理人员，加强对本单位能源利用状况的监督检查，建立节能工作责任制，健全能源计量管理、能源统计和能源利用状况分析制度，促进企业节能降耗上水平。

（九）强化节能宣传、教育和培训

广泛、深入、持久地开展节能宣传，不断提高全民资源忧患意识和节约意识。将节能纳入中小学教育、高等教育、职业教育和技术培训体系。新闻出版、广播影视、文化等部门和有关社会团体，要充分发挥各自优势，搞好节能宣传，形成强大的宣传声势，曝光那些严重浪费资源、污染环境的企业和现象，宣传节能的典型。节能要从小学生抓起，各级教育主管部门要组织中小学开展节能宣传和实践活动。各级政府有关部门和企业，要组织开展经常性的节能宣传、技术和典型交流，组织节能管理和技术人员的培训。在每年夏季用电高峰，组织开展全国节能宣传周活动，通过形式多样的宣传教育活动，动员社会各界广泛参与，使节能成为全体公民的自觉行动。

（十）加强组织领导，推动规划实施

节能是一项系统工程，需要有关部门的协调配合、共同推动。各地区、有关部门及企事业单位要加强对节能工作的领导，明确专门的机构、人员和经费，制定规划，组织实施。行业协会要积极发挥桥梁纽带作用，加强行业节能自律。

政府机构要带头节能，实施政府机构能耗定额和支出标准，建立和完善节能规章制度，推行政府节能采购，改革公务车制度，努力降低能源费用支出，发挥政府节能表率作用。

2.2 关于贯彻《国务院办公厅关于开展资源节约活动的通知》的意见（建科［2004］87号）2004年5月21日

各省、自治区建设厅，直辖市建委及有关部门，各副省级城市、计划单列市建委，新疆生产建设兵团建设局：

为贯彻落实《国务院办公厅关于开展资源节约活动的通知》（国办发［2004］30号，以下简称“通知”）的精神，实现“通知”中制定的2004年到2006年的资源节约活动的目标，进一步做好建设系统资源节约工作，现就有关问题通知如下：

一、提高认识，用科学的发展观指导建设系统资源节约活动

建设系统涉及城市规划、村镇规划、工程建设、城市建设、村镇建设、建筑业、住宅与房地产业、勘察设计咨询业、市政公用事业等，与国民经济、社会发展和人民生活息息相关，与能源、水、土地、原材料等自然资源的节约利用关系密切。

近年来建设系统在积极推动节水、节地和建筑节能等方面做了大量工作，取得了一定成效。但是一些地区和单位对资源节约工作的重要性、紧迫性缺乏清醒的认识，建设行业的资源浪费现象仍然严重。主要表现在以下几个方面：一是违反城乡规划使用土地的问题时有发生。如一些地方不顾当地经济发展水平和实际需要，盲目扩大城市建设规模；在城市建设中互相攀比，急功近利，贪大求洋，搞脱离实际、劳民伤财的所谓“形象工程”、“政绩工程”；对历史文化名城和风景名胜区重开发、轻保护；在建设管理方面违反城乡规划管理有关规定，擅自批准开发建设、侵占公园绿地等。二是有些地方盲目发展高耗水、高耗能的项目如大草坪、水景观等。同时，能源浪费、城市供水管网漏水等现象严重。三是建筑能耗高，是相同气候条件发达国家的2～3倍，但舒适性却很差。四是建筑材料浪费现象严重，新型墙体材料使用率低，每年生产实心黏土砖毁田达20多万亩。

建设系统资源节约的任务仍然十分艰巨。各级领导必须认识到建设系统开展资源节约工作的紧迫性和艰巨性，用科学的发展观指导建设系统推进资源节约活动。

二、建设系统资源节约活动的三年目标和基本要求

（一）目标

1. 城乡规划建设方面：在城市规划建设方面存在的各种严重浪费资源现象得到有效遏制，切实提高土地资源、水资源和能源的利用效率。

2. 城市节约用水方面：强化节水管理，完善节水法规；开展创建节水型城市和节水型企业活动；力争新增工业用水的一半靠节约用水解决；万元国内生产总值取水量降低率大于3%；城市用水重复利用率达到72%；城市污水再生利用率明显提高；城市供水管网漏失率平均减少到12%。

3. 建筑节能和城镇供热体制改革方面：改革单位统包的用热制度，停止福利供热，实行用热商品化、货币化，逐步建立符合我国国情、适应社会主义市场经济体制要求的城镇供热新体制。继续发展和完善以集中供热为主导、多种方式相结合的经济、安全、清洁、高效的城镇供热采暖系统。

城市新建民用建筑节能标准执行率达到60%；其中三北地区和东部沿海城市、省会城市达到80%以上；城市新建公共建筑节能标准执行率达到80%，其中东部沿海城市、省会城市达到90%以上；启动三北地区大中城市既有建筑节能改造；政府机构建筑节能改造取得实质性进展。

（二）基本要求

1. 开展资源节约活动要与城市的规划、建设相结合。

开展资源节约活动要以建设生态城镇为目标，以科技手段为支撑，以增强可持续发展能力为宗旨，从城市规划、建设、管理和服务的各个环节进行引导和推进。在编制城乡总体规划时，应合理规划，突出节水、节地、节能的指导思想和强化相关的规划内容；在旧城建设中，要坚持合理置换土地、保护历史文化遗产的原则；要制定生态城镇的标准，指导新区开发和小区建设；在城市建设管理中，要重点做好节约用水与污水回用、垃圾资源化、建筑能效提高的规划和年度实施计划，在建设资金的安排中予以倾斜，不断提高资源利用效率。

2. 开展资源节约活动要与改造和提升传统建筑业相结合。

当前主要抓好170个城市禁止使用实心黏土砖和推广使用新型墙材的工作。建设行政主管部门要从建筑标准制订、规划许可、施工图设计文件审查、施工许可、质量监督、竣工验收备案等环节加强督查；同时，组织有关专家和技术人员及时为各类新型墙体材料制定配套的设计、施工技术规程和节点构造图集，积极促进新型墙材的应用。

3. 开展资源节约活动要与促进技术进步和推广应用先进技术相结合。

各地在制定本地区“十一五”建设科技发展中长期规划和年度计划时，要把节水、节地和建筑节能技术纳入重点领域，在项目立项、政策、资金等方面给予大力支持。采取多种措施，包括鼓励自主创新，通过国际合作引进技术等，推动建设领域资源节约的技术进步，尽快将科技成果转化为生产力。大力研究开发新型墙体材料、建筑节能技术与设备（包括洁净能源、可再生能源在建筑领域的应用）、先进的供热制冷和节水技术与设备，并积极推广应用。组织污水回用、垃圾资源化和建筑节能工程的重大技术示范，并对示范的成果进行有效的扩散。通过制定推广限制淘汰技术目录、发布技术公告等方式，加快推广先进高效的资源节约技术与产品，限制、淘汰高资源消耗的落后技术与产品，提高建设系统资源节约的整体技术水平。

4. 开展资源节约活动要与环境综合整治及创建节水型城市、园林城市等相结合。

要将资源有效利用作为进行人居范例奖评比和创建节水型城市、园林城市等的基本条件。建设部将对此作出具体规定，各省、自治区、直辖市在考核评比中也要将相关内容作为基本条件。

三、强化城乡规划监督检查，从源头上把好资源有效利用关

（一）加强城乡规划的编制审查工作，提高规划的科学性

1. 各地要进一步贯彻《国务院关于加强城乡规划监督管理的通知》(国发［2002］13号）和建设部等部门的有关文件，端正城乡规划工作的指导思想。

2. 要根据本地区的环境、资源条件科学确定城市的发展目标、方式以及合理容量。为了促进城市的可持续发展、人与自然的和谐发展，规划中应当明确必须严格保护的自然资源和历史文化资源。城市的发展应当统筹考虑资源环境的最终极限和边际效益。

3. 规划的编制要严格执行国家和省有关技术标准和规范，重视降低社会运行成本。规划编制要突出各类资源保护利用和空间管制。要引导和鼓励城市公共基础设施实现区域共建共享。

4. 要完善城乡规划科学民主决策制度。规划编制、审批和调整的过程要从行政手段为主转向依法治理、社会监督、全民参与。通过法定程序来减少规划审批和调整的随意性。

（二）依法加强对城乡建设用地的规划管理，加大对各类建设用地的监督检查力度，促进节约和合理用地

1. 各地要坚持节约使用土地，防止城市盲目扩张。严格执行国家公布的建设标准和批准规划确定的建设规模。坚决禁止、严肃查处随意改变批准的规划，严重超越自身的经济承受能力、盲目投资建设脱离实际、劳民伤财的“形象工程”、“政绩工程”。

2. 各地要进一步加强开发区规划管理工作。继续贯彻建设部《关于进一步加强与规范各类开发区规划建设管理的通知》(建规［2003］178号）精神，坚决制止违反城乡规划擅自设立开发区、盲目扩大开发区规模等问题，促进开发区的健康有序发展。

3. 各地要加强土地使用权出让转让的规划管理。严格执行建设部颁布的《城市国有土地使用权出让转让规划管理办法》(建设部令第22号）和《关于加强国有土地使用权出让规划管理工作的通知》(建规［2002］270号)。没有城市规划行政主管部门出具的规划设计条件，国有土地使用权不得出让。受让人取得国有土地使用权后，必须按照《国有土地使用权出让合同》和建设用地规划许可证规定的规划设计条件进行开发建设，一般不得改变规划设计条件；受让人需要转让国有土地使用权的，必须符合国家关于已出让土地转让的规定和《国有土地使用权出让合同》的约定。转让国有土地使用权时，不得改变规定的规划设计条件。

四、运用经济杠杆，推进水资源的开源节流

各地要认真贯彻落实《国务院办公厅关于推进水价改革促进节约用水保护水资源的通知》(国办发［2004］36号）精神，充分发挥价格机制对用水需求的调节作用，推进污水再生利用，促进节水工程建设和节水技术推广，实现水资源合理配置，提高用水效率，促进水资源的可持续利用。

（一）要逐步提高自备水源取用地下水的水资源费标准，使城市供水公共管网覆盖范围内取用地下水的自备水费高于自来水价格。地下水严重超采的地区，应加大水资源费的调控力度，严格限制地下水的开发使用。自备水用户水资源费要按其实际取水量计数，无计量设施的，可按取水设施的最大实际取水能力计数。要切实规范水资源费的征收和使

用，为城市节水技术、设施的建设和推广运用提供资金保障。

（二）要合理调整城市供水价格。各地要综合考虑上游水价，水资源费的情况，以及供水企业正常运行和合理盈利、水质改善、管网和计量系统改造等因素，在对供水企业运营成本约束的基础上，合理调整城市供水价格，强化节水、生活用水消费意识，促进城市供水事业的持续协调发展。

（三）加大污水处理费征收力度，优先提高城市污水处理费征收标准。各地要尽快限期开征污水处理费。已开征污水处理费的城市，在城市供水价格的调整中，要优先考虑将污水处理收费标准调整到保本微利水平。暂时达不到保本微利水平的地方，省（自治区、直辖市）人民政府应结合本地区污水处理设施运行成本状况，制定城市污水处理费最低收费标准，要采取有效措施提高污水处理费收缴率，切实加强对自备水用户污水处理费的征收力度；严禁用水单位在城市排水管网覆盖范围内，擅自将污水直接排入水体，规避交纳污水处理费的行为，确保污水处理设施的正常运行和达标排放，为促进污水资源化奠定基础。

（四）合理确定再生水价格。缺水地区要积极创造条件使用再生水。再生水价格要以补偿成本和合理收益为原则核定，积极引导工业、洗车、市政设施及城市绿化等行业使用再生水。对再生水生产用电实行优惠电价，免征水资源费和城市公用事业附加，要研究制定鼓励生产和使用再生水的税收政策，降低再生水生产和使用成本。各地可根据本地区水资源状况，结合城市污水处理和再生水设施的建设和运营情况，适时对部分行业制定强制使用再生水的规定，扩大再生水使用范围。

（五）要加快推进对居民生活用水实行阶梯式计量水价制度。要在确保基本生活用水的同时，适当拉大各级水量间的差价，促进节约用水。各地要切实加强对抄表到户工作的领导和协调，抓紧组织制定计量系统改造和实施方案，供水企业因此而增加的改造、运营和维护费用，可计入供水价格。实行用水包费制的地区，要限期实现计量计价制度。

（六）要科学制定各类用水定额和非居民用水计划。要严格用水定额管理，实施超计划、超定额加价收费。缺水城市要实行高额累进加价制度。同时，要结合当地实际情况，适当拉大高耗水行业与其他行业用水的差价。对城市绿化、市政设施等公共设施用水要尽快实行计量计价制度。

（七）研究制定财政、税收、价格等激励政策。不断完善节水设备（产品）目录；研究采取优惠政策，鼓励生产、销售和使用节水设备（产品）；鼓励开发利用可再生水资源；各级财政要支持节水器具的推广，将节水设备（产品）纳入政府采购目录。

五、全面贯彻建筑节能设计标准，大力推动供热体制改革，提高建筑能效

（一）切实抓好新建建筑全面贯彻节能设计标准的工作

1. 直辖市、副省级城市及省会城市最迟应于2005 年初、地级城市最迟应于2005 年底、其他城市最迟应于2006 年实现新建建筑节能设计标准执行率达到80% 以上；有条件的大城市要率先实施节能率达65% 的地方节能标准。

2. 各省、自治区、直辖市和有立法权的城市应依据有关法律、法规和规范性文件，制定建筑节能地方性法规、规章和规范性文件，形成地方法规为主、行政规章为辅的较为完善的法规体系，使建筑节能工作有法可依。同时加紧制定建筑节能设计标准的实施细则；并结合当地实际情况，编制本地标准图集，争取用三年的时间建立和完善本地的建筑节能标准体系。

3. 各级建设行政主管部门应在规划、设计、施工、监理、竣工验收等各个环节依据法律、法规和工程建设强制性标准，加强对建筑节能的监管，及时对违规行为依法进行处罚；规划、建设、房地产等相关行政主管部门应建立工作联席会议制度，形成长期有效的建筑节能工作机制。

4. 建设单位（业主）要严格按照节能设计标准委托工程项目的设计，不得擅自修改设计文件；设计单位要严格按照节能设计标准进行设计；施工单位要按照批准的设计文件进行施工，保证工程施工质量；监理单位要加强对施工过程中节能措施实施情况的检查监督；建设工程质量监督机构应加强对新建项目的监督，对达不到节能设计标准要求的项目，应在质量监督文件中予以注明；对于没有达到节能设计标准的项目，已经完工的不予验收备案、不予办理销售许可，并责令整改。

5. 各地建设行政主管部门要会同有关部门积极开展建筑节能产品认证工作，研究制定管理办法和实施细则，争取用三年的时间建立节能建筑强制性能效标识制度。

（二）因地制宜推进既有建筑和集中供热设施节能改造

1. 各地要结合本地区实际情况，研究节能改造的政策措施、融资机制和节能服务体系，建立社会主义市场经济条件下的既有建筑节能改造机制。

2. 各地建设主管部门要积极开展节能改造试点工作。节能改造应和当地旧城改造、“平改坡”等结合起来；供热计量改造要与围护结构等的节能改造同步规划，同步设计，协调实施。

3. 各地建设行政主管部门要严格按照基本建设程序开展节能改造工作，在项目立项、可行性研究、环境影响评估、施工图设计审查、竣工验收等各个环节认真把好关。

（三）大力推进供热体制改革

1. 停止福利供热，实行用热商品化、货币化。停止由房屋产权单位或职工所在单位统包的职工用热制度，改为由居民家庭（用热户）直接向供热企业缴费采暖。各级财政、单位用于职工供热采暖的费用作为供热采暖补贴由单位直接向职工和离退休人员发放，变“暗补”为“明补”。

2. 逐步实行按用热量计量收费制度。改革现行热费计算方式，逐步取消按面积计收热费，积极推行按用热量分户计量收费办法。城镇新建公共建筑和居民住宅，凡使用集中供热设施的，都必须设计、安装具有分户计量及室温调控功能的采暖系统，并执行按用热量分户计量收费的新办法。

3. 继续发展和完善以集中供热为主导、多种方式相结合的城镇供热采暖系统。城镇公共建筑和住宅小区的供热采暖系统，凡有条件实施集中供热的，应积极采用集中供热方式；在集中供热管网覆盖的地区，不得新建燃煤供热锅炉。

4. 深化供热企业改革，积极培育和规范供热市场。实行城镇供热特许经营制度，引导和鼓励国有、私有和合作经营企业通过公开竞标的方式，与城市政府签订合同，参与城镇热源厂、供热管网的建设、改造和经营，取得规定范围和时限的特许经营权。

六、组织开展宣传和培训工作，加强监督检查，切实抓好节约资源工作

建设系统要大力组织开展建设资源节约型社会的宣传和培训工作，进一步提高资源节约的认识，同时加强监督检查，切实抓好节约资源工作。

1. 加强组织领导。建设部将在原节能工作领导小组的基础上，成立以仇保兴副部长为组长的建设部资源节约工作领导小组，以指导、组织、协调建设系统资源节约工作。各地建设行政主管部门也要成立相应机构，明确责任，组织好本地区的资源节约工作。

2. 建立健全目标责任制。各地建设行政主管部门的资源节约工作领导小组要切实履行职责，把资源节约作为一项长期任务和重要工作，常抓不懈。要切实完成我部制定的建设系统资源节约活动的三年目标，并完善资源节约的计量、记录、报告、奖惩等管理制度，制订相应资源节约实施方案，把资源节约的责任纳入各单位日常管理和工作考核中，加强对城市节水、节地和建筑节能工作的指导、监督和管理。我部将在节水、节地和建筑节能的执法和监测过程中，对各地建设行政主管部门的目标责任制落实情况进行。

3. 广泛进行宣传。节水、节地和建筑节能是缓解城市资源短缺，保证城市稳步发展的有效措施。各级建设行政主管部门要综合运用宣传、教育、经济、法律和技术等措施，提高全社会对节水、节地和建筑节能工作的重要性和紧迫性的认识。

4. 抓好能力建设。要对建设系统的干部职工开展管理知识和技术培训，加强节约资源工作的能力建设。建设系统的干部职工也要认真学习，不断提有自身的知识和文化素养，自觉在工作中紧紧围绕节水、节地、建筑节能和资源综合利用这几个重点，加大工作力度，认真贯彻落实国家对资源节约工作的要求。

5. 强化监督检查。根据国务院的统一安排，国家发展改革委员会将会同建设部、水利部、国家质检总局于近期在全国范围内组织开展资源节约专项检查。摸清高耗能、高耗水地区和行业节能、节水情况及有关规定和标准执行情况。各地应提前做好准备工作，认真确定本省、自治区、直辖市的重点检查范围、对象，按照统一部署安排组织检查。

中华人民共和国建设部

二〇〇四年五月二十一日

2.3 《关于发展节能省地型住宅和公共建筑的指导意见》(建科［2005］78号) 2005年5月31日

各省、自治区建设厅，直辖市建委及有关部门，计划单列市建委，新疆生产建设兵团建设局：

我国已进入全面建设小康社会的新的发展时期。如何解决日益紧迫的人口、资源、环境与工业化、城镇化、经济快速增长的矛盾，是我们面临的重要挑战。中央从战略高度提出发展节能省地型住宅和公共建筑，是新时期转变城乡建设方式，提高城乡发展质量和效益的重要决策。为贯彻落实中央关于发展节能省地型住宅和公共建筑的要求，现提出如下指导意见：

一、充分认识发展节能省地型住宅和公共建筑的重要意义

（一）我国是一个发展中国家，人均能源资源相对贫乏。但在城乡建设中，增长方式比较粗放，发展质量和效益不高；建筑建造和使用，能源资源消耗高，利用效率低的问题比较突出；一些地方盲目扩大城市规模，规划布局不合理，乱占耕地的现象时有发生；重地上建设，轻地下建设的问题还不同程度的存在。资源、能源和环境问题已成为城镇发展的重要制约因素。各地要充分认识到发展节能省地型住宅和公共建筑，做好建筑节能节地节水节材（以下简称“四节”）工作，是落实科学发展观，调整经济结构、转变经济增长方式的重要内容，是保证国家能源和粮食安全的重要途径，是建设节约型社会和节约型城镇的重要举措。要进一步增强紧迫感和责任感，转变观念，切实改变城乡建设方式，切实从节约资源中求发展，从保护环境中求发展，从循环经济中求发展，促进城乡建设和国民经济的持续健康发展。

二、指导思想、工作目标、基本思路和途径

（二）指导思想：以“三个代表”重要思想和科学发展观为指导，以发展节能省地型住宅和公共建筑为工作平台，以建筑“四节”为工作重点和突破口，以技术、经济、法律等为手段，以改革为动力，努力建设节约型城镇。

（三）主要目标

总体目标：到2020年，我国住宅和公共建筑建造和使用的能源资源消耗水平要接近或达到现阶段中等发达国家的水平。

具体目标：到2010年，全国城镇新建建筑实现节能50%；既有建筑节能改造逐步开展，大城市完成应改造面积的25%，中等城市完成15%，小城市完成10%；城乡新增建设用地占用耕地的增长幅度要在现有基础上力争减少20%；建筑建造和使用过程的节水率在现有基础上提高20%以上；新建建筑对不可再生资源的总消耗比现在下降10%。到2020年，北方和沿海经济发达地区和特大城市新建建筑实现节能65%的目标，绝大部分既有建筑完成节能改造；城乡新增建设用地占用耕地的增长幅度要在2010年目标基础上再大幅度减少；争取建筑建造和使用过程的节水率比2010年再提高10%；新建建筑对不可再生资源的总消耗比2010年再下降20%。

（四）基本思路和途径

发展节能省地型住宅和公共建筑，要立足当前的发展阶段和基本国情，立足建筑“四节”已取得的进展；要用城乡统筹和循环经济的理念，研究思考节能省地型住宅和公共建筑的深刻内涵及其之间的辩证关系，认真解决当前的突出矛盾和问题；要处理好建筑“四节”工作中点与面、近期工作重点与长远发展目标的关系。既要考虑单体建筑，又要考虑城市或区域的统筹规划和总体布局；既要考虑新建建筑的“四节”，又要研究不同历史时期不同性质的既有建筑的节能节水问题，注重降低建筑建造和使用过程中总的能源资源消耗。当前要着重从规划、标准、科技、政策及产业化等方面综合研究，积极引进和推广国外日益普及的绿色建筑、生态建筑和可持续建筑等的新理念和新技术，并制定规划和政策措施，多渠道推进节能省地型住宅和公共建筑建设。

建筑节能。要通过城镇供热体制改革与供热制冷方式改革，以公共建筑的节能降耗为重点，总体推进建筑节能。所有新建建筑必须严格执行建筑节能标准，加强实施监管。要着力推进既有建筑节能改造政策和试点示范，加快政府既有公共建筑的节能改造。要积极推广应用新型和可再生能源。要合理安排城市各项功能，促进城市居住、就业等合理布局，减少交通负荷，降低城市交通的能源消耗。

建筑节地。在城镇化过程中，要通过合理布局，提高土地利用的集约和节约程度。重点是统筹城乡空间布局，实现城乡建设用地总量的合理发展、基本稳定、有效控制；加强村镇规划建设管理，制定各项配套措施和政策，鼓励、支持和引导农民相对集中建房，节约用地；城市集约节地的潜力应区分类别来考虑，工业建筑要适当提高容积率，公共建筑要适当提高建筑密度，居住建筑要在符合健康卫生和节能及采光标准的前提下合理确定建筑密度和容积率；要突出抓好各类开发区的集约和节约占用土地的规划工作。要深入开发利用城市地下空间，实现城市的集约用地。进一步减少黏土砖生产对耕地的占用和破坏。

建筑节水。要降低供水管网漏损率。要重点强化节水器具的推广应用，要提高污水再生利用率，积极推进污水再生利用、雨水利用。着重抓好设计环节执行节水标准和节水措施。合理布局污水处理设施，为尽可能利用再生水创造条件。绿化用水推广利用再生水。

建筑节材。要积极采用新型建筑体系，推广应用高性能、低材（能）耗、可再生循环利用的建筑材料，因地制宜，就地取材。要提高建筑品质，延长建筑物使用寿命，努力降低对建筑材料的消耗。要大力推广应用高强钢和高性能混凝土。要积极研究和开展建筑垃圾与部品的回收和利用。

三、主要政策和措施

（五）加强城乡规划的引导和调控。充分发挥城乡规划在推进节能省地型住宅和公共建筑建设中的重要作用，统筹城乡发展，促进城镇发展用地合理布局。在城镇体系规划、城市总体规划、村镇规划、近期建设规划、控制性详细规划等不同层次和类型的规划中，要充分论证资源和环境对城镇布局、功能分区、土地利用模式、基础设施配置及交通组织等方面的影响，确定适宜的城镇发展空间布局、城镇规模和运行模式。加强规划对城镇土地、能源、水资源等利用方面的引导与调控，立足资源和环境条件，合理确定城市发展规模，合理选择建设用地，尽量少占或不占耕地，充分利用荒地、劣地、坡地和废弃地，充分开发利用地下空间，提高土地利用率。要注重区域统筹，积极推进区域性重大基础设施的统筹规划和共建共享。大力发展公共交通，有效降低交通能耗和道路交通占用土地资源。要注意城乡统筹，按照有利生产、方便生活的原则，加快编制和实施村镇规划，合理调整居民点布局，引导农房建设和旧村改造，减少农村现有居民点人均用地，提高村镇建设用地的使用率，改善农民的生产生活环境。要对各类开发区的土地利用实施严格的审批制度，促进其集约和节约使用土地。要继续认真贯彻《国务院关于加强城乡规划监督管理的通知》（国发［2002］13号），加强城乡规划实施的监督，严格保护自然资源、人文资源和生态环境，严格控制土地使用，严格执行建设用地标准，防止突破规划和违反规划使用土地，维护城乡规划的严肃性和权威性。

（六）严格执行并不断完善标准规范。进一步加强建筑“四节”标准规范的制订工作，鼓励有条件的地区在工程建设国家标准、行业标准的基础上，组织制订更加严格的建筑“四节”地方实施细则。要认真执行建设部《关于新建居住建筑严格执行节能设计标准的通知》（建科［2005］55号）和《关于认真做好〈公共建筑节能设计标准〉宣贯、实施及监督工作的通知》（建标函［2005］121号）要求，加强工程建设全过程监管，保证节能标准落到实处。加强对建设、设计、施工、监理和施工图审查、工程质量检测等工程建设各方主体和中介机构执行建筑“四节”强制性条文的监管。各地要抓紧制定当地的施工图设计文件审查和工程实施阶段的监督要点，做好施工图审查、工程实施监管和竣工验收备案工作。要加强对新建建筑特别是公共建筑执行建筑“四节”标准情况的监督检查。

（七）加快科技创新。要通过科技创新为发展节能省地型住宅和公共建筑提供技术支撑。积极组织科技攻关，努力开发利用适合国情、具有自主知识产权的适用技术和建筑新材料、新技术、新体系以及新型和可再生能源，鼓励研究开发节能、节水、节材的技术和产品。注重加快成熟技术和技术集成的推广应用。认真落实国家中长期科学和技术发展规划纲要中有关城乡现代节能与绿色建筑等专项规划。加强国际合作，积极引进、消化、吸收国际先进理念和技术，增强自主创新能力。抓紧编写《绿色建筑技术导则》。加快墙体材料革新，特别是注重解决墙体改革工作中的关键技术和技术集成问题，加快高强钢和高性能混凝土的推广应用工作。建立健全建筑“四节”科技成果推广应用机制，尽快把科技成果转化为现实生产力。

（八）研究制定经济激励政策措施。要探索政府引导和市场机制推动相结合的方法和机制，研究制定产业经济和技术政策。会同有关部门研究对新建建筑推广“四节”和既有建筑节能改造给予适当的税收优惠政策，对示范项目给予贴息优惠政策；研究适当延长墙改专项基金的征收时间，扩大使用范围，促进墙改基金支持节能省地工作；研究推进水价改革，促进节约用水。鼓励社会资金和外资投资参与既有建筑改造等。大力推进市政公用行业改革，深化供热体制改革。严格执行污水垃圾收费制度。改革有关奖项的评审办法，把执行建筑“四节”的情况作为评审内容。

（九）抓好试点示范工作。从“绿色建筑创新奖”起步，完善该奖的评价体系，由点到面，逐步推广。要积极开展统筹城乡规划布局，节约用地的试点。各地要研究通过产业现代化促进发展节能省地型住宅和公共建筑建设。按照“减量化、再利用、资源化”原则，确立适合本地区的节能省地型住宅和公共建筑的产业化发展模式和建筑体系，建立与之相适应的工业化结构体系和通用部品体系。要抓好一批供热管网改造、城市绿色照明、政府公共建筑节能改造、新型和可再生能源资源应用工程等示范项目及新材料、新工艺和新体系的试点示范，有条件的城市应当组织成片新建和改造地区建筑“四节”的综合示范。政府公共建筑要率先进行节能改造。

（十）建立健全法规制度。在提出修订有关法律、法规建议和制定规章时，要研究建立有利于促进发展节能省地型住宅和公共建筑，推进建筑“四节”工作的制度。

四、切实加强对发展节能省地型住宅和公共建筑工作的领导

（十一）加强组织领导。各地建设行政主管部门要进一步提高认识，转变观念，把推进建筑“四节”工作作为当前和今后一个时期一项重要工作，切实抓紧、抓实、抓出成效。要制定发展节能省地型住宅和公共建筑规划，并争取纳入当地国民经济和社会发展规划，认真组织实施。要研究建立相应的工作机制，确定专门机构和专人负责，加强与有关部门的协调和沟通，认真研究解决推进工作中的难点和热点问题，制订相应的政策和措施，并加强督促检查。结合对工程质量的执法检查，强化对新建建筑执行“四节”情况的监督。

（十二）切实抓好宣传培训工作。各地建设行政主管部门要开展多种形式的宣传活动，普及建筑“四节”知识，提高全社会对发展节能省地型住宅和公共建筑重要性的认识，树立良好的节约能源资源的意识和正确的消费观，形成良好的社会氛围。要加强培训，提高管理人员和专业技术人员对发展节能省地型住宅和公共建筑的法律法规、标准规范、政策措施、科学技术的综合水平和能力，总结推广好的经验与做法，逐步深化发展节能省地型住宅和公共建筑的工作。

中华人民共和国建设部
二〇〇五年五月三十一日

2.4 关于贯彻《国务院关于落实科学发展观加强环境保护的决定》的通知（建科［2006］61号）2006年3月23日

各省、自治区建设厅，直辖市建委及有关部门，计划单列市、副省级城市建委，新疆生产建设兵团建设局：

为贯彻落实《国务院关于落实科学发展观加强环境保护的决定》(国发［2005］39号，以下简称“决定”）的精神，进一步做好建设系统环境保护工作，现就有关问题通知如下：

一、提高认识，用科学发展观指导建设系统环境保护工作

加强环境保护是落实科学发展观的重要举措，必须用科学发展观统领环境保护工作，依靠科技进步，发展循环经济，完善监督体制，建立长效机制，在发展中解决环境问题。

建设系统涉及城市规划、村镇规划、工程建设、城市建设、村镇建设、建筑业、勘察设计咨询业、市政公用事业、房地产业等，与国民经济、社会发展和人民生活息息相关，与自然环境保护关系密切。

近年来，建设系统在城市污水处理、生活垃圾处理、建筑节能与温室气体减排、优先发展城市公共交通等方面取得了一定成就。但长期以来，我国城市建设快速发展的过程中对环境保护基础设施建设重视不够、投入不足，城市环境污染问题十分突出，已威胁城乡居民的生存环境和经济社会的可持续发展。与发达国家相比，我国城市生活垃圾无害化处理率偏低；城市污水处理率仅达45.67%，近一半的城市污水直接排入城市水系及相关流域；建成区绿化率仅达31.6%，远低于发达国家的平均水平；近几年每年城乡新建房屋建筑面积近18亿平方米，但只有约50%左右的建筑达到建筑节能设计标准，全国城镇约150亿平方米的既有建筑，单位建筑面积能耗是同等气候条件下发达国家的2至3倍，造成了沉重的能源负担和严重的环境污染；建材生产能耗高达全社会终端能耗的15%，节能环保型绿色建筑材料的使用率不到20%，每年的建筑垃圾超过1亿吨，而处理率不到10%，严重污染了环境、浪费了资源。同时城市燃煤导致的大气污染，城市道路交通噪声等问题依然存在。

因此，建设系统环境保护的任务仍然十分艰巨。各级领导必须认识到建设系统开展环境保护工作的紧迫性和艰巨性，用科学的发展观指导建设系统加强环境保护工作。

二、建设系统环境保护的目标（2010年目标）和基本要求

(一）目标

建设系统环境保护工作重点是：城镇污水、生活垃圾和建筑垃圾处理，建筑节能与温室气体减排，燃煤锅炉改造，城市道路交通噪音控制，城镇绿化和节能省地型绿色建筑建设。至2010年，分别达到以下目标：

城市污水处理方面：全国设市城市和县城所在的建制镇均应规划建设城市污水集中处理设施，设市城市和重点流域及水资源保护区的建制镇必须建设二级污水处理设施，可分期分批实施。非重点流域和非水源保护区的建制镇，根据当地经济条件和水污染控制标准，可先行一级强化处理，分期实现二级处理。2010年全国设市城市的污水处理率不低于70%。

生活垃圾无害化处理方面：所有城市都要建立符合标准的生活垃圾处理设施，使生活垃圾全部得到处置，生活垃圾无害化处理率不低于60%。

绿色建筑方面：贯彻实施《绿色建筑技术导则》和《绿色建筑评价标准》，逐步引导我国建筑业、住宅产业走向可持续发展的道路。新建公共建筑实施绿色建筑标准达到30%以上，住宅建筑实施绿色建筑标准达到20%以上。绿色建材占建材用量的40%。

建筑节能和温室气体减排方面：新建建筑累计节能7000万吨标准煤，既有建筑节能3000万吨标准煤，共计节能1亿吨标准煤；累计减排温室气体$CO_2$2.6亿吨，其中新建建筑1.8亿吨，既有建筑0.8亿吨。

城市供热方面：在集中供热管网覆盖的地区，不得新建燃煤供热锅炉。其他地方逐步取消小于10吨/时的燃煤供热锅炉。2010年北方地区城市集中供热面积新增10亿平方米，集中供热普及率达到60%。

城镇绿化方面：严格执行《城市绿地系统规划》，认真实施绿线管制制度。继续做好建设园林城市工作，城市规划建成区绿地率达到35%以上，绿化覆盖率达到40%以上，人均公共绿地面积达到10平方米以上。

城市公共交通方面：贯彻落实《国务院办公厅转发建设部等部门关于优先发展城市公共交通意见的通知》(国办发［2005］46号）要求，全面实施“公交优先”发展战略，确立公共交通在城市交通中的优先地位。进一步放开搞活公共交通行业，完善支持政策，提高运营质量和效率，为群众提供安全可靠、方便周到、经济舒适的公共交通服务。

（二）基本要求

1. 环境保护工作要与城乡规划、建设相结合，改进城乡规划编制工作

编制城乡规划，应合理规划，突出环境保护的相关规划内容；为促进城乡可持续发展，加强环境保护工作，规划中应明确环境保护的重要地位，统筹考虑环境保护与经济社会协调发展。城乡规划的编制要从注重确定开发项目逐步过渡到注重保护和合理利用各种资源、明确空间管制的要求；要从注重确定城市性质、规模、功能定位转向注重控制合理的环境容量、确定科学的建设标准、促进人居环境的改善和城市的可持续发展。

2. 环境保护基础设施建设选址科学，规模适宜

环境保护基础设施建设的选址要科学合理，必须全面考虑建设地区的自然环境和社会环境，对选址地区的地理等因素进行调查研究，并在收集建设地区的大气、水体、土壤等基本环境要素背景资料的基础上进行综合分析论证，制定最佳的规划设计方案。严禁在城市规划确定的生活居住区、文教区、水源保护区、名胜古迹、风景游览区、温泉疗养区和自然保护区等界区内建设排放有毒有害废水、废气、废渣（液）、恶臭、噪声污染的项目。

根据当地经济社会发展水平，结合本地特点和配套设施的建设情况，考虑今后的发展并做一定的预留，科学确定环境保护基础设施的建设规模。要进行全面的技术经济对比分析，以确定分散或集中建设环境保护设施。

3. 大力发展绿色建筑，依靠科技进步改善人居环境

各地在制定本地区“十一五”建设科技发展中长期规划和年度计划时，要把城市污水处理及再生利用、城市生活垃圾处理与处置和绿色建筑技术、建筑节能技术纳入重点领域，在项目立项、政策、资金等方面给予大力支持。采取多种措施，包括鼓励自主创新，通过国际合作引进技术等，推动建设系统环境保护科技进步，尽快将科技成果转化为生产力。通过制定推广与限制淘汰技术目录，发布技术公告等方式，加快推广先进高效的资源节约技术与绿色建材产品，限制和淘汰高污染、高能耗的落后技术与产品，提高建设系统环境保护的整体技术水平。

4. 引入市场机制，健全监管体制，提高环境基础设施运营效率

加快推进环境基础设施建设和运营的改革，引入竞争机制，建立政府特许经营制度，尽快形成与社会主义市场经济体制相适应的建设与运营体系。鼓励社会资金、外国资本采取独资、合资、合作等多种形式，参与污水再生利用、供热锅炉改造、污水处理、垃圾处理处置等环境基础设施的建设。健全建设、运营和服务的政府监管制度，加强城市排水许可制度的实施，鼓励公众参与和社会监督，全面提高环境基础设施的运营效率。

5. 开展环境保护工作要与环境综合整治、创建节水型城市、国家园林城市和绿色交通示范城市等相结合

要将环境保护的要求作为中国人居环境奖评选、创建节水型城市、国家园林城市和绿色交通示范城市等的基本条件，与城市环境综合整治工作结合起来。建设部将对此作出具体规定，各省、自治区、直辖市在考核评比中也要将相关内容作为基本条件。

三、切实加强和改进规划编制工作研究和监督管理，促进城乡经济、社会和环境协调发展

（一）依据本地区经济发展水平，以发展循环经济为指导原则，认真制定与环境保护相关的地方环境基础设施建设规划，并纳入城市总体规划。各地区要根据资源禀赋、环境容量、生态状况、人口数量以及国家发展规划和产业政策，明确不同区域的功能定位和发展方向，将区域经济规划和环境保护目标有机结合起来。在环境容量有限、自然资源供给不足而经济相对发达的地区，坚持环境优先，做到增产减污。在环境仍有一定容量、资源较为丰富、发展潜力较大的地区实行重点开发，加快基础设施建设，科学合理利用环境承载能力。推进城镇化，同时严格控制污染物排放总量，做到增产不增污。在生态环境脆弱的地区和重要生态功能保护区实行限制开发，在坚持保护优先的前提下，合理选择发展方向，确保生态功能的恢复与保育，逐步恢复生态平衡。在自然保护区、风景名胜区和具有特殊保护价值的地区实行禁止开发，依法实施保护，严禁不符合规定的任何开发活动。

（二）加强城乡规划编制的审查工作，提高规划的科学性

各地要进一步贯彻《国务院关于加强城乡规划监督管理的通知》（国发［2002］13号）和建设部等部门的有关文件，端正城乡规划工作的指导思想。要根据本地区的环境保护需要和资源条件科学确定城市的发展目标、方式以及合理容量。为促进城市的可持续发展、人与自然的和谐发展，规划中应当明确提出环境保护目标。

规划的编制要严格执行国家有关技术标准和规范，要完善城乡规划科学民主决策制度。规划编制、审批和调整的过程要从行政手段为主转向依法治理、社会监督、全民参与。通过法定程序减少规划审批和调整的随意性。

确保环境保护设施建设的选址、布局合理。环境保护设施建设选址和布局要合理，新建污染项目要避开自然保护区、风景名胜区、重点生态保护区和重点水源保护地等。城市规划要根据城市承载力，综合考虑地质、自然环境、居民区和工业区位置等因素，进行全面的技术经济对比，合理选址，科学布局，认真开展专家咨询工作，避免盲目决策。

四、加强城镇环境综合整治，积极推进市场化改革，完善监管制度，实现城镇建设和环境保护工作的协调发展

（一）加强城市污水处理与再生利用、生活垃圾处理与资源化利用等重点环境基础设施的建设

以实施国家环保工程为重点，推动解决当前突出的环境问题。加强城市污水处理及再生利用、生活垃圾处理与资源化利用等重点环境基础设施的建设。以饮水安全和重点流域治理为基础，加强水污染防治。要科学划定和调整饮用水水源保护区，建设好城市备用水源。强化水污染事故的预防和应急处理，确保群众饮水安全。优先投入解决城镇污水和垃圾处理等关系公众日常生活环境的重大问题，以城市带动乡村，加大村镇生活垃圾和污水处理的力度。

（二）加强节水型城市、园林城市建设

经济社会发展要与水资源条件相适应，统筹生活、生产和生态用水，建设节水型城市和节水型社会。要科学制定各类用水定额和非居民用水计划，要严格用水定额管理，采取超计划、超定额用水加价收费办法。缺水城市要实行高额累进加价制度。同时，要结合当地实际情况，适当拉大高耗水行业与其他行业用水的差价。市政设施等公共设施用水要尽快实行计量计价制度。

加快城镇园林绿化建设步伐，提高城镇园林绿化整体水平。以开展创建国家园林城市、园林县城为基础，各地建设行政主管部门积极完成绿地系统规划编制（修编），并严格实施，确保各类绿地布局合理、功能健全，形成科学合理的绿地系统。建立实施城市绿线管制制度，建立健全城镇园林绿化行政管理机构，做到职能明确，管理到位。

加强城市公园的保护管理工作。推进城市湿地公园的保护管理，加强城市湿地保护，维护城市湿地生态系统的生态特性和基本功能，最大限度的发挥城市湿地在改善城市生态环境、美化城市、科学研究、科普教育和休闲游乐等方面所具有的生态、环境和社会效益，有效遏制城市建设中不合理利用湿地的行为，保证湿地资源的可持续利用。

（三）推广节能环保型公共交通车辆，建设透水和减噪路面，设置绿化带

积极推动大容量环保型的公交系统的建设。开发大容量、低污染环保型的公共交通车辆，以《节能环保型城市客车技术标准》为基础，推广使用节能环保型公共交通车辆。开展透水降噪路面的设计、施工技术研究，应用新型道路吸声材料、透水材料，建设减噪透水路面，改善城市“热岛效应”，控制城市噪声污染。在敏感区域设置噪声隔离设施和绿化带，减轻噪音污染，改善城市声环境。

（四）促进政企、政事分开的管理体制改革，建立健全环境基础设施市场化运行机制

现有从事城市污水、垃圾处理运营的事业单位，要在清产核资、明晰产权的基础上，

按《公司法》改制成独立的企业法人。暂不具备改制条件的，可采取目标管理的方式，与政府有关部门签订委托经营合同，提供污水、垃圾处理的经营服务。鼓励社会资本参与污水、垃圾处理等基础设施的建设和运营。鼓励企业通过招投标方式独资、合资或租赁承包现有城市污水、垃圾处理设施的运营管理。新建城市污水、垃圾处理设施应创造条件，积极推向市场，引入竞争机制，通过招标选择投资者。鼓励社会投资主体采用 BOT 等特许经营方式投资或与政府授权的企业合资建设城市污水、垃圾处理设施。

合理确定污水处理收费标准和再生水、垃圾处理和垃圾发电价格，完善政府补贴机制。本着以补偿成本和合理收益为原则核定，确定污水处理、再生水、垃圾处理和垃圾发电价格。积极引导工业、市政设施等行业使用再生水和垃圾发电。结合城市污水处理、再生水设施、生活垃圾处理设施的建设和运营情况，适时对部分行业制定强制使用再生水的规定，扩大使用范围。

加大污水处理费和生活垃圾处理费的征收力度。各地要限期开征污水处理费、生活垃圾处理费。已开征的城市，要优先考虑将收费标准调整到保本微利水平。暂时达不到保本微利水平的地方，应结合本地区污水处理设施运行成本，制定城市污水处理费最低收费标准。

（五）研究制定环境基础设施建设和运营的财政、税收、价格等激励政策

各地建设行政主管部门要配合有关部门研究制定环境基础设施建设和运营的融资、价格等激励政策；研究合理优惠的环境基础设施财税政策，对环境保护基础设施建设运营的用地、用电、设备折旧等实行扶持政策，并给予财政和税收优惠。积极引导社会资金参与城乡环境保护基础设施和有关工作的投入，重点解决污水管网和生活垃圾收运设施的配套和完善的资金。

五、政策导向，示范应用，推动绿色建筑发展

（一）充分发挥工程建设各方主体的作用，大力推进绿色建筑的应用

建设开发单位作为应用绿色建筑的主体，在建设项目中要积极贯彻国家有关绿色建筑的政策、法规以及相关标准。鼓励单位与个人投资的建筑在建设开发过程中采用绿色建筑标准；以政府投资为主体的建筑在开发建设过程中应逐步达到绿色建筑标准的要求。

设计单位要积极采用先进的绿色建筑设计理念，在保证建筑物功能和技术经济合理的情况下，注重对节地、节能、节水、节材等关键环节的应用设计，尤其是在细部设计中要自觉贯彻。

施工单位在严格执行国家有关标准规范的基础上，要制定符合绿色建筑的施工工艺，结合工程实际，落实保障措施。注重施工场地的生态环境保护，应严格控制噪声、光污染、施工遗撒、大气污染等；采取各种有效措施保障人员安全与健康；减少施工对环境造成的不利影响，注重在施工用水、用能、材料选择、废弃物处理等过程中贯彻实施节能、节水和节材的要求。

物业管理单位要加强对绿色建筑的运行管理，制定管理规程，充分考虑技术经济的合理性，保障绿色建筑的健康运行。

（二）研究建立评估认证及奖励制度，形成有利于绿色建筑发展的政策环境

研究制定绿色建筑技术与产品的评估认证方法和政策措施，通过实施绿色建筑材料、产品认证和绿色建筑技术评估、标识制度，规范、监督管理中介评估机构，切实促进绿色

建筑的发展。对应用环境友好型、资源节约型、改善城市和村镇生态型、有益室内环境改善和人体健康的新型建筑材料给予政策支持。

围绕建设部绿色建筑创新奖评选工作，结合本地情况，开展绿色建筑试点示范工程的建设，以点带面，总结经验，全面推广。

（三）加强国际交流合作，参与国际竞争

积极参加有关绿色建筑的国际组织，参与国际绿色建筑重要规则与标准的研究和制定工作。跟踪研究国际绿色建筑发展趋势，加强技术合作，推动市场融合，不断提高我国绿色建筑的整体水平。企业要强化国际竞争意识，积极应用绿色建筑技术开拓国内、国际市场，提高国际竞争能力。有关部门要提高服务意识和水平，发挥信息资源优势，为企业走向国际市场提供及时准确和优质的服务。

六、依靠科技进步，完善标准规范，做好示范项目推广工作

（一）积极开发经济适用、高效节能和环境友好的供水、污水、再生水与垃圾处理等技术

各地建设行政主管部门要积极组织实施保护环境的科研项目，认真开展建设系统环保战略、标准、技术等研究，鼓励对给排水处理技术、环境保护设施运营管理技术、道路交通噪声控制技术、生活垃圾处理与处置技术等进行研究，组织对污水深度处理、污泥和生活垃圾的处理处置等重点难点技术的攻关，加快高新技术在环保领域的应用。

（二）加强建筑节能环保技术开发，完善绿色建筑标准体系

研究开发建筑室内外环境污染控制与改善技术、绿色建筑材料、建筑节能环保技术与设备（包括洁净能源、可再生能源在建筑上的应用），先进的供热制冷和节水技术，并积极推广应用。积极引进国际先进设计理念和设计标准，建立和完善本地的建筑节能环保标准体系。建立绿色建筑材料的评价体系和标准规范，对改善生态环境、节约能源、资源循环利用、室内环境改善的绿色建筑材料尽快纳入标准，促进推广应用。

各级建设行政主管部门应在规划、设计、施工、监理、竣工验收等环节依据法律、法规和工程建设强制性标准，加强对建筑节能与环保工作的监管，及时对违规行为依法进行处罚；规划、建设、房地产等部门应建立工作联席会议制度，形成长期有效的建筑节能环保工作机制。

（三）建设科技示范工程，做好技术推广工作

加大工作力度，加快城镇污水处理、垃圾处理、绿色建筑、绿化建设、公交优先发展、道路噪声控制和燃煤供热锅炉改造等环境保护综合示范工程建设，对示范工程进行跟踪研究，并对成熟配套的科技成果进行有效的扩散，提高科技示范的针对性，切实发挥科技示范作用。

七、组织开展宣传和培训工作，加强协调、监督和检查，全面推动建设系统环境保护工作

建设系统要大力组织开展环境保护的宣传和培训工作，进一步提高认识，加强监督检查，落实《决定》中的各项任务和要求，切实抓好环境保护工作。

（一）加强组织领导。建设部将环境保护工作纳入建设部资源节约工作领导小组职责范围内，以指导、组织、协调建设系统的环境保护工作。各地建设行政管理部门也要确定相应机构，明确责任，组织好本地区的环境保护工作。

（二）抓紧制定环保政策、法规，并严格执行。各地建设行政管理部门要在严格执行国家有关法律、政策、标准和规定的同时，认真评估建设系统的环境立法和执法情况，完善环境保护法规政策，完善环境技术规范和标准体系。进一步完善污水和垃圾处理等环境基础设施建设和运营标准、绿色建筑评价体系、绿色建材评价体系和供热系统燃煤锅炉改造计划和步骤，加强监督和执行力度，使已经建成的环境基础设施正常运营，确保达到建设系统各项环境保护标准和工作目标。

（三）建立健全城乡环境保护目标责任制。地方各级建设行政主管部门要把思想统一到科学发展观上来，充分认识环境保护工作的重要性，增强环境忧患意识和做好环境保护工作的责任意识，抓切实解决制约环境保护的难点问题和影响群众健康的重点问题。各地建设行政主管部门主要负责人是环境保护的第一责任人，要保证责任到位、措施到位、投入到位。科学制订并组织实施环保规划，建立建设系统的环境保护问责制度，定期考核，并对布署的环保工作进行检查落实，及时解决存在的环境问题，确保实现规划中提出的环境目标。

（四）强化监管、检查，积极开展社会监督。各地建设行政主管部门应及时发布饮用水、排水、再生水等出水水质，建筑环保节能执行情况，城市绿化建设进展等。运营企业要及时公开环境信息，为公众参与创造条件。在加强政府监管和督查的同时，充分发挥社会团体的作用，对涉及公众环境权益的发展规划和建设项目，要通过论证会、听证会或社会公示等多种形式，认真听取公众意见，强化社会监督，降低政府监管成本。

（五）广泛开展宣传，认真做好教育培训和对口支援。各级建设行政主管部门要广泛宣传，积极开展和举办环境保护培训班，提高思想认识，把环保公益宣传作为重要任务，努力营造节约资源和保护环境的舆论氛围。同时，要制订培训计划，对建设系统干部职工进行轮训，准确把握各项要求。认真开展和组织好对口支援工作和教育培训工作，提高建设系统环境保护设施的运营水平和服务质量。

中华人民共和国建设部

二〇〇六年三月二十三日

2.5 《国务院关于加强节能工作的决定》(国发［2006］28号）2006年8月6日

各省、自治区、直辖市人民政府，国务院各部委、各直属机构：

为深入贯彻科学发展观，落实节约资源基本国策，调动社会各方面力量进一步加强节能工作，加快建设节约型社会，实现“十一五”规划纲要提出的节能目标，促进经济社会发展切实转入全面协调可持续发展的轨道，特作如下决定：

一、充分认识加强节能工作的重要性和紧迫性

（一）必须把节能摆在更加突出的战略位置。我国人口众多，能源资源相对不足，人均拥有量远低于世界平均水平。由于我国正处在工业化和城镇化加快发展阶段，能源消耗强度较高，消费规模不断扩大，特别是高投入、高消耗、高污染的粗放型经济增长方式，加剧了能源供求矛盾和环境污染状况。能源问题已经成为制约经济和社会发展的重要因素，要从战略和全局的高度，充分认识做好能源工作的重要性，高度重视能源安全，实现能源的可持续发展。解决我国能源问题，根本出路是坚持开发与节约并举、节约优先的方针，大力推进节能降耗，提高能源利用效率。节能是缓解能源约束，减轻环境压力，保障经济安全，实现全面建设小康社会目标和可持续发展的必然选择，体现了科学发展观的本质要求，是一项长期的战略任务，必须摆在更加突出的战略位置。

（二）必须把节能工作作为当前的紧迫任务。近几年，由于经济增长方式转变滞后、高耗能行业增长过快，单位国内生产总值能耗上升，特别是今年上半年，能源消耗增长仍然快于经济增长，节能工作面临更大压力，形势十分严峻。各地区、各部门要充分认识加强节能工作的紧迫性，增强忧患意识和危机意识，增强历史责任感和使命感。要把节能工作作为当前的一项紧迫任务，列入各级政府重要议事日程，切实下大力气，采取强有力措施，确保实现"十一五"能源节约的目标，促进国民经济又快又好地发展。

二、用科学发展观统领节能工作

（三）指导思想。以邓小平理论和"三个代表"重要思想为指导，全面贯彻科学发展观，落实节约资源基本国策，以提高能源利用效率为核心，以转变经济增长方式、调整经济结构、加快技术进步为根本，强化全社会的节能意识，建立严格的管理制度，实行有效的激励政策，充分发挥市场配置资源的基础性作用，调动市场主体节能的自觉性，加快构建节约型的生产方式和消费模式，以能源的高效利用促进经济社会可持续发展。

（四）基本原则。坚持节能与发展相互促进，节能是为了更好地发展，实现科学发展必须节能；坚持开发与节约并举，节能优先，效率为本；坚持把节能作为转变经济增长方式的主攻方向，从根本上改变高耗能、高污染的粗放型经济增长方式；坚持发挥市场机制作用与实施政府宏观调控相结合，努力营造有利于节能的体制环境、政策环境和市场环境；坚持源头控制与存量挖潜、依法管理与政策激励、突出重点与全面推进相结合。

（五）主要目标。到"十一五"期末，万元国内生产总值（按2005年价格计算）能耗下降到0.98吨标准煤，比"十五"期末降低20%左右，平均年节能率为4.4%。重点行业主要产品单位能耗总体达到或接近本世纪初国际先进水平。初步建立起与社会主义市场经济体制相适应的比较完善的节能法规和标准体系、政策保障体系、技术支撑体系、监督管理体系，形成市场主体自觉节能的机制。

三、加快构建节能型产业体系

（六）大力调整产业结构。各地区和有关部门要认真落实《国务院关于发布实施〈促进产业结构调整暂行规定〉的决定》（国发［2005］40号）要求，推动产业结构优化升级，促进经济增长由主要依靠工业带动和数量扩张带动，向三次产业协同带动和优化升级带动转变，立足节约能源推动发展。合理规划产业和地区布局，避免由于决策失误造成能源浪费。

（七）推动服务业加快发展。充分发挥服务业能耗低、污染少的优势，努力提高服务业在国民经济中的比重。要以专业化分工和提高社会效率为重点，积极发展生产服务业；以满足人们需求和方便群众生活为中心，提升生活服务业。大中城市要优先发展服务业，有条件的大中城市要逐步形成以服务经济为主的产业结构。

（八）积极调整工业结构。严格控制新开工高耗能项目，把能耗标准作为项目核准和备案的强制性门槛，遏制高耗能行业过快增长。对企业搬迁改造严格能耗准入管理。加快淘汰落后生产能力、工艺、技术和设备，不按期淘汰的企业，地方各级人民政府及有关部门要依法责令其停产或予以关闭，依法吊销排污许可证和停止供电，属实行生产许可证管理的，依法吊销生产许可证。积极推进企业联合重组，提高产业集中度和规模效益。

（九）优化用能结构。大力发展高效清洁能源。逐步减少原煤直接使用，提高煤炭用于发电的比重，发展煤炭气化和液化，提高转换效率。引导企业和居民合理用电。大力发展风能、太阳能、生物质能、地热能、水能等可再生能源和替代能源。

四、着力抓好重点领域节能

（十）强化工业节能。突出抓好钢铁、有色金属、煤炭、电力、石油石化、化工、建材等重点耗能行业和年耗能1万吨标准煤以上企业的节能工作，组织实施千家企业节能行动，推动企业积极调整产品结构，加快节能技术改造，降低能源消耗。

（十一）推进建筑节能。大力发展节能省地型建筑，推动新建住宅和公共建筑严格实施节能50%的设计标准，直辖市及有条件的地区要率先实施节能65%的标准。推动既有建筑的节能改造。大力发展新型墙体材料。

（十二）加强交通运输节能。积极推进节能型综合交通运输体系建设，加快发展铁路和内河运输，优先发展公共交通和轨道交通，加快淘汰老旧铁路机车、汽车、船舶，鼓励发展节能环保型交通工具，开发和推广车用代用燃料和清洁燃料汽车。

（十三）引导商业和民用节能。在公用设施、宾馆商厦、写字楼、居民住宅中推广采用高效节能办公设备、家用电器、照明产品等。

（十四）抓好农村节能。加快淘汰和更新高耗能落后农业机械和渔船装备，加快农业提水排灌机电设施更新改造，大力发展农村户用沼气和大中型畜禽养殖场沼气工程，推广省柴节煤灶，因地制宜发展小水电、风能、太阳能以及农作物秸秆气化集中供气系统。

（十五）推动政府机构节能。各级政府部门和领导干部要从自身做起、厉行节约，在节能工作中发挥表率作用。重点抓好政府机构建筑物和采暖、空调、照明系统节能改造以及办公设备节能，采取措施大力推动政府节能采购，稳步推进公务车改革。

五、大力推进节能技术进步

（十六）加快先进节能技术、产品研发和推广应用。各级人民政府要把节能作为政府科技投入、推进高技术产业化的重点领域，支持科研单位和企业开发高效节能工艺、技术和产品，优先支持拥有自主知识产权的节能共性和关键技术示范，增强自主创新能力，解决技术瓶颈。采取多种方式加快高效节能产品的推广应用。有条件的地方可对达到超前性国家能效标准、经过认证的节能产品给予适当的财政支持，引导消费者使用。落实产品质量国家免检制度，鼓励高效节能产品生产企业做大做强。有关部门要制定和发布节能技术政策，组织行业共性技术的推广。

（十七）全面实施重点节能工程。有关部门和地方人民政府及有关单位要认真组织落实“十一五”规划纲要提出的燃煤工业锅炉（窑炉）改造、区域热电联产、余热余压利用、节约和替代石油、电机系统节能、能量系统优化、建筑节能、绿色照明、政府机构节能以及节能监测和技术服务体系建设等十大重点节能工程。发展改革委要督促各地区、各有关部门和有关单位抓紧落实相关政策措施，确保工程配套资金到位，同时要会同有关部门切实做好重点工程、重大项目实施情况的监督检查。

（十八）培育节能服务体系。有关部门要抓紧研究制定加快节能服务体系建设的指导意见，促进各级各类节能技术服务机构转换机制、创新模式、拓宽领域，增强服务能力，提高服务水平。加快推行合同能源管理，推进企业节能技术改造。

（十九）加强国际交流与合作。积极引进国外先进节能技术和管理经验，广泛开展与国际组织、金融机构及有关国家和地区在节能领域的合作。

六、加大节能监督管理力度

（二十）健全节能法律法规和标准体系。抓紧做好修订《中华人民共和国节约能源法》的有关工作，进一步严格节能管理制度，明确节能执法主体，强化政策激励，加大惩戒力度。研究制订有关节能的配套法规。加快组织制定和完善主要耗能行业能耗准入标准、节能设计规范，制定和完善主要工业耗能设备、机动车、建筑、家用电器、照明产品等能效标准以及公共建筑用能设备运行标准。各地区要研究制定本地区主要耗能产品和大型公共建筑单位能耗限额。

（二十一）加强规划指导。各地区、各有关部门要根据“十一五”规划纲要，把实现能耗降低的约束性目标作为本地区、本部门“十一五”规划和有关专项规划的重要内容，明确目标、任务和政策措施，认真制定和实施本地区和行业的节能规划。

（二十二）建立节能目标责任制和评价考核体系。发展改革委要将“十一五”规划纲要确定的单位国内生产总值能耗降低目标分解落实到各省、自治区、直辖市，省级人民政府要将目标逐级分解落实到各市、县以及重点耗能企业，实行严格的目标责任制。统计局、发展改革委等部门每年要定期公布各地区能源消耗情况；省级人民政府要建立本地区能耗公报制度。要将能耗指标纳入各地经济社会发展综合评价和年度考核体系，作为地方各级人民政府领导班子和领导干部任期内贯彻落实科学发展观的重要考核内容，作为国有大中型企业负责人经营业绩的重要考核内容，实行节能工作问责制。发展改革委要会同有关部门抓紧制定实施办法。

（二十三）建立固定资产投资项目节能评估和审查制度。有关部门和地方人民政府要对固定资产投资项目（含新建、改建、扩建项目）进行节能评估和审查。对未进行节能审查或未能通过节能审查的项目一律不得审批、核准，从源头杜绝能源的浪费。对擅自批准项目建设的，要依法依规追究直接责任人的责任。发展改革委要会同有关部门制定固定资产投资项目节能评估和审查的具体办法。

（二十四）强化重点耗能企业节能管理。重点耗能企业要建立严格的节能管理制度和有效的激励机制，进一步调动广大职工节能降耗的积极性。要强化基础工作，配备专职人员，将节能降耗的目标和责任落实到车间、班组和个人，并加强监督检查。有关部门和地方各级人民政府要加强对重点耗能企业节能情况的跟踪、指导和监督，定期公布重点企业能源利用状况。其中，对实施千家企业节能行动的高耗能企业，发展改革委要与各相关省级人民政府和有关中央企业签订节能目标责任书，强化节能目标责任和考核。

（二十五）完善能效标识和节能产品认证制度。加快实施强制性能效标识制度，扩大能效标识在家用电器、电动机、汽车和建筑上的应用，不断提高能效标识的社会认知度，引导社会消费行为，促进企业加快高效节能产品的研发。推动自愿性节能产品认证，规范认证行为，扩展认证范围，推动建立国际协调互认。

（二十六）加强电力需求侧和电力调度管理。充分发挥电力需求侧管理的综合优势，优化城市、企业用电方案，推广应用高效节能技术，推进能效电厂建设，提高电能使用效率。改进发电调度规则，优先安排清洁能源发电，对燃煤火电机组进行优化调度，限制能耗高、污染重的低效机组发电，实现电力节能、环保和经济调度。

（二十七）控制室内空调温度。所有公共建筑内的单位，包括国家机关、社会团体、企事业组织和个体工商户，除特定用途外，夏季室内空调温度设置不低于26摄氏度，冬季室内空调温度设置不高于20摄氏度。有关部门要据此修订完善公共建筑室内温度有关标准，并加强监督检查。

（二十八）加大节能监督检查力度。有关部门和地方各级人民政府要加大节能工作的监督检查力度，重点检查高耗能企业及公共设施的用能情况、固定资产投资项目节能评估和审查情况、禁止淘汰设备异地再用情况，以及产品能效标准和标识、建筑节能设计标准、行业设计规范执行等情况。达不到建筑节能标准的建筑物不准开工建设和销售。严禁生产、销售和使用国家明令淘汰的高耗能产品。要严厉打击报废机动车和船舶等违法交易活动。节能主管部门和质量技术监督部门要加大监督检查和处罚力度，对违法行为要公开曝光。

七、建立健全节能保障机制

（二十九）深化能源价格改革。加强和改进电价管理，建立成本约束机制；完善电力分时电价办法，引导用户合理用电、节约用电；扩大差别电价实施范围，抑制高耗能产业盲目扩张，促进结构调整。落实石油综合配套调价方案，理顺国内成品油价格。继续推进天然气价格改革，建立天然气与可替代能源的价格挂钩和动态调整机制。全面推进煤炭价格市场化改革。研究制定能耗超限额加价的政策。

（三十）加大政府对节能的支持力度。各级人民政府要对节能技术与产品推广、示范试点、宣传培训、信息服务和表彰奖励等工作给予支持，所需节能经费纳入各级人民政府财政预算。“十一五”期间，国家每年安排一定的资金，用于支持节能重大项目、示范项目及高效节能产品的推广。

（三十一）实行节能税收优惠政策。发展改革委要会同有关部门抓紧制定《节能产品目录》，对生产和使用列入《节能产品目录》的产品，财政部、税务总局要会同有关部门抓紧研究提出具体的税收优惠政策，报国务院审批。严格实施控制高耗能、高污染、资源性产品出口的政策措施。研究建立促进能源节约的燃油税收制度，以及控制高耗能加工贸易和抑制不合理能源消费的有关税收政策。抓紧研究并适时实施不同种类能源矿产资源计税方法改革方案。根据资源条件和市场变化情况，适当提高有关资源税征收标准。

（三十二）拓宽节能融资渠道。各类金融机构要切实加大对节能项目的信贷支持力度，推动和引导社会各方面加强对节能的资金投入。要鼓励企业通过市场直接融资，加快进行节能降耗技术改造。

（三十三）推进城镇供热体制改革。加快城镇供热商品化、货币化，将采暖补贴由“暗补”变“明补”，加强供热计量，推进按用热量计量收费制度。完善供热价格形成机制，有关部门要抓紧研究制定建筑供热采暖按热量收费的政策，培育有利于节能的供热市场。

（三十四）实行节能奖励制度。各地区、各部门对在节能管理、节能科学技术研究和推广工作中做出显著成绩的单位及个人要给予表彰和奖励。能源生产经营单位和用能单位要制定科学合理的节能奖励办法，结合本单位的实际情况，对节能工作中作出贡献的集体、个人给予表彰和奖励，节能奖励计入工资总额。

八、加强节能管理队伍建设和基础工作

（三十五）加强节能管理队伍建设。各级人民政府要加强节能管理队伍建设，充实节能管理力量，完善节能监督体系，强化对本行政区域内节能工作的监督管理和日常监察（监测）工作，依法开展节能执法和监察（监测）。在整合现有相关机构的基础上，组建国家节能中心，开展政策研究、固定资产投资项目节能评估、技术推广、宣传培训、信息咨询、国际交流与合作等工作。

（三十六）加强能源统计和计量管理。各级人民政府要为统计部门依法行使节能统计调查、统计执法和数据发布等提供必要的工作保障。各级统计部门要切实加强能源统计，充实必要的人员，完善统计制度，改进统计方法，建立能够反映各地区能耗水平、节能目标责任和评价考核制度的节能统计体系。要强化对单位国内（地区）生产总值能耗指标的审核，确保统计数据准确、及时。各级质量技术监督部门要督促企业合理配备能源计量器具，加强能源计量管理。

（三十七）加大节能宣传、教育和培训力度。新闻出版、广播影视、文化等部门和有关社会团体要组织开展形式多样的节能宣传活动，广泛宣传我国的能源形势和节能的重要意义，弘扬节能先进典型，曝光浪费行为，引导合理消费。教育部门要将节能知识纳入基础教育、高等教育、职业教育培训体系。各级工会、共青团组织要重视和加强对广大职工特别是青年职工的节能教育，广泛开展节能合理化建议活动。有关行业协会要协助政府做好行业节能管理、技术推广、宣传培训、信息咨询和行业统计等工作。各级科协组织要围绕节能开展系列科普活动。要认真组织开展一年一度的全国节能宣传周活动，加强经常性的节能宣传和培训。要动员全社会节能，在全社会倡导健康、文明、节俭、适度的消费理念，用节约型的消费理念引导消费方式的变革。要大力倡导节约风尚，使节能成为每个公民的良好习惯和自觉行动。

九、加强组织领导

（三十八）切实加强节能工作的组织领导。各省、自治区、直辖市人民政府和各有关部门要按照本决定的精神，努力抓好落实。省级人民政府要对本地区节能工作负总责，把节能工作纳入政府重要议事日程，主要领导要亲自抓，并建立相应的协调机制，明确相关部门的责任和分工，确保责任到位、措施到位、投入到位。省级人民政府、国务院有关部门要在本决定下发后 2 个月内提出本地区、本行业节能工作实施方案报国务院；中央企业要在本决定下发后 2 个月内提出本企业节能工作实施方案，由国资委汇总报国务院。发展改革委要会同有关部门，加强指导和协调，认真监督检查本决定的贯彻执行情况，并向国务院报告。

国务院

二〇〇六年八月六日

2.6 建设部关于贯彻《国务院关于加强节能工作的决定》的实施意见（建科［2006］231号）2006年9月15日

各省、自治区建设厅，直辖市建委及有关部门，计划单列市建委（建设局），新疆生产建设兵团建设局：

为贯彻落实《国务院关于加强节能工作的决定》的精神，加强建筑节能和城市公共交通节能工作，实现“十一五”期间建设领域节能目标，现提出以下实施意见：

一、提高认识，用科学发展观指导建设领域节能工作

（一）指导思想

以邓小平理论和“三个代表”重要思想为指导，全面落实科学发展观，紧紧围绕实现城乡建设方式的根本转变，调整住房供应结构，引导住房合理消费，以提高能源利用效率为核心，以建筑节能和优先发展公共交通为重点，以技术进步为支撑，近期措施与建立长效机制相结合，加大标准的执行监管力度，建立和完善政策法规，实现“十一五”建筑节能、城市公共交通节能目标，促进建设事业走资源节约型、环境友好型的发展道路。

（二）工作目标

建筑节能：到“十一五”期末，实现节约1.1亿吨标准煤的目标。其中：通过加强监管，严格执行节能设计标准，推动直辖市及严寒寒冷地区执行更高水平的节能标准，严寒寒冷地区新建居住建筑实现节能2100万吨标准煤，夏热冬冷地区新建居住建筑实现节能2400万吨标准煤，夏热冬暖地区新建居住建筑实现节能220万吨标准煤，全国新建公共建筑实现节能2280万吨标准煤，共实现节能7000万吨标准煤；通过既有建筑节能改造，深化供热体制改革，加强政府办公建筑和大型公共建筑节能运行管理与改造，实现节能3000万吨标准煤，大城市完成既有建筑节能改造的面积要占既有建筑总面积的25%，中等城市要完成15%，小城市要完成10%；通过推广应用节能型照明器具，实现节能1040万吨标准煤；太阳能、浅层地能等可再生能源应用面积占新建建筑面积比例达25%以上。

城市公共交通节能：通过改善出行结构，加强设施建设，提高城市公共交通效率。到“十一五”期末，城市公共交通出行在城市交通总出行中的比重，特大城市达到20%以上，其他城市在现有基础上增加50%。特大城市中心区公共汽电车平均运营速度达到20公里/小时以上，其他城市达到25公里/小时以上，出租车空驶率控制在30%以下；提高节能环保型汽车的使用率；城市公共交通比“十五”期末节油15%以上。

二、提高城乡规划编制的科学性，从源头上转变城乡建设方式

（三）城乡规划编制和实施要充分体现节约资源的基本国策。制定全国城镇体系规划、省域城镇体系规划要从节约能源的角度，统筹考虑城镇空间布局和规模控制以及重大基础设施布局。制定城市总体规划，要根据本地区的环境、资源条件，科学确定发展目标、方式、功能分区、用地布局，确定交通发展战略和城市公共交通总体布局，落实公交优先政策，确定主要对外交通设施和主要道路交通设施布局，限制高能耗产业用地规模。村镇规划要符合村镇体系布局，规划建设指标必须符合国家规定。严禁高能耗、高污染企业向乡镇转移，不得为国家明确退出和限制建设的各类企业安排用地。严格规划审批管理制度，重点镇的规划要逐步实行省级备案核准制度。

（四）从规划源头控制高耗能居住建筑的建设。各地应根据当地住房的实际状况以及土地、能源、水资源和环境等综合承载能力，分析住房需求，制定住房建设规划，合理确定当地新建商品住房总面积的套型结构比例。城市规划主管部门要会同建设、房地产主管部门将住房建设规划纳入当地国民经济和社会发展中长期规划和近期建设规划，按建设资源节约型和环境友好型城镇的总体要求，合理安排套型建筑面积90平方米以下住房为主的普通商品住房和经济适用住房布局。

三、建立新建建筑市场准入门槛制度，做好新建建筑节能工作

（五）建立新建建筑市场准入门槛制度。对超过2万平方米的公共建筑和超过20万平方米的居住建筑小区，实行建筑能耗核准制。建设单位应当将建设工程项目设计方案报县级以上人民政府建设主管部门进行建筑能耗核定，满足节能标准的，由建设主管部门出具建筑能耗审核意见书。城市规划主管部门在颁发《建设工程规划许可证》时，对未取得建筑能耗审核意见书的建设工程项目，不得颁发《建设工程规划许可证》，建设主管部门不得批准开工建设。组织建筑节能专项检查，对达不到节能设计标准的项目予以查处。

（六）完善对建筑节能设计、施工、监理等市场主体的监管制度。要加强建设工程节能质量的监督管理，按照《民用建筑工程节能质量监督管理办法》，进一步强化参建各方建筑节能工作的责任和义务，加强施工图审查、施工许可、工程质量检测、工程质量监督、竣工验收备案等环节的建筑节能监管工作。达不到建筑节能设计标准的工程不准开工、验收备案、销售和使用。

加强建筑维护结构保温工程、可再生能源建筑应用的市场监管力度，严格市场准入，规范企业行为。将执行建筑节能标准纳入建筑市场主体诚信行为标准，严肃查处不按照节能标准进行设计、施工、监理的企业，并记入企业不良记录；情节严重的，依法降级或撤销其资质等级，并追究有关人员的责任。

（七）发展绿色环保的施工方式。研究制定《民用建筑工程绿色施工导则》，推广应用资源节约型和环保型的施工方式，通过资源的综合利用、短缺资源代用以及二次资源回用，降低对各类资源的消耗，减少建筑废料和污染物的生成和排放，减少施工对环境的影响。

四、完善建筑节能标准体系，确保工程质量

（八）完善建筑节能标准体系。组织编制建筑节能设计、施工、验收、检测检验、评价和既有建筑节能改造、可再生能源建筑应用、建筑用能系统运行节能、节能管理等方面的标准规范。加强节能标准设计系列图集的编制，完善建筑节能技术措施。推动直辖市及严寒寒冷地区率先实施更高的节能标准，逐步提高国家建筑节能的标准。

（九）推动工业建设领域节能设计标准编制工作。加快工业建设领域节能设计标准的编制工作，“十一五”期间完成石油化工、橡胶、钢铁、有色金属加工、有色金属矿山、有色金属冶炼、水泥等高耗能行业的节能设计、施工、验收等标准规范，推动重点能耗行业的节能工作的开展。

（十）完善可再生能源建筑应用标准。做好《民用建筑太阳能热水系统应用技术规范》、《地源热泵供暖空调应用技术规程》等标准的贯彻实施工作，编制《太阳能供热采暖工程技术规范》。积极组织生活垃圾填埋气体利用、污泥沼气利用、焚烧发电供热技术等标准规范编制的可行性研究，并及时组织制定。

（十一）积极开展建筑节能标准实施的评价工作。研究制定建筑节能标准实施评价方法，根据建筑节能发展的实际需要，及时修订或编制建筑节能标准，不断完善建筑节能标准体系。

五、抓好建筑节能重点工作

（十二）加强大型公共建筑和政府办公建筑的节能管理工作。制定印发《关于加强大型公共建筑和政府办公建筑节能工作的通知》。各地应结合实际，建立并逐步完善既有大型公共建筑运行节能监管体系，研究制定公共建筑用能系统运行节能制度。以政府办公建筑为突破口，对既有高耗能的大型公共建筑逐步实施节能改造。

（十三）制定大型公共建筑能耗限额。会同国家发展改革委研究制定公共建筑能耗限额和超限额加价制度。各地应开展大型公共建筑能耗统计工作，结合实际研究制定大型公共建筑单位能耗限额。

（十四）组织开展高能耗公共建筑评选活动。会同国家发展改革委组织专家在北京评选十大不节能建筑，并向社会披露。其他有条件的城市应比照进行。

（十五）建立和完善建筑能效测评标识制度。制定《建筑能效标识管理办法》及《建筑能效标识技术导则》，选择若干试点城市进行示范，总结经验，逐步推广。

（十六）建立建筑能耗统计制度。制定《建筑能耗统计标准》，掌握建筑能耗水平、建筑终端商品能耗结构、用能模式，积累建筑能耗基础数据，为制定政策提供依据。各地应充分认识能耗统计工作的重要性，认真组织做好相关工作。

六、加快城镇供热体制改革

（十七）尽快实行将采暖补贴由“暗补”变“明补”，加快推进供热商品化、货币化。

（十八）新建建筑必须配套建设供热采暖分户计量系统，并安装温控装置，必须实行按热计量收费；既有建筑通过节能改造达到温度可调节、分栋或分户计量的要求。

（十九）建立城市低收入家庭冬季采暖保障制度。完善供热价格形成机制，制定建筑供热采暖按用热量收费的政策，培育有利于节能的供热市场。

（二十）整合城市供热热源，充分发挥热电联产、大型锅炉效率高的优势，提高热源生产的能源利用效率。

七、组织实施国家建筑节能重点工程、重大关键技术研究项目

（二十一）全面启动可再生能源在建筑中的推广应用。积极推进太阳能、浅层地能、生物质能等可再生能源在建筑中的应用。会同财政部研究制定《推进可再生能源在建筑中应用的实施意见》、《可再生能源建筑应用专项资金暂行管理办法》及《可再生能源建筑应用示范工程评审办法》等，选择一批条件成熟的项目和城市进行示范，开展太阳能、浅层地能等在建筑中应用关键技术研究，培育和带动相关产业的发展。各地应积极配合做好示范推广工作。

（二十二）实施国家建筑节能重点工程。组织实施建筑节能工程，以新建建筑执行节能设计标准、既有建筑节能改造、配套措施及能力建设为重点，启动更低能耗和绿色建筑示范项目及既有建筑节能改造。配合实施热电联产工程，用热电联产集中供热为主的方式替代城市燃煤供热小锅炉，扩大集中供热范围。适度超前建设城市集中供热管网，为热电联产创造条件。各地应积极配合国家做好重点工程的管理工作，并总结经验，逐步推广。配合实施绿色照明工程，按照《“十一五”城市绿色照明工程规划纲要》的要求，组织实施城市绿色照明工程，指导各地科学、节能发展城市照明。

（二十三）组织实施国家中长期科技发展规划中确定的建筑节能与绿色建筑重大项目。加快对新型建筑节能围护结构、既有建筑节能改造、长江流域住宅室内热湿环境低能耗控制技术、大型公共建筑节能控制与能量管理系统研究、降低大型公共建筑空调系统能耗研究、建筑节能设计方法与模拟分析软件开发等建筑节能关键技术研究，不断增强自主创新能力，推动节能技术进步。组织实施百项建筑节能示范工程和百项绿色建筑示范工程的“双百工程”。发布《建设部“十一五”重点推广技术领域》、《建设部“十一五”技术公告》。

（二十四）推动可再生能源在农村地区的应用。各地应结合社会主义新农村建设，加强农村地区可再生能源利用与开发情况的调研，组织太阳能、沼气、生物质能等新能源在农村地区应用技术研发，制定技术政策，编制技术手册，开展示范推广，适应农村用能增长的需要。

八、加强政策法规建设，建立健全节能保障机制

（二十五）做好节能相关法规和政策制定工作。配合国务院法制办做好《建筑节能管理条例》、《城市公共交通条例》的制定工作。积极参与《节约能源法》的修订工作。会同财政部研究制定节能省地型建筑的经济激励政策。各地建设主管部门应积极会同有关部门，做好地方建筑节能及城市公共交通的法规研究制定工作，并结合实际，研究促进建筑节能及公共交通的激励政策。

（二十六）落实优先发展城市公共交通的政策。指导各地科学设置公交优先车道（路）和优先通行信号系统，保证公共交通车辆对优先车道的使用权和优先通行信号系统的正常运转。要因地制宜地设置自行车道、步行道。争取用2年左右时间，使多数大城市建立完善的城市公共交通优先车道（路）网络，建成一批公共交通优先通行信号系统。加强对各地轨道交通规划、建设、运营、管理工作的指导和监督，抓好城市交通节能示范工程，推进快速公共汽车系统和智能交通系统建设。

（二十七）建立完善新技术、新工艺、新设备、新材料的推广、限制、禁止制度。组织编制《建筑节能推广、限制、禁止技术、工艺、设备和材料目录》。加快淘汰落后技术、工艺、设备和材料。加大建筑节能在评优评奖指标中的权重，完善评选标准，推动建筑节能工作的开展。

（二十八）做好新型墙体材料推广应用工作。组织编制国家标准《墙体材料应用统一技术规范》。推广应用保温隔热性能好、轻质、利废、环保的新型墙体材料，做好第二批城市禁止使用实心黏土砖的工作。

（二十九）逐步建立建筑节能服务体系。制定《建筑节能合同能源管理办法》，培育和规范建筑节能服务市场，促进建筑能效的提高。充分发挥行业学（协）会的积极性，协助主管部门和地方政府做好节能管理、技术推广、宣传培训等工作，为机关和事业单位、企业及居民做好节能工作提供服务。各地应积极探索，争取优惠政策，创新机制，尽快形成规范有序的节能服务体系。

九、加强国际合作，促进建筑节能实现跨越式发展

（三十）做好联合国合作开发署中国终端能效、世行中国供热体制改革和建筑节能、中德既有建筑节能改造等合作项目。积极争取国际组织、外国政府贷款，以合作、交流、技术培训、智力引进等多种方式，引进国外先进经验、技术，不断充实和完善我国建筑节能与公共交通等领域的政策、法规、标准、技术体系。

（三十一）组织召开每年一届的国际智能、绿色建筑及建筑节能大会暨新技术与产品博览会，组织好国际绿色建材博览会，打造国际化的新技术、新产品、新材料交流平台，更好地指导和推动全国建设领域节能工作，实现建筑节能的跨越式发展。

十、加强节能工作的宣传和培训

（三十二）加强建筑节能标准和技术培训。把节能标准、技能培训与执业人员的继续教育结合起来，与施工图审查和质量检查结合起来，与劳务用工岗前培训结合起来，不断提高从业人员熟练运用节能标准、熟练应用节能技术的能力。

（三十三）加大节能工作宣传力度。各地建设主管部门要充分发挥舆论的导向与监督作用，大力宣传我国能源资源现状及建筑节能、公共交通节能、城市照明节能的重大意义，积极宣传有关政策法规、技术标准、示范项目及典型做法和经验等，扩大影响，努力营造有利于节能的社会氛围。

（三十四）举办中国城市交通节能周活动。通过实行无公务车日等各类活动，宣传实施"公交优先"思想和战略。加强公共交通行业精神文明建设，加强对服务质量的监管，健全城市公共交通服务质量投诉和监督机制。组织开展创建"绿色交通示范城市"活动，鼓励地方政府积极实施"公交优先"战略，保证可持续交通发展战略的全面贯彻实施。召开全国优先发展城市公共交通工作会议。进一步发挥城市公共交通行业协会的作用，加强行业自律。

十一、加强组织领导，建立建筑节能目标考核评价体系

（三十五）加强组织领导。各地建设主管部门要成立建筑节能工作领导小组，形成协调配合、运行顺畅的工作机制。请各省、自治区、直辖市建设主管部门于 2006 年 9 月底前，将领导小组及办公室成员的名单报建设部科技司备案。

（三十六）建立节能目标责任制。各级建设主管部门要制定建筑节能专项规划，明确"十一五"建筑节能目标。要结合本地实际制定本意见的实施细则及任务分解书，并根据节能目标制定年度计划。各省、自治区、直辖市建设主管部门要在每年年末将目标和计划完成情况报建设部科技司备案。

（三十七）建立节能目标考核制度。各级建设主管部门要研究将建筑节能目标及任务落实情况纳入管理机构及人员的工作绩效考核内容中，并逐级落实。建设部将结合年度建筑节能专项检查，对各地的建筑节能工作完成情况进行评估，各省级建设主管部门也应对本地区市、县（区）建筑节能工作目标的完成情况进行考核。对工作成绩突出的单位和个人应予以表彰，对工作开展不力的通报批评。

中华人民共和国建设部

二〇〇六年九月十五日

2.7 《国务院关于加快发展服务业的若干意见》（国发［2007］7号）2007年3月29日

各省、自治区、直辖市人民政府，国务院各部委、各直属机构：

根据“十一五”规划纲要确定的服务业发展总体方向和基本思路，为加快发展服务业，现提出以下意见：

一、充分认识加快发展服务业的重大意义

服务业是国民经济的重要组成部分，服务业的发展水平是衡量现代社会经济发达程度的重要标志。我国正处于全面建设小康社会和工业化、城镇化、市场化、国际化加速发展时期，已初步具备支撑经济又好又快发展的诸多条件。加快发展服务业，提高服务业在三次产业结构中的比重，尽快使服务业成为国民经济的主导产业，是推进经济结构调整、加快转变经济增长方式的必由之路，是有效缓解能源资源短缺的瓶颈制约、提高资源利用效率的迫切需要，是适应对外开放新形势、实现综合国力整体跃升的有效途径。加快发展服务业，形成较为完备的服务业体系，提供满足人民群众物质文化生活需要的丰富产品，并成为吸纳城乡新增就业的主要渠道，也是解决民生问题、促进社会和谐、全面建设小康社会的内在要求。为此，必须从贯彻落实科学发展观和构建社会主义和谐社会战略思想的高度，把加快发展服务业作为一项重大而长期的战略任务抓紧抓好。

党中央、国务院历来重视服务业发展，制定了一系列鼓励和支持发展的政策措施，取得了明显成效。特别是党的十六大以来，服务业规模继续扩大，结构和质量得到改善，服务领域改革开放不断深化，在促进经济平稳较快发展、扩大就业等方面发挥了重要作用。但是，当前在服务业发展中还存在不容忽视的问题，特别是一些地方过于看重发展工业尤其是重工业，对发展服务业重视不够。我国服务业总体上供给不足，结构不合理，服务水平低，竞争力不强，对国民经济发展的贡献率不高，与经济社会加快发展、产业结构调整升级不相适应，与全面建设小康社会和构建社会主义和谐社会的要求不相适应，与经济全球化和全面对外开放的新形势不相适应。各地区、各部门要进一步提高认识，切实把思想统一到中央的决策和部署上来，转变发展观念，拓宽发展思路，着力解决存在的问题，加快把服务业提高到一个新的水平，推动经济社会走上科学发展的轨道，促进国民经济又好又快发展。

二、加快发展服务业的总体要求和主要目标

当前和今后一个时期，发展服务业的总体要求是：以邓小平理论和“三个代表”重要思想为指导，全面贯彻落实科学发展观和构建社会主义和谐社会的重要战略思想，将发展服务业作为加快推进产业结构调整、转变经济增长方式、提高国民经济整体素质、实现全面协调可持续发展的重要途径，坚持以人为本、普惠公平，进一步完善覆盖城乡、功能合理的公共服务体系和机制，不断提高公共服务的供给能力和水平；坚持市场化、产业化、社会化的方向，促进服务业拓宽领域、增强功能、优化结构；坚持统筹协调、分类指导，发挥比较优势，合理规划布局，构建充满活力、特色明显、优势互补的服务业发展格局；坚持创新发展，扩大对外开放，吸收发达国家的先进经验、技术和管理方式，提高服务业国际竞争力，实现服务业又好又快发展。

根据“十一五”规划纲要，“十一五”时期服务业发展的主要目标是：到2010年，服务业增加值占国内生产总值的比重比2005年提高3个百分点，服务业从业人员占全社会从业人员的比重比2005年提高4个百分点，服务贸易总额达到4000亿美元；有条件的大中城市形成以服务经济为主的产业结构，服务业增加值增长速度超过国内生产总值和第二产业增长速度。到2020年，基本实现经济结构向以服务经济为主的转变，服务业增加值占国内生产总值的比重超过50%，服务业结构显著优化，就业容量显著增加，公共服务均等化程度显著提高，市场竞争力显著增强，总体发展水平基本与全面建设小康社会的要求相适应。

三、大力优化服务业发展结构

适应新型工业化和居民消费结构升级的新形势，重点发展现代服务业，规范提升传统服务业，充分发挥服务业吸纳就业的作用，优化行业结构，提升技术结构，改善组织结构，全面提高服务业发展水平。

大力发展面向生产的服务业，促进现代制造业与服务业有机融合、互动发展。细化深化专业分工，鼓励生产制造企业改造现有业务流程，推进业务外包，加强核心竞争力，同时加快从生产加工环节向自主研发、品牌营销等服务环节延伸，降低资源消耗，提高产品的附加值。优先发展运输业，提升物流的专业化、社会化服务水平，大力发展第三方物流；积极发展信息服务业，加快发展软件业，坚持以信息化带动工业化，完善信息基础设施，积极推进“三网”融合，发展增值和互联网业务，推进电子商务和电子政务；有序发展金融服务业，健全金融市场体系，加快产品、服务和管理创新；大力发展科技服务业，充分发挥科技对服务业发展的支撑和引领作用，鼓励发展专业化的科技研发、技术推广、工业设计和节能服务业；规范发展法律咨询、会计审计、工程咨询、认证认可、信用评估、广告会展等商务服务业；提升改造商贸流通业，推广连锁经营、特许经营等现代经营方式和新型业态。通过发展服务业实现物尽其用、货畅其流、人尽其才，降低社会交易成本，提高资源配置效率，加快走上新型工业化发展道路。

大力发展面向民生的服务业，积极拓展新型服务领域，不断培育形成服务业新的增长点。围绕城镇化和人口老龄化的要求，大力发展市政公用事业、房地产和物业服务、社区服务、家政服务和社会化养老等服务业。围绕构建和谐社会的要求，大力发展教育、医疗卫生、新闻出版、邮政、电信、广播影视等服务事业，以农村和欠发达地区为重点，加强公共服务体系建设，优化城乡区域服务业结构，逐步实现公共服务的均等化。围绕小康社会建设目标和消费结构转型升级的要求，大力发展旅游、文化、体育和休闲娱乐等服务业，优化服务消费结构，丰富人民群众精神文化生活。服务业是今后我国扩大就业的主要渠道，要着重发展就业容量大的服务业，鼓励其他服务业更多吸纳就业，充分挖掘服务业安置就业的巨大潜力。

大力培育服务业市场主体，优化服务业组织结构。鼓励服务业企业增强自主创新能力，通过技术进步提高整体素质和竞争力，不断进行管理创新、服务创新、产品创新。依托有竞争力的企业，通过兼并、联合、重组、上市等方式，促进规模化、品牌化、网络化经营，形成一批拥有自主知识产权和知名品牌、具有较强竞争力的大型服务企业或企业集团。鼓励和引导非公有制经济发展服务业，积极扶持中小服务企业发展，发挥其在自主创业、吸纳就业等方面的优势。

四、科学调整服务业发展布局

在实现普遍服务和满足基本需求的前提下，依托比较优势和区域经济发展的实际，科学合理规划，形成充满活力、适应市场、各具特色、优势互补的服务业发展格局。

城市要充分发挥人才、物流、信息、资金等相对集中的优势，加快结构调整步伐，提高服务业的质量和水平。直辖市、计划单列市、省会城市和其他有条件的大中城市要加快形成以服务经济为主的产业结构。发达地区特别是珠江三角洲、长江三角洲、环渤海地区要依托工业化进程较快、居民收入和消费水平较高的优势，大力发展现代服务业，促进服务业升级换代，提高服务业质量，推动经济增长主要由服务业增长带动。中西部地区要改变只有工业发展后才能发展服务业的观念，积极发展具有比较优势的服务业和传统服务业，承接东部地区转移产业，使服务业发展尽快上一个新台阶，不断提高服务业对经济增长的贡献率。

各地区要按照国家规划、城镇化发展趋势和工业布局，引导交通、信息、研发、设计、商务服务等辐射集聚效应较强的服务行业，依托城市群、中心城市，培育形成主体功能突出的国家和区域服务业中心。进一步完善铁路、公路、民航、水运等交通基础设施，优先发展城市公共交通，形成便捷、通畅、高效、安全的综合运输体系，加快建设上海、天津、大连等国际航运中心和主要港口。加强交通运输枢纽建设和集疏运的衔接配套，在经济发达地区和交通枢纽城市强化物流基础设施整合，形成区域性物流中心。选择辐射功能强、服务范围广的特大城市和大城市建立国家或区域性金融中心。依托产业集聚规模大、装备水平高、科研实力强的地区，加快培育建成功能互补、支撑作用大的研发设计、财务管理、信息咨询等公共服务平台，充分发挥国家软件产业基地的作用，建设一批工业设计、研发服务中心，不断形成带动能力强、辐射范围广的新增长极。

立足于用好现有服务资源，打破行政分割和地区封锁，充分发挥市场机制的作用，鼓励部门之间、地区之间、区域之间开展多种形式的合作，促进服务业资源整合，发挥组合优势，深化分工合作，在更大范围、更广领域、更高层次上实现资源优化配置。防止不切实际攀比，避免盲目投资和重复建设。

五、积极发展农村服务业

贯彻统筹城乡发展的基本方略，大力发展面向农村的服务业，不断繁荣农村经济，增加农民收入，提高农民生活水平，为发展现代农业、扎实推进社会主义新农村建设服务。

围绕农业生产的产前、产中、产后服务，加快构建和完善以生产销售服务、科技服务、信息服务和金融服务为主体的农村社会化服务体系。加大对农业产业化的扶持力度，积极开展种子统供、重大病虫害统防统治等生产性服务。完善农副产品流通体系，发展各类流通中介组织，培育一批大型涉农商贸企业集团，切实解决农副产品销售难的问题。加快实施“万村千乡”市场工程。加强农业科技体系建设，健全农业技术推广、农产品检测与认证、动物防疫和植物保护等农业技术支持体系，推进农业科技创新，加快实施科技入户工程。加快农业信息服务体系建设，逐步形成连接国内外市场、覆盖生产和消费的信息网络。加强农村金融体系建设，充分发挥农村商业金融、合作金融、政策性金融和其他金融组织的作用，发展多渠道、多形式的农业保险，增强对“三农”的金融服务。加快农机社会化服务体系建设，推进农机服务市场化、专业化、产业化。大力发展各类农民专业合作组织，支持其开展市场营销、信息服务、技术培训、农产品加工储藏和农资采购经营。

改善农村基础条件，加快发展农村生活服务业，提高农民生活质量。推进农村水利、交通、渔港、邮政、电信、电力、广播影视、医疗卫生、计划生育和教育等基础设施建设，加快实施农村饮水安全工程，大力发展农村沼气，推进生物质能、太阳能和风能等可再生能源开发利用，改善农民生产生活条件。大力发展园艺业、特种养殖业、乡村旅游业等特色产业，鼓励发展劳务经济，增加农民收入。积极推进农村社区建设，加快发展农村文化、医疗卫生、社会保障、计划生育等事业，实施农民体育健身工程，扩大出版物、广播影视在农村的覆盖面，提高公共服务均等化水平，丰富农民物质文化生活。加强农村基础教育、职业教育和继续教育，搞好农民和农民工培训，提高农民素质，结合城镇化建设，积极推进农村富余劳动力实现转移就业。

六、着力提高服务业对外开放水平

坚定不移地推进服务领域对外开放，着力提高利用外资的质量和水平。按照加入世贸组织服务贸易领域开放的各项承诺，鼓励外商投资服务业。正确处理好服务业开放与培育壮大国内产业的关系，完善服务业吸收外资法律法规，通过引入国外先进经验和完善企业治理结构，培育一批具有国际竞争力的服务企业。加强金融市场基础性制度建设，增强银行、证券、保险等行业的抗风险能力，维护国家金融安全。

把大力发展服务贸易作为转变外贸增长方式、提升对外开放水平的重要内容。把承接国际服务外包作为扩大服务贸易的重点，发挥我国人力资源丰富的优势，积极承接信息管理、数据处理、财会核算、技术研发、工业设计等国际服务外包业务。具备条件的沿海地区和城市要根据自身优势，研究制定鼓励承接服务外包的扶持政策，加快培育一批具备国际资质的服务外包企业，形成一批外包产业基地。建立支持国内企业“走出去”的服务平台，提供市场调研、法律咨询、信息、金融和管理等服务。扶持出口导向型服务企业发展，发展壮大国际运输，继续大力发展旅游、对外承包工程和劳务输出等具有比较优势的服务贸易，积极参与国际竞争，扩大互利合作和共同发展。

七、加快推进服务领域改革

进一步推进服务领域各项改革。按照国有经济布局战略性调整的要求，将服务业国有资本集中在重要公共产品和服务领域。深化电信、铁路、民航等服务行业改革，放宽市场准入，引入竞争机制，推进国有资产重组，实现投资主体多元化。积极推进国有服务企业改革，对竞争性领域的国有服务企业实行股份制改造，建立现代企业制度，促使其成为真正的市场竞争主体。明确教育、文化、广播电视、社会保障、医疗卫生、体育等社会事业的公共服务职能和公益性质，对能够实行市场经营的服务，要动员社会力量增加市场供给。按照政企分开、政事分开、事业企业分开、营利性机构与非营利性机构分开的原则，加快事业单位改革，将营利性事业单位改制为企业，并尽快建立现代企业制度。继续推进政府机关和企事业单位的后勤服务、配套服务改革，推动由内部自我服务为主向主要由社会提供服务转变。

建立公开、平等、规范的服务业准入制度。鼓励社会资金投入服务业，大力发展非公有制服务企业，提高非公有制经济在服务业中的比重。凡是法律法规没有明令禁入的服务领域，都要向社会资本开放；凡是向外资开放的领域，都要向内资开放。进一步打破市场分割和地区封锁，推进全国统一开放、竞争有序的市场体系建设，各地区凡是对本地企业开放的服务业领域，应全部向外地企业开放。

八、加大投入和政策扶持力度

加大政策扶持力度，推动服务业加快发展。依据国家产业政策完善和细化服务业发展指导目录，从财税、信贷、土地和价格等方面进一步完善促进服务业发展政策体系。对农村流通基础设施建设和物流企业，以及被认定为高新技术企业的软件研发、产品技术研发及工业设计、信息技术研发、信息技术外包和技术性业务流程外包的服务企业，实行财税优惠。进一步推进服务价格体制改革，完善价格政策，对列入国家鼓励类的服务业逐步实现与工业用电、用水、用气、用热基本同价。调整城市用地结构，合理确定服务业用地的比例，对列入国家鼓励类的服务业在供地安排上给予倾斜。要根据实际情况，对一般性服务行业在注册资本、工商登记等方面降低门槛，对采用连锁经营的服务企业实行企业总部统一办理工商注册登记和经营审批手续。

拓宽投融资渠道，加大对服务业的投入力度。国家财政预算安排资金，重点支持服务业关键领域、薄弱环节发展和提高自主创新能力。积极调整政府投资结构，国家继续安排服务业发展引导资金，逐步扩大规模，引导社会资金加大对服务业的投入。地方政府也要相应安排资金，支持服务业发展。引导和鼓励金融机构对符合国家产业政策的服务企业予以信贷支持，在控制风险的前提下，加快开发适应服务企业需要的金融产品。积极支持符合条件的服务企业进入境内外资本市场融资，通过股票上市、发行企业债券等多渠道筹措资金。鼓励各类创业风险投资机构和信用担保机构对发展前景好、吸纳就业多以及运用新技术、新业态的中小服务企业开展业务。

九、不断优化服务业发展环境

加快推进服务业标准化，建立健全服务业标准体系，扩大服务标准覆盖范围。抓紧制订和修订物流、金融、邮政、电信、运输、旅游、体育、商贸、餐饮等行业服务标准。对新兴服务行业，鼓励龙头企业、地方和行业协会先行制订服务标准。对暂不能实行标准化的服务行业，广泛推行服务承诺、服务公约、服务规范等制度。

积极营造有利于扩大服务消费的社会氛围。规范服务市场秩序，建立公开、平等、规范的行业监管制度，坚决查处侵犯知识产权行为，保护自主创新，维护消费者合法权益。加强行政事业性收费管理和监督检查，取消各种不合理的收费项目，对合理合法的收费项目及标准按照规定公示并接受社会监督。落实职工年休假制度，倡导职工利用休假进行健康有益的服务消费。加快信用体系建设，引导城乡居民对信息、旅游、教育、文化等采取灵活多样的信用消费方式，规范发展租赁服务，拓宽消费领域。鼓励有条件的城镇加快户籍管理制度改革，逐步放宽进入城镇就业和定居的条件，增加有效需求。

发展人才服务业，完善人才资源配置体系，为加快发展服务业提供人才保障。充分发挥高等院校、科研院所、职业学校及有关社会机构的作用，推进国际交流合作，抓紧培训一批适应市场需求的技能型人才，培养一批熟悉国际规则的开放型人才，造就一批具有创新能力的科研型人才，扶持一批具有国际竞争力的人才服务机构。鼓励各类就业服务机构发展，完善就业服务网络，加强农村剩余劳动力转移、城市下岗职工再就业、高校毕业生就业等服务体系建设，为加快服务业发展提供高素质的劳动力队伍。

十、加强对服务业发展工作的组织领导

加快发展服务业是一项紧迫、艰巨、长期的重要任务，既要坚持发挥市场在资源配置中的基础性作用，又要加强政府宏观调控和政策引导。国务院成立全国服务业发展领导小组，指导和协调服务业发展和改革中的重大问题，提出促进加快服务业发展的方针政策，部署涉及全局的重大任务。全国服务业发展领导小组办公室设在发展改革委，负责日常工作。国务院有关部门和单位要按照全国服务业发展领导小组的统一部署，加强协调配合，积极开展工作。各省级人民政府也应建立相应领导机制，加强对服务业工作的领导，推动本地服务业加快发展。

加强公共服务既是加快发展服务业的重要组成部分，又是推动各项服务业加快发展的重要保障，同时也是转变政府职能、建设和谐社会的内在要求。要进一步明确中央、地方在提供公共服务、发展社会事业方面的责权范围，强化各级人民政府在教育、文化、医疗卫生、人口和计划生育、社会保障等方面的公共服务职能，不断加大财政投入，扩大服务供给，提高公共服务的覆盖面和社会满意水平，同时为各类服务业的发展提供强有力的支撑。

尽快建立科学、统一、全面、协调的服务业统计调查制度和信息管理制度，完善服务业统计调查方法和指标体系，充实服务业统计力量，增加经费投入。充分发挥各部门和行业协会的作用，促进服务行业统计信息交流，建立健全共享机制，提高统计数据的准确性和及时性，为国家宏观调控和制定规划、政策提供依据。各地区要逐步将服务业重要指标纳入本地经济社会发展的考核体系，针对不同地区、不同类别服务业的具体要求，实行分类考核，确保责任到位，任务落实，抓出实绩，取得成效。

各地区、各部门要根据本意见要求，按照各自的职责范围，抓紧制定加快发展服务业的配套实施方案和具体政策措施。发展改革委要会同有关部门和单位对落实本意见的情况进行监督检查，及时向国务院报告。

国务院

二〇〇七年三月十九日

2.8 《关于加强大型公共建筑工程建设管理的若干意见》(建质［2007］1号) 2007年1月5日

各省、自治区建设厅、发展改革委、财政厅、监察厅、审计厅，直辖市建委、规划局(规委)、发展改革委、财政局、监察局、审计局：

大型公共建筑一般指建筑面积2万平方米以上的办公建筑、商业建筑、旅游建筑、科教文卫建筑、通信建筑以及交通运输用房。随着我国经济和社会快速发展，大型公共建筑日益增多，既促进了经济社会发展，又增强了为城市居民生产生活服务的功能。国家对大型公共建筑建设管理不断加强，逐步走上法制化轨道。但当前一些大型公共建筑工程，特别是政府投资为主的工程建设中还存在着一些亟待解决的问题，主要是一些地方不顾国情和财力，热衷于搞不切实际的“政绩工程”、“形象工程”；不注重节约资源能源，占用土地过多；一些建筑片面追求外形，忽视使用功能、内在品质与经济合理等内涵要求，忽视城市地方特色和历史文化，忽视与自然环境的协调，甚至存在安全隐患。这些问题必须采取有效措施加以解决。为进一步加强大型公共建筑建设管理，特提出以下意见：

一、贯彻落实科学发展观，进一步端正建设指导思想

1. 从事建筑活动，尤其是进行大型公共建筑工程建设，要贯彻落实科学发展观，推进社会主义和谐社会建设，坚持遵循适用、经济，在可能条件下注意美观的原则。要以人为本，立足国情，弘扬历史文化，反映时代特征，鼓励自主创新。要确保建筑全寿命使用周期内的可靠与安全，注重投资效益、资源节约和保护环境，以营造良好的人居环境。

二、完善并严格执行建设标准，提高项目投资决策水平

2. 坚持对政府投资大型公共建筑工程立项的科学决策和民主决策。大型公共建筑工程的数量、规模和标准要与国家和地区经济发展水平相适应。项目投资决策前，建设单位应当委托专业咨询机构编制内容全面的可行性研究报告；应当组织专家合理确定工程投资和其他重要技术、经济指标，精心做好工程建设的前期工作。

3. 建立和完善政府投资项目决策阶段的建设标准体系。建设主管部门要重点加强文化、体育等大型公共建筑建设标准的编制，完善项目决策依据。总结国内外大型公共建筑建设经验，按照发展节能省地型建筑的要求，大型公共建筑工程要在节能、节地、节水、节材指标方面起到社会示范作用，并适时修订完善标准。

4. 严格执行已发布的建设标准。国家已发布的建设标准、市政工程投资估算指标、建设项目经济评价规则，是编制项目建议书和可行性研究报告的重要依据，建设单位要严格执行。建设主管部门和发展改革主管部门要加强对标准实施情况的监督检查，建立和完善强制性标准的实施和监管机制。

5. 严格履行固定资产投资项目管理程序。各级发展改革等主管部门要按照《国务院关于投资体制改革的决定》要求，加强对大型公共建筑项目的审批、核准或者备案管理。

6. 加强对政府投资大型公共建筑工程造价的控制。有关主管部门要规范和加强对政府投资的大型公共建筑工程可行性研究投资估算、初步设计概算和施工图预算的管理，严格执行经批准的可行性研究投资估算和初步设计概算，可行性研究报告批复的建设规模，原则上在初步设计等后续工作中不得突破。建设单位应积极推行限额设计，并在设计招标文件中予以明确。

三、规范建筑设计方案评选，增强评审与决策透明度

7. 加强城市规划行政管理部门对大型公共建筑布局和设计的规划管理工作。大型公共建筑的布局要符合经批准的城市规划；大型公共建筑的方案设计必须符合所在地块的控制性详细规划的有关规定；做好城市设计，并作为建筑方案设计的重要参考依据。大型公共建筑设计要重视保护和体现城市的历史文化、风貌特色。

8. 鼓励建筑设计方案国内招标。政府投资的大型公共建筑，建设单位应立足国内组织设计方案招标，避免盲目搞国际招标。组织国际招标的，必须执行我国的市场准入及设计收费的有关规定，并给予国内外设计单位同等待遇。

9. 细化方案评审办法。要在现有的建筑工程设计招标投标办法以及我国入世承诺的基础上，研究制订有关大型公共建筑工程方案设计招投标的管理办法，以进一步明确方案设计的内容和深度要求，完善方案设计评选办法，确保招标的公开、公平、公正。

10. 明确方案设计的评选重点。方案设计的评选首先要考虑建筑使用功能等建筑内涵，还要考虑建筑外观与传统文化及周边环境的整体和谐。对政府或国有企事业单位投资的大型公共建筑项目，参与投标的设计方案必须包括有关使用功能、建筑节能、工程造价、运营成本等方面的专题报告，防止单纯追求建筑外观形象的做法。

11. 建立公开透明的专家评审和社会公示制度。建设单位要进一步明确大型公共建筑设计方案评审专家的条件和责任。大型公共建筑必须依照有关法律法规实行公开招标，其方案评审专家应由城市规划、建筑、结构、机电设备、施工及建筑经济等各方面专家共同组成，评委名单和评委意见应当向社会公示，征求社会意见，接受社会监督，提高方案评审的透明度。对于政府投资的有重大社会影响的标志性建筑，应通过一定方式直接听取公众对设计方案的意见。

12. 进一步明确和强化项目业主责任。政府投资的大型公共建筑工程必须明确项目建设各方主体，落实责任。当建设单位采用经专家评审否定的设计方案时，应当向主管部门和专家委员会说明理由。

13. 加强方案评选后的监督管理。政府投资的大型公共建筑方案设计确定的建设内容和建设标准不得超出批准的可行性研究报告中提出的各项经济技术指标要求，应满足初步设计阶段控制概算的需要。如果中标的设计方案在初步设计时不能满足控制概算的需要，主管部门应责成建设单位重新选定设计方案。

14. 提高工程设计水平。设计单位要贯彻正确的建设指导思想，突出抓好建筑节能、节地、节水、节材和环保，提高原创设计能力和科技创新能力，不断提高设计水平。建设单位应鼓励不同的设计单位联合设计，集体创作，取长补短。鼓励对大型公共建筑工程的初步设计进行优化设计，提高投资效益。

四、强化大型公共建筑节能管理，促进建筑节能工作全面展开

15. 新建大型公共建筑要严格执行工程建设节能强制性标准。贯彻落实《国务院关于加强节能工作的决定》，把能耗标准作为建设大型公共建筑项目核准和备案的强制性门槛，遏制高耗能建筑的建设。新建大型公共建筑必须严格执行《公共建筑节能设计标准》和有关的建筑节能强制性标准，建设单位要按照相应的建筑节能标准委托工程项目的规划设计，项目建成后应经建筑能效专项测评，凡达不到工程建设节能强制性标准的，有关部门不得办理竣工验收备案手续。

16. 加强对既有大型公共建筑和政府办公建筑的节能管理。建设主管部门要建立并逐步完善既有大型公共建筑运行节能监管体系，研究制定公共建筑用能设备运行标准及采暖、空调、热水供应、照明能耗统计制度。要对政府办公建筑和大型公共建筑进行能效测评，并将测评结果予以公示，接受社会监督，对其中能耗高的要逐步实施节能改造。要研究制定公共建筑能耗定额和超定额加价制度。各地应结合实际，研究制定大型公共建筑单位能耗限额。

五、推进建设实施方式改革，提高工程质量和投资效益

17. 不断改进大型公共建筑建设实施方式。各级发展改革主管部门、财政主管部门和建设主管部门要积极改革政府投资工程的建设管理模式。对非经营性政府投资项目加快推行“代建制”，即通过招标等方式，选择专业化的项目管理单位负责建设实施，严格控制项目投资、质量和工期，竣工验收后移交给使用单位。同时，对大型公共建筑，也要积极推行工程总承包、项目管理等模式。建立和完善政府投资项目的风险管理机制。制定鼓励设计单位限额设计、代建单位控制造价的激励政策。

六、加强监督检查，确保各项规定的落实

18. 加强对大型公共建筑质量和安全的管理。参与大型公共建筑建设的有关单位要严格执行施工图审查、质量监督、安全监督、竣工验收等管理制度，严格执行工程建设强制性标准，确保施工过程中的安全，确保整个使用期内的可靠与安全，确保室内环境质量，确保防御自然灾害和应对突发事件的能力。

19. 加强对大型公共建筑工程建设的监督检查。大型公共建筑项目建设期间，建设行政主管部门要会同其他有关部门定期对大型公共建筑工程建设情况进行检查，对存在的违反管理制度和工程建设强制性标准等问题，要追究责任，依法处理。政府投资的大型公共建筑项目建成使用后，发展改革、财政、建设、监察、审计部门要按各自职责，对项目的规划设计、成本控制、资金使用、功能效果、工程质量、建设程序等进行检查和评价，总结经验教训，并根据检查和评价发现的问题，对相关责任单位和责任人作出处理。

20. 加强对中小型公共建筑建设的管理。对于2万平方米以下的中小型公共建筑，特别是社区中心、卫生所、小型图书馆等，各地要参照本意见精神，切实加强对其管理，以保障公共利益和公共安全。

各地要根据本意见的精神，结合当地实际制定加强大型公共建筑工程建设管理的实施意见和具体办法，并加强监督检查，将本意见的各项要求落到实处，切实提高我国大型公共建筑工程建设管理水平。

中华人民共和国建设部
中华人民共和国国家发展和改革委员会
中华人民共和国财政局
中华人民共和国监察部
中华人民共和国审计署
二〇〇七年一月五日

2.9 国务院关于印发《节能减排综合性工作方案》的通知（国发［2007］15号）2007年5月23日

各省、自治区、直辖市人民政府，国务院各部委、各直属机构：

国务院同意发展改革委会同有关部门制定的《节能减排综合性工作方案》(以下简称《方案》)，现印发给你们，请结合本地区、本部门实际，认真贯彻执行。

一、充分认识节能减排工作的重要性和紧迫性

《中华人民共和国国民经济和社会发展第十一个五年规划纲要》提出了“十一五”期间单位国内生产总值能耗降低20%左右，主要污染物排放总量减少10%的约束性指标。这是贯彻落实科学发展观，构建社会主义和谐社会的重大举措；是建设资源节约型、环境友好型社会的必然选择；是推进经济结构调整，转变增长方式的必由之路；是提高人民生活质量，维护中华民族长远利益的必然要求。

当前，实现节能减排目标面临的形势十分严峻。去年以来，全国上下加强了节能减排工作，国务院发布了加强节能工作的决定，制定了促进节能减排的一系列政策措施，各地区、各部门相继做出了工作部署，节能减排工作取得了积极进展。但是，去年全国没有实现年初确定的节能降耗和污染减排的目标，加大了“十一五”后四年节能减排工作的难度。更为严峻的是，今年一季度，工业特别是高耗能、高污染行业增长过快，占全国工业能耗和二氧化硫排放近70%的电力、钢铁、有色、建材、石油加工、化工等六大行业增长20.6%，同比加快6.6个百分点。与此同时，各方面工作仍存在认识不到位、责任不明确、措施不配套、政策不完善、投入不落实、协调不得力等问题。这种状况如不及时扭转，不仅今年节能减排工作难以取得明显进展，“十一五”节能减排的总体目标也将难以实现。

我国经济快速增长，各项建设取得巨大成就，但也付出了巨大的资源和环境代价，经济发展与资源环境的矛盾日趋尖锐，群众对环境污染问题反应强烈。这种状况与经济结构不合理、增长方式粗放直接相关。不加快调整经济结构、转变增长方式，资源支撑不住，环境容纳不下，社会承受不起，经济发展难以为继。只有坚持节约发展、清洁发展、安全发展，才能实现经济又好又快发展。同时，温室气体排放引起全球气候变暖，备受国际社会广泛关注。进一步加强节能减排工作，也是应对全球气候变化的迫切需要，是我们应该承担的责任。

各地区、各部门要充分认识节能减排的重要性和紧迫性，真正把思想和行动统一到中央关于节能减排的决策和部署上来。要把节能减排任务完成情况作为检验科学发展观是否落实的重要标准，作为检验经济发展是否“好”的重要标准，正确处理经济增长速度与节能减排的关系，真正把节能减排作为硬任务，使经济增长建立在节约能源资源和保护环境的基础上。要采取果断措施，集中力量，迎难而上，扎扎实实地开展工作，力争通过今明两年的努力，实现节能减排任务完成进度与“十一五”规划实施进度保持同步，为实现“十一五”节能减排目标打下坚实基础。

二、狠抓节能减排责任落实和执法监管

发挥政府主导作用。各级人民政府要充分认识到节能减排约束性指标是强化政府责任的指标，实现这个目标是政府对人民的庄严承诺，必须通过合理配置公共资源，有效运用经济、法律和行政手段，确保实现。当务之急，是要建立健全节能减排工作责任制和问责制，一级抓一级，层层抓落实，形成强有力的工作格局。地方各级人民政府对本行政区域节能减排负总责，政府主要领导是第一责任人。要在科学测算的基础上，把节能减排各项工作目标和任务逐级分解到各市（地）、县和重点企业。要强化政策措施的执行力，加强对节能减排工作进展情况的考核和监督，国务院有关部门定期公布各地节能减排指标完成情况，进行统一考核。要把节能减排作为当前宏观调控重点，作为调整经济结构，转变增长方式的突破口和重要抓手，坚决遏制高耗能、高污染产业过快增长，坚决压缩城市形象工程和党政机关办公楼等楼堂馆所建设规模，切实保证节能减排、保障民生等工作所需资金投入。要把节能减排指标完成情况纳入各地经济社会发展综合评价体系，作为政府领导干部综合考核评价和企业负责人业绩考核的重要内容，实行“一票否决”制。要加大执法和处罚力度，公开严肃查处一批严重违反国家节能管理和环境保护法律法规的典型案件，依法追究有关人员和领导者的责任，起到警醒教育作用，形成强大声势。省级人民政府每年要向国务院报告节能减排目标责任的履行情况。国务院每年向全国人民代表大会报告节能减排的进展情况，在“十一五”期末报告五年两个指标的总体完成情况。地方各级人民政府每年也要向同级人民代表大会报告节能减排工作，自觉接受监督。

强化企业主体责任。企业必须严格遵守节能和环保法律法规及标准，落实目标责任，强化管理措施，自觉节能减排。对重点用能单位加强经常监督，凡与政府有关部门签订节能减排目标责任书的企业，必须确保完成目标；对没有完成节能减排任务的企业，强制实行能源审计和清洁生产审核。坚持“谁污染、谁治理”，对未按规定建设和运行污染减排设施的企业和单位，公开通报，限期整改，对恶意排污的行为实行重罚，追究领导和直接责任人员的责任，构成犯罪的依法移送司法机关。同时，要加强机关单位、公民等各类社会主体的责任，促使公民自觉履行节能和环保义务，形成以政府为主导、企业为主体、全社会共同推进的节能减排工作格局。

三、建立强有力的节能减排领导协调机制

为加强对节能减排工作的组织领导，国务院成立节能减排工作领导小组。领导小组的主要任务是，部署节能减排工作，协调解决工作中的重大问题。领导小组办公室设在发展改革委，负责承担领导小组的日常工作，其中有关污染减排方面的工作由环保总局负责。地方各级人民政府也要切实加强对本地区节能减排工作的组织领导。

国务院有关部门要切实履行职责，密切协调配合，尽快制定相关配套政策措施和落实意见。各省级人民政府要立即部署本地区推进节能减排的工作，明确相关部门的责任、分工和进度要求。各地区、各部门和中央企业要在2007年6月30日前，提出本地区、本部门和本企业贯彻落实的具体方案报领导小组办公室汇总后报国务院。领导小组办公室要会同有关部门加强对节能减排工作的指导协调和监督检查，重大情况及时向国务院报告。

国务院

二○○七年五月二十三日

附件：

节能减排综合性工作方案

一、进一步明确实现节能减排的目标任务和总体要求

（一）主要目标。到2010年，万元国内生产总值能耗由2005年的1.22吨标准煤下降到1吨标准煤以下，降低20%左右；单位工业增加值用水量降低30%。“十一五”期间，主要污染物排放总量减少10%，到2010年，二氧化硫排放量由2005年的2549万吨减少到2295万吨，化学需氧量（COD）由1414万吨减少到1273万吨；全国设市城市污水处理率不低于70%，工业固体废物综合利用率达到60%以上。

（二）总体要求。以邓小平理论和“三个代表”重要思想为指导，全面贯彻落实科学发展观，加快建设资源节约型、环境友好型社会，把节能减排作为调整经济结构、转变增长方式的突破口和重要抓手，作为宏观调控的重要目标，综合运用经济、法律和必要的行政手段，控制增量、调整存量，依靠科技、加大投入，健全法制、完善政策，落实责任、强化监管，加强宣传、提高意识，突出重点、强力推进，动员全社会力量，扎实做好节能降耗和污染减排工作，确保实现节能减排约束性指标，推动经济社会又好又快发展。

二、控制增量，调整和优化结构

（三）控制高耗能、高污染行业过快增长。严格控制新建高耗能、高污染项目。严把土地、信贷两个闸门，提高节能环保市场准入门槛。抓紧建立新开工项目管理的部门联动机制和项目审批问责制，严格执行项目开工建设“六项必要条件”（必须符合产业政策和市场准入标准、项目审批核准或备案程序、用地预审、环境影响评价审批、节能评估审查以及信贷、安全和城市规划等规定和要求）。实行新开工项目报告和公开制度。建立高耗能、高污染行业新上项目与地方节能减排指标完成进度挂钩、与淘汰落后产能相结合的机制。落实限制高耗能、高污染产品出口的各项政策。继续运用调整出口退税、加征出口关税、削减出口配额、将部分产品列入加工贸易禁止类目录等措施，控制高耗能、高污染产品出口。加大差别电价实施力度，提高高耗能、高污染产品差别电价标准。组织对高耗能、高污染行业节能减排工作专项检查，清理和纠正各地在电价、地价、税费等方面对高耗能、高污染行业的优惠政策。

（四）加快淘汰落后生产能力。加大淘汰电力、钢铁、建材、电解铝、铁合金、电石、焦炭、煤炭、平板玻璃等行业落后产能的力度。“十一五”期间实现节能1.18亿吨标准煤，减排二氧化硫240万吨；今年实现节能3150万吨标准煤，减排二氧化硫40万吨。加大造纸、酒精、味精、柠檬酸等行业落后生产能力淘汰力度，“十一五”期间实现减排化学需氧量（COD）138万吨，今年实现减排COD62万吨（详见附表）。制订淘汰落后产能分地区、分年度的具体工作方案，并认真组织实施。对不按期淘汰的企业，地方各级人民政府要依法予以关停，有关部门依法吊销生产许可证和排污许可证并予以公布，电力供应企业依法停止供电。对没有完成淘汰落后产能任务的地区，严格控制国家安排投资的项目，实行项目“区域限批”。国务院有关部门每年向社会公告淘汰落后产能的企业名单和各地执行情况。建立落后产能退出机制，有条件的地方要安排资金支持淘汰落后产能，中央财政通过增加转移支付，对经济欠发达地区给予适当补助和奖励。

（五）完善促进产业结构调整的政策措施。进一步落实促进产业结构调整暂行规定。修订《产业结构调整指导目录》，鼓励发展低能耗、低污染的先进生产能力。根据不同行业情况，适当提高建设项目在土地、环保、节能、技术、安全等方面的准入标准。尽快修订颁布《外商投资产业指导目录》，鼓励外商投资节能环保领域，严格限制高耗能、高污染外资项目，促进外商投资产业结构升级。调整《加工贸易禁止类商品目录》，提高加工贸易准入门槛，促进加工贸易转型升级。

（六）积极推进能源结构调整。大力发展可再生能源，抓紧制订出台可再生能源中长期规划，推进风能、太阳能、地热能、水电、沼气、生物质能利用以及可再生能源与建筑一体化的科研、开发和建设，加强资源调查评价。稳步发展替代能源，制订发展替代能源中长期规划，组织实施生物燃料乙醇及车用乙醇汽油发展专项规划，启动非粮生物燃料乙醇试点项目。实施生物化工、生物质能固体成型燃料等一批具有突破性带动作用的示范项目。抓紧开展生物柴油基础性研究和前期准备工作。推进煤炭直接和间接液化、煤基醇醚和烯烃代油大型台套示范工程和技术储备。大力推进煤炭洗选加工等清洁高效利用。

（七）促进服务业和高技术产业加快发展。落实《国务院关于加快发展服务业的若干意见》，抓紧制定实施配套政策措施，分解落实任务，完善组织协调机制。着力做强高技术产业，落实高技术产业发展“十一五”规划，完善促进高技术产业发展的政策措施。提高服务业和高技术产业在国民经济中的比重和水平。

三、加大投入，全面实施重点工程

（八）加快实施十大重点节能工程。着力抓好十大重点节能工程，“十一五”期间形成2.4亿吨标准煤的节能能力。今年形成5000万吨标准煤节能能力，重点是：实施钢铁、有色、石油石化、化工、建材等重点耗能行业余热余压利用、节约和替代石油、电机系统节能、能量系统优化，以及工业锅炉（窑炉）改造项目共745个；加快核准建设和改造采暖供热为主的热电联产和工业热电联产机组1630万千瓦；组织实施低能耗、绿色建筑示范项目30个，推动北方采暖区既有居住建筑供热计量及节能改造1.5亿平方米，开展大型公共建筑节能运行管理与改造示范，启动200个可再生能源在建筑中规模化应用示范推广项目；推广高效照明产品5000万支，中央国家机关率先更换节能灯。

（九）加快水污染治理工程建设。“十一五”期间新增城市污水日处理能力4500万吨、再生水日利用能力680万吨，形成COD削减能力300万吨；今年设市城市新增污水日处理能力1200万吨，再生水日利用能力100万吨，形成COD削减能力60万吨。加大工业废水治理力度，“十一五”形成COD削减能力140万吨。加快城市污水处理配套管网建设和改造。严格饮用水水源保护，加大污染防治力度。

（十）推动燃煤电厂二氧化硫治理。“十一五”期间投运脱硫机组3.55亿千瓦。其中，新建燃煤电厂同步投运脱硫机组1.88亿千瓦；现有燃煤电厂投运脱硫机组1.67亿千瓦，形成削减二氧化硫能力590万吨。今年现有燃煤电厂投运脱硫设施3500万千瓦，形成削减二氧化硫能力123万吨。

（十一）多渠道筹措节能减排资金。十大重点节能工程所需资金主要靠企业自筹、金融机构贷款和社会资金投入，各级人民政府安排必要的引导资金予以支持。城市污水处理设施和配套管网建设的责任主体是地方政府，在实行城市污水处理费最低收费标准的前提下，国家对重点建设项目给予必要的支持。按照“谁污染、谁治理，谁投资、谁受益”的原则，促使企业承担污染治理责任，各级人民政府对重点流域内的工业废水治理项目给予必要的支持。

四、创新模式，加快发展循环经济

（十二）深化循环经济试点。认真总结循环经济第一批试点经验，启动第二批试点，支持一批重点项目建设。深入推进浙江、青岛等地废旧家电回收处理试点。继续推进汽车零部件和机械设备再制造试点。推动重点矿山和矿业城市资源节约和循环利用。组织编制钢铁、有色、煤炭、电力、化工、建材、制糖等重点行业循环经济推进计划。加快制订循环经济评价指标体系。

（十三）实施水资源节约利用。加快实施重点行业节水改造及矿井水利用重点项目。“十一五”期间实现重点行业节水31亿立方米，新增海水淡化能力90万立方米/日，新增矿井水利用量26亿立方米；今年实现重点行业节水10亿立方米，新增海水淡化能力7万立方米/日，新增矿井水利用量5亿立方米。在城市强制推广使用节水器具。

（十四）推进资源综合利用。落实《“十一五”资源综合利用指导意见》，推进共伴生矿产资源综合开发利用和煤层气、煤矸石、大宗工业废弃物、秸秆等农业废弃物综合利用。“十一五”期间建设煤矸石综合利用电厂2000万千瓦，今年开工建设500万千瓦。推进再生资源回收体系建设试点。加强资源综合利用认定。推动新型墙体材料和利废建材产业化示范。修订发布新型墙体材料目录和专项基金管理办法。推进第二批城市禁止使用实心黏土砖，确保2008年底前256个城市完成“禁实”目标。

（十五）促进垃圾资源化利用。县级以上城市（含县城）要建立健全垃圾收集系统，全面推进城市生活垃圾分类体系建设，充分回收垃圾中的废旧资源，鼓励垃圾焚烧发电和供热、填埋气体发电，积极推进城乡垃圾无害化处理，实现垃圾减量化、资源化和无害化。

（十六）全面推进清洁生产。组织编制《工业清洁生产审核指南编制通则》，制订和发布重点行业清洁生产标准和评价指标体系。加大实施清洁生产审核力度。合理使用农药、肥料，减少农村面源污染。

五、依靠科技，加快技术开发和推广

（十七）加快节能减排技术研发。在国家重点基础研究发展计划、国家科技支撑计划和国家高技术发展计划等科技专项计划中，安排一批节能减排重大技术项目，攻克一批节能减排关键和共性技术。加快节能减排技术支撑平台建设，组建一批国家工程实验室和国家重点实验室。优化节能减排技术创新与转化的政策环境，加强资源环境高技术领域创新团队和研发基地建设，推动建立以企业为主体、产学研相结合的节能减排技术创新与成果转化体系。

（十八）加快节能减排技术产业化示范和推广。实施一批节能减排重点行业共性、关键技术及重大技术装备产业化示范项目和循环经济高技术产业化重大专项。落实节能、节水技术政策大纲，在钢铁、有色、煤炭、电力、石油石化、化工、建材、纺织、造纸、建筑等重点行业，推广一批潜力大、应用面广的重大节能减排技术。加强节电、节油农业机械和农产品加工设备及农业节水、节肥、节药技术推广。鼓励企业加大节能减排技术改造和技术创新投入，增强自主创新能力。

（十九）加快建立节能技术服务体系。制订出台《关于加快发展节能服务产业的指导意见》，促进节能服务产业发展。培育节能服务市场，加快推行合同能源管理，重点支持专业化节能服务公司为企业以及党政机关办公楼、公共设施和学校实施节能改造提供诊断、设计、融资、改造、运行管理一条龙服务。

（二十）推进环保产业健康发展。制订出台《加快环保产业发展的意见》，积极推进环境服务产业发展，研究提出推进污染治理市场化的政策措施，鼓励排污单位委托专业化公司承担污染治理或设施运营。

（二十一）加强国际交流合作。广泛开展节能减排国际科技合作，与有关国际组织和国家建立节能环保合作机制，积极引进国外先进节能环保技术和管理经验，不断拓宽节能环保国际合作的领域和范围。

六、强化责任，加强节能减排管理

（二十二）建立政府节能减排工作问责制。将节能减排指标完成情况纳入各地经济社会发展综合评价体系，作为政府领导干部综合考核评价和企业负责人业绩考核的重要内容，实行问责制和“一票否决”制。有关部门要抓紧制订具体的评价考核实施办法。

（二十三）建立和完善节能减排指标体系、监测体系和考核体系。对全部耗能单位和污染源进行调查摸底。建立健全涵盖全社会的能源生产、流通、消费、区域间流入流出及利用效率的统计指标体系和调查体系，实施全国和地区单位GDP能耗指标季度核算制度。建立并完善年耗能万吨标准煤以上企业能耗统计数据网上直报系统。加强能源统计巡查，对能源统计数据进行监测。制订并实施主要污染物排放统计和监测办法，改进统计方法，完善统计和监测制度。建立并完善污染物排放数据网上直报系统和减排措施调度制度，对国家监控重点污染源实施联网在线自动监控，构建污染物排放三级立体监测体系，向社会公告重点监控企业年度污染物排放数据。继续做好单位GDP能耗、主要污染物排放量和工业增加值用水量指标公报工作。

（二十四）建立健全项目节能评估审查和环境影响评价制度。加快建立项目节能评估和审查制度，组织编制《固定资产投资项目节能评估和审查指南》，加强对地方开展“能评”，工作的指导和监督。把总量指标作为环评审批的前置性条件。上收部分高耗能、高污染行业环评审批权限。对超过总量指标、重点项目未达到目标责任要求的地区，暂停环评审批新增污染物排放的建设项目。强化环评审批向上级备案制度和向社会公布制度。加强“三同时”管理，严把项目验收关。对建设项目未经验收擅自投运、久拖不验、超期试生产等违法行为，严格依法进行处罚。

（二十五）强化重点企业节能减排管理。“十一五”期间全国千家重点耗能企业实现节能1亿吨标准煤，今年实现节能2000万吨标准煤。加强对重点企业节能减排工作的检查和指导，进一步落实目标责任，完善节能减排计量和统计，组织开展节能减排设备检测，编制节能减排规划。重点耗能企业建立能源管理师制度。实行重点耗能企业能源审计和能源利用状况报告及公告制度，对未完成节能目标责任任务的企业，强制实行能源审计。今年要启动重点企业与国际国内同行业能耗先进水平对标活动，推动企业加大结构调整和技术改造力度，提高节能管理水平。中央企业全面推进创建资源节约型企业活动，推广典型经验和做法。

（二十六）加强节能环保发电调度和电力需求侧管理。制定并尽快实施有利于节能减排的发电调度办法，优先安排清洁、高效机组和资源综合利用发电，限制能耗高、污染重的低效机组发电。今年上半年启动试点，取得成效后向全国推广，力争节能2000万吨标准煤，“十一五”期间形成6000万吨标准煤的节能能力。研究推行发电权交易，逐年削减小火电机组发电上网小时数，实行按边际成本上网竞价。抓紧制定电力需求侧管理办法，规范有序用电，开展能效电厂试点，研究制定配套政策，建立长效机制。

（二十七）严格建筑节能管理。大力推广节能省地环保型建筑。强化新建建筑执行能耗限额标准全过程监督管理，实施建筑能效专项测评，对达不到标准的建筑，不得办理开工和竣工验收备案手续，不准销售使用；从2008年起，所有新建商品房销售时在买卖合同等文件中要载明耗能量、节能措施等信息。建立并完善大型公共建筑节能运行监管体系。深化供热体制改革，实行供热计量收费。今年着力抓好新建建筑施工阶段执行能耗限额标准的监管工作，北方地区地级以上城市完成采暖费补贴“暗补”变“明补”改革，在25个示范省市建立大型公共建筑能耗统计、能源审计、能效公示、能耗定额制度，实现节能1250万吨标准煤。

（二十八）强化交通运输节能减排管理。优先发展城市公共交通，加快城市快速公交和轨道交通建设。控制高耗油、高污染机动车发展，严格执行乘用车、轻型商用车燃料消耗量限值标准，建立汽车产品燃料消耗量申报和公示制度；严格实施国家第三阶段机动车污染物排放标准和船舶污染物排放标准，有条件的地方要适当提高排放标准，继续实行财政补贴政策，加快老旧汽车报废更新。公布实施新能源汽车生产准入管理规则，推进替代能源汽车产业化。运用先进科技手段提高运输组织管理水平，促进各种运输方式的协调和有效衔接。

（二十九）加大实施能效标识和节能节水产品认证管理力度。加快实施强制性能效标识制度，扩大能效标识应用范围，今年发布《实行能效标识产品目录（第三批）》。加强对能效标识的监督管理，强化社会监督、举报和投诉处理机制，开展专项市场监督检查和抽查，严厉查处违法违规行为。推动节能、节水和环境标志产品认证，规范认证行为，扩展认证范围，在家用电器、照明等产品领域建立有效的国际协调互认制度。

（三十）加强节能环保管理能力建设。建立健全节能监管监察体制，整合现有资源，加快建立地方各级节能监察中心，抓紧组建国家节能中心。建立健全国家监察、地方监管、单位负责的污染减排监管体制。积极研究完善环保管理体制机制问题。加快各级环境监测和监察机构标准化、信息化体系建设。扩大国家重点监控污染企业实行环境监督员制度试点。加强节能监察、节能技术服务中心及环境监测站、环保监察机构、城市排水监测站的条件建设，适时更新监测设备和仪器，开展人员培训。加强节能减排统计能力建设，充实统计力量，适当加大投入。充分发挥行业协会、学会在节能减排工作中的作用。

七、健全法制，加大监督检查执法力度

（三十一）健全法律法规。加快完善节能减排法律法规体系，提高处罚标准，切实解决“违法成本低、守法成本高”的问题。积极推动节约能源法、循环经济法、水污染防治法、大气污染防治法等法律的制定及修订工作。加快民用建筑节能、废旧家用电器回收处理管理、固定资产投资项目节能评估和审查管理、环保设施运营监督管理、排污许可、畜禽养殖污染防治、城市排水和污水管理、电网调度管理等方面行政法规的制定及修订工作。抓紧完成节能监察管理、重点用能单位节能管理、节约用电管理、二氧化硫排污交易管理等方面行政规章的制定及修订工作。积极开展节约用水、废旧轮胎回收利用、包装物回收利用和汽车零部件再制造等方面立法准备工作。

（三十二）完善节能和环保标准。研究制订高耗能产品能耗限额强制性国家标准，各地区抓紧研究制订本地区主要耗能产品和大型公共建筑能耗限额标准。今年要组织制订粗钢、水泥、烧碱、火电、铝等22项高耗能产品能耗限额强制性国家标准（包括高耗电产品电耗限额标准）以及轻型商用车等5项交通工具燃料消耗量限值标准，制（修）订36项节水、节材、废弃产品回收与再利用等标准。组织制（修）订电力变压器、静电复印机、变频空调、商用冰柜、家用电冰箱等终端用能产品（设备）能效标准。制订重点耗能企业节能标准体系编制通则，指导和规范企业节能工作。

（三十三）加强烟气脱硫设施运行监管。燃煤电厂必须安装在线自动监控装置，建立脱硫设施运行台账，加强设施日常运行监管。2007年底前，所有燃煤脱硫机组要与省级电网公司完成在线自动监控系统联网。对未按规定和要求运行脱硫设施的电厂要扣减脱硫电价，加大执法监管和处罚力度，并向社会公布。完善烟气脱硫技术规范，开展烟气脱硫工程后评估。组织开展烟气脱硫特许经营试点。

（三十四）强化城市污水处理厂和垃圾处理设施运行管理和监督。实行城市污水处理厂运行评估制度，将评估结果作为核拨污水处理费的重要依据。对列入国家重点环境监控的城市污水处理厂的运行情况及污染物排放信息实行向环保、建设和水行政主管部门季报制度，限期安装在线自动监控系统，并与环保和建设部门联网。对未按规定和要求运行污水处理厂和垃圾处理设施的城市公开通报，限期整改。对城市污水处理设施建设严重滞后、不落实收费政策、污水处理厂建成后一年内实际处理水量达不到设计能力60%的，以及已建成污水处理设施但无故不运行的地区，暂缓审批该地区项目环评，暂缓下达有关项目的国家建设资金。

（三十五）严格节能减排执法监督检查。国务院有关部门和地方人民政府每年都要组织开展节能减排专项检查和监察行动，严肃查处各类违法违规行为。加强对重点耗能企业和污染源的日常监督检查，对违反节能环保法律法规的单位公开曝光，依法查处，对重点案件挂牌督办。强化上市公司节能环保核查工作。开设节能环保违法行为和事件举报电话和网站，充分发挥社会公众监督作用。建立节能环保执法责任追究制度，对行政不作为、执法不力、徇私枉法、权钱交易等行为，依法追究有关主管部门和执法机构负责人的责任。

八、完善政策，形成激励和约束机制

（三十六）积极稳妥推进资源性产品价格改革。理顺煤炭价格成本构成机制。推进成品油、天然气价格改革。完善电力峰谷分时电价办法，降低小火电价格，实施有利于烟气脱硫的电价政策。鼓励可再生能源发电以及利用余热余压、煤矸石和城市垃圾发电，实行相应的电价政策。合理调整各类用水价格，加快推行阶梯式水价、超计划超定额用水加价制度，对国家产业政策明确的限制类、淘汰类高耗水企业实施惩罚性水价，制定支持再生水、海水淡化水、微咸水、矿井水、雨水开发利用的价格政策，加大水资源费征收力度。按照补偿治理成本原则，提高排污单位排污费征收标准，将二氧化硫排污费由目前的每公斤0.63元分三年提高到每公斤1.26元；各地根据实际情况提高COD排污费标准，国务院有关部门批准后实施。加强排污费征收管理，杜绝“协议收费”和“定额收费”。全面开征城市污水处理费并提高收费标准，吨水平均收费标准原则上不低于0.8元。提高垃圾处理收费标准，改进征收方式。

（三十七）完善促进节能减排的财政政策。各级人民政府在财政预算中安排一定资金，采用补助、奖励等方式，支持节能减排重点工程、高效节能产品和节能新机制推广、节能管理能力建设及污染减排监管体系建设等。进一步加大财政基本建设投资向节能环保项目的倾斜力度。健全矿产资源有偿使用制度，改进和完善资源开发生态补偿机制。开展跨流域生态补偿试点工作。继续加强和改进新型墙体材料专项基金和散装水泥专项资金征收管理。研究建立高能耗农业机械和渔船更新报废经济补偿制度。

（三十八）制定和完善鼓励节能减排的税收政策。抓紧制定节能、节水、资源综合利用和环保产品（设备、技术）目录及相应税收优惠政策。实行节能环保项目减免企业所得税及节能环保专用设备投资抵免企业所得税政策。对节能减排设备投资给予增值税进项税抵扣。完善对废旧物资、资源综合利用产品增值税优惠政策；对企业综合利用资源，生产符合国家产业政策规定的产品取得的收入，在计征企业所得税时实行减计收入的政策。实施鼓励节能环保型车船、节能省地环保型建筑和既有建筑节能改造的税收优惠政策。抓紧出台资源税改革方案，改进计征方式，提高税负水平。适时出台燃油税。研究开征环境税。研究促进新能源发展的税收政策。实行鼓励先进节能环保技术设备进口的税收优惠政策。

（三十九）加强节能环保领域金融服务。鼓励和引导金融机构加大对循环经济、环境保护及节能减排技术改造项目的信贷支持，优先为符合条件的节能减排项目、循环经济项目提供直接融资服务。研究建立环境污染责任保险制度。在国际金融组织和外国政府优惠贷款安排中进一步突出对节能减排项目的支持。环保部门与金融部门建立环境信息通报制度，将企业环境违法信息纳入人民银行企业征信系统。

九、加强宣传，提高全民节约意识

（四十）将节能减排宣传纳入重大主题宣传活动。每年制订节能减排宣传方案，主要新闻媒体在重要版面、重要时段进行系列报道，刊播节能减排公益性广告，广泛宣传节能减排的重要性、紧迫性以及国家采取的政策措施，宣传节能减排取得的阶段性成效，大力弘扬“节约光荣，浪费可耻”的社会风尚，提高全社会的节约环保意识。加强对外宣传，让国际社会了解中国在节能降耗、污染减排和应对全球气候变化等方面采取的重大举措及取得的成效，营造良好的国际舆论氛围。

（四十一）广泛深入持久开展节能减排宣传。组织好每年一度的全国节能宣传周、全国城市节水宣传周及世界环境日、地球日、水日宣传活动。组织企事业单位、机关、学校、社区等开展经常性的节能环保宣传，广泛开展节能环保科普宣传活动，把节约资源和保护环境观念渗透在各级各类学校的教育教学中，从小培养儿童的节约和环保意识。选择若干节能先进企业、机关、商厦、社区等，作为节能宣传教育基地，面向全社会开放。

（四十二）表彰奖励一批节能减排先进单位和个人。各级人民政府对在节能降耗和污染减排工作中作出突出贡献的单位和个人予以表彰和奖励。组织媒体宣传节能先进典型，揭露和曝光浪费能源资源、严重污染环境的反面典型。

十、政府带头，发挥节能表率作用

（四十三）政府机构率先垂范。建设崇尚节约、厉行节约、合理消费的机关文化。建立科学的政府机构节能目标责任和评价考核制度，制订并实施政府机构能耗定额标准，积极推进能源计量和监测，实施能耗公布制度，实行节奖超罚。教育、科学、文化、卫生、体育等系统，制订和实施适应本系统特点的节约能源资源工作方案。

（四十四）抓好政府机构办公设施和设备节能。各级政府机构分期分批完成政府办公楼空调系统低成本改造；开展办公区和住宅区供热节能技术改造和供热计量改造；全面开展食堂燃气灶具改造，“十一五”时期实现食堂节气20%；凡新建或改造的办公建筑必须采用节能材料及围护结构；及时淘汰高耗能设备，合理配置并高效利用办公设施、设备。在中央国家机关开展政府机构办公区和住宅区节能改造示范项目。推动公务车节油，推广实行一车一卡定点加油制度。

（四十五）加强政府机构节能和绿色采购。认真落实《节能产品政府采购实施意见》和《环境标志产品政府采购实施意见》，进一步完善政府采购节能和环境标志产品清单制度，不断扩大节能和环境标志产品政府采购范围。对空调机、计算机、打印机、显示器、复印机等办公设备和照明产品、用水器具，由同等优先采购改为强制采购高效节能、节水、环境标志产品。建立节能和环境标志产品政府采购评审体系和监督制度，保证节能和绿色采购工作落到实处。

附表：

"十一五"时期淘汰落后生产能力一览表

行　业	内　　容	单　位	"十一五"期间	2007年
电力	实施"上大压小"关停小火电机组	万千瓦	5000	1000
炼铁	300立方米以下高炉	万吨	10000	3000
炼钢	年产20万吨及以下的小转炉、小电炉	万吨	5500	3500
电解铝	小型预焙槽	万吨	65	10
铁合金	6300千伏安以下矿热炉	万吨	400	120
电石	6300千伏安以下炉型电石产能	万吨	200	50
焦炭	炭化室温度4.3米以下的小机焦	万吨	8000	1000
水泥	等量替代机立窑水泥熟料	万吨	25000	5000
玻璃	落后平板玻璃	万重量箱	3000	600
造纸	年产3.4万吨以下草浆生产装置、年产1.7万吨以下化学制浆生产线、排放不达标的年产1万吨以下以废纸为原料的纸厂	万吨	650	230
酒精	落后酒精生产工艺及年产3万吨以下企业（废糖蜜制酒精除外）	万吨	160	40
味精	年产3万吨以下味精生产企业	万吨	20	5
柠檬酸	环保不达标柠檬酸生产企业	万吨	8	2

2.10 《国务院办公厅关于严格执行公共建筑空调温度控制标准的通知》(国办发［2007］42号) 2007年6月1日

各省、自治区、直辖市人民政府，国务院各部委、各直属机构：

随着我国经济社会的快速发展，空调已比较普遍地应用于公共建筑和居民住宅，在改善人们生产生活条件的同时，也消耗了大量电能。为深入贯彻科学发展观，进一步落实《国务院关于加强节能工作的决定》(国发［2006］28号）精神，促进科学使用空调，节约能源资源，减少温室气体排放，有效保护环境，经国务院同意，现就严格执行公共建筑空调温度控制标准有关问题通知如下：

一、充分认识合理控制空调温度的重要意义

多年以来，我国公共建筑的空调管理比较粗放，空调温度设置不尽合理，导致能效不高，造成能源资源浪费，增加了环境压力，与建设资源节约型、环境友好型社会的目标不相适应。实践表明，合理设置空调温度，科学管理空调的运行，既能提供比较健康、舒适的室内环境，满足正常的工作、生活和学习需要，又能节约能源，保护生态环境，是一件利国利民的好事。加强空调使用环节的节能环保工作，已日渐成为世界各国的普遍共识和通行做法。我国人口多、底子薄，节约能源资源、保护生态环境的任务十分艰巨，目前节能减排的形势十分严峻。今年夏季用电高峰即将来临，各地区、各有关部门一定要提高认识，提前谋划，加强组织领导，采取有效措施，切实做好空调节能工作。

二、严格执行空调温度控制标准

所有公共建筑内的单位，包括国家机关、社会团体、企事业组织和个体工商户，除医院等特殊单位以及在生产工艺上对温度有特定要求并经批准的用户之外，夏季室内空调温度设置不得低于26摄氏度，冬季室内空调温度设置不得高于20摄氏度。一般情况下，空调运行期间禁止开窗。各地可在确保符合上述要求的前提下，根据当地气候条件等实际情况，进一步制订具体的控制标准。各级国家机关要带头厉行节约，严格执行空调温度控制标准，发挥表率作用。

三、切实落实空调节能管理措施

严格执行空调能效标识制度，严禁不合格的高耗能空调进入市场。加强对空调的节能诊断，实施合同能源管理，及时分析能耗状况，根据节能需要和用户承受能力，采取加装变频器等方式，积极实施空调节能改造。要改进空调的运行管理，加强保养维护，定期清洗，充分利用室外新风，提高空调能效水平。要进一步完善并严格执行政府采购节能环保产品制度，对空调等高耗能产品，实行政府强制采购节能环保产品制度。有关部门要抓紧出台具体办法。

四、加强督促检查

严格实施公共建筑空调温度控制标准是完成节能减排任务的一项重要措施，要纳入节能减排工作目标责任体系，建立和完善工作机制，加强督促检查，确保相关规定和措施不折不扣地得到贯彻落实。各级节能主管部门要会同有关部门加强协调指导，合理调配人力物力，把机关办公楼、宾馆、写字楼、商场、超市等空调使用大户作为重点，做好温度控制的监督检查工作，公开处理违反国家节能管理和环保法律法规的典型案件。要注意依法行政、文明执法，依法纠正和查处违反空调温度控制标准的行为。要充分发挥社会监督特别是舆论监督的作用，充分调动广大人民群众的积极性，形成全社会齐抓共管的氛围。

五、大力倡导家庭合理控制空调温度

节约能源、保护环境是每个公民的义务。要采取多种形式，深入宣传合理控制空调温度的科学道理，增强全社会的资源忧患意识、节约意识和责任意识，培育科学使用空调、节约用电的良好风尚，倡导广大家庭合理控制空调温度，使之成为每一位公民的自觉行动。

国务院办公厅

二〇〇七年六月一日

2.11 建设部关于落实《国务院关于印发节能减排综合性工作方案的通知》的实施方案（建科［2007］159号）2007年6月26日

各省、自治区建设厅，直辖市建委及有关部门，计划单列市建委，新疆生产建设兵团建设局，部机关各单位：

《国务院关于印发节能减排综合性工作方案的通知》(国发［2007］15号）明确提出了“十一五”节能减排工作目标、总体要求和九方面的工作任务，是指导当前和今后一段时期开展节能减排工作的指导性文件，我部对方案中要求建设领域节能减排工作进行了认真研究，提出了《建设部关于落实〈国务院关于印发节能减排综合性工作方案的通知〉的实施方案》，现印发给你们，请结合本地区实际，认真抓好落实。

各级建设主管部门要充分认识建设领域节能减排工作的重要性和紧迫性，要以高度的政治责任感和使命感，统一思想，创新机制，明确责任，采取切实措施，与相关部门密切配合，扎扎实实地开展工作，确保完成节能减排工作任务，实现节能减排规划目标。

各级建设主管部门要把节能减排各项工作目标和任务逐级分解并落实，要成立主要负责人任组长的节能减排工作领导小组，强化政策措施的执行，加强对工作进展情况的考核和监督。各省级建设主管部门要根据本实施方案，制定本地区贯彻落实的具体方案，并于2007年7月31日前报建设部，同时各省级建设主管部门每年要向建设部报告本地区节能减排工作进展情况。建设部每年对节能减排工作目标责任履行情况进行专项考核，并公布考核结果。

中华人民共和国建设部

二〇〇七年六月二十六日

附件：

建设部关于落实《国务院关于印发节能减排综合性工作方案的通知》的实施方案

目前，建筑能耗约占全社会总能耗的三分之一左右，随着工业化和城镇化的快速发展，这个比例还在不断上升。全国设市城市中约有42%没有污水处理能力，有近50%的城市尚未建立垃圾处理设施，污水直接排入自然水体，生活垃圾简单填埋，造成污染问题。做好建设领域节能降耗和污染减排工作，已经成为国家战略的重要组成部分，对于实现“十一五”节能降耗和污染减排的规划目标具有重要作用。根据《国务院关于印发节能减排综合性工作方案的通知》确定的工作目标和任务，特制定建设领域贯彻《节能减排综合性工作方案》的实施方案。

一、工作目标和总体要求

（一）节能目标。到“十一五”期末，建筑节能实现节约1亿吨标准煤的目标。其中：加强新建建筑节能工作，实现节能6150万吨标准煤；深化供热体制改革，对北方采暖地区既有建筑实施热计量及节能改造，实现节能1600万吨标准煤；加强国家机关办公建筑和大型公共建筑节能运行管理与改造，实现节能1100万吨标准煤。发展太阳能、浅层地能、生物质能等可再生能源应用在建筑中应用，实现替代常规能源1100万吨标准煤。优先发展城市公共交通，调整出行结构，提高交通效率，实现节约4亿升燃油的目标。

（二）减排目标。到“十一五”期末，全国设市城市和县城所在的建制镇均应规划建设城市污水集中处理设施；全国设市城市的污水处理率不低于70%，新增城市污水处理能力4500万吨。缺水城市再生水利用率达到20%以上，新增城市中水回用量35亿立方米。城市生活垃圾无害化处理率不低于60%。

（三）总体要求。以邓小平理论和“三个代表”重要思想为指导，全面落实科学发展观，认真贯彻落实中央关于节能减排工作的要求，紧紧围绕实现城乡建设方式的根本转变，以节能、节地、节水、节材和环境保护为重点，科学编制城乡规划，深化市政公用事业改革，推进建筑节能，落实公交优先战略，创新污水处理工作机制，提高生活垃圾无害化处理水平。以健全法规制度为基础，以经济激励政策为引导，以科技进步为支撑，以落实技术标准为保证，以加强考核评价为手段，扎实做好建设领域节能降耗和污染减排工作，确保完成节能减排约束性指标，推动城镇发展模式转变，实现城乡可持续发展。

二、主要工作措施

（一）控制增量，调整和优化结构

1. 控制高耗能、高污染行业过快增长。一是指导各地在城市规划编制中体现符合当地可持续发展要求的资源指标、环境指标，并作为强制性内容。二是各级建设主管部门要主动配合有关部门建立新开工项目管理的部门联动机制，严格执行项目开工建设“六项必要条件”，把好新上项目准入关。对不符合节能减排有关法律法规和政策规定的工程建设项目，不予发放规划许可证和通过施工图审查，不得开工建设，并建立行政审批责任制和问责制，按照“谁审批、谁监督、谁负责”的原则，对不按规定发放施工许可证的，依法追究有关人员责任。三是继续贯彻落实《国务院办公厅转发建设部等部门关于调整住房结构稳定住房价格意见的通知》（国办发［2006］37号），组织开展2006～2007年度新建住房结构比例考核工作，督促和指导地方切实调整住房供应结构，增加中小套型普通商品住房的供应比重。

2. 积极推进能源结构调整。一是继续加强2006年启动的25个可再生能源建筑应用示范项目的管理工作，示范项目所在省市建筑主管部门要认真履职，确保示范项目顺利实施，实现预期节能环保效益。二是各地建设主管部门要会同同级财政部门按照财政部、建设部下发的《关于调查核实与组织申报可再生能源建筑应用示范项目的通知》，认真组织第二批项目申报工作，今年启动200个示范推广项目。要认真研究落实可再生能源建筑应用相关配套经济政策。三是在示范基础上，形成可再生能源建筑规模化、一体化、成套化应用的技术体系和相关技术标准、配套的政策法规，带动产业发展，调整建筑用能结构，减缓建筑用能的持续增长。

（二）全面实施十大重点节能工程中的建筑节能工程

1. 进一步提高新建建筑节能水平。一是总结北京、天津等地执行节能65%标准经验，推动上海、重庆及有条件地区率先执行新建建筑65%的节能标准，进一步提高节能水平。今年上海、重庆建设主管部门要加强前期准备工作，2008年在全市范围内全面实施节能65%标准。二是开展更低能耗建筑示范和推广绿色建筑工作，今年启动30个示范项目，请各地组织相关企业积极申报，并做好项目的管理、宣传工作。

2. 深化供热体制改革。一是今年督促北方采暖地区地级以上城市完成采暖费补贴“暗补”变“明补”改革，并同步建立个人热费账户。二是完善供热价格形成机制，督促各地贯彻国家发改委、建设部印发的《城市供热价格管理暂行办法》，实行按用热量计量收费制度。北方地区各省市建设主管部门应配合同级发改、财政等部门，研究制定按用热量计量收费的实施办法。

3. 推动北方采暖地区1.5亿平方米既有居住建筑供热计量及节能改造。一是今年启动北方采暖地区既有居住建筑供热计量、温度调控改造及节能改造1.5亿平方米。根据各省（自治区、直辖市）经济发展水平、建筑总量、技术支撑能力等因素，我部对改造任务进行了分解，其中：北京2500万平方米、天津1300万平方米、辽宁2400万平方米、山东1900万平方米、黑龙江1500万平方米、吉林1100万平方米、河北1300万平方米、河南360万平方米、山西460万平方米、陕西200万平方米、甘肃350万平方米、内蒙古600万平方米、新疆（含兵团）800万平方米、宁夏200万平方米、青海30万平方米。各省级建设主管部门结合本地区市（区）的建筑情况、供热采暖情况及经济发展水平，务必在今年7月31日之前将改造目标进一步分解到各城市（区），并将分解结果报建设部。二是我部将会同财政部研究制定利用中央财政资金支持北方采暖地区既有居住建筑供热计量和节能改造工作，下发《关于推进北方采暖地区既有居住建筑供热计量及节能改造工作的实施意见》、《北方采暖地区既有居住建筑供热计量及节能改造实施指南》、《北方采暖地区既有居住建筑供热计量及节能改造专项资金管理暂行办法》、《北方采暖地区既有居住建筑供热计量及节能改造示范城市申报指南》等。各地建设主管部门应对本地区居住建筑进行建筑状况调查、能耗统计、确定重点改造区域和项目、制定改造规划和实施计划，并力求与旧城改造、建筑修缮和城市及区域性热源改造结合开展，并积极配合同级财政、发改等部门，研究适合本地实际的经济和技术政策，做好组织协调工作，确保改造目标的实现。三是配合国家发改委开展城市绿色照明工程，推广高效照明产品5000万只。

4. 建立大型公共建筑节能监管体系。一是今年将在北京市、上海市、天津市、重庆市、河北省、辽宁省、山东省、陕西省、河南省、湖北省、四川省、江苏省、福建省、广东省、海南省、石家庄市、沈阳市、济南市、西安市、郑州市、武汉市、长沙市、成都市、南京市、福州市、深圳市、厦门市、唐山市、三亚市、绵阳市、鹤壁市、常州市等32个示范省市开展国家机关办公建筑和大型公共建筑的能耗统计、能源审计工作，公示一批国家机关办公建筑和大型公共建筑基本能耗情况，在此基础上，研究制定用能标准、能耗定额和超定额加价、节能服务等制度，明后两年逐步在全国范围内推开，其中省（自治区、直辖市）、省会城市、计划单列市明年全部实行，地级城市2009年全部实行。二是我部将会同财政部制定《关于加强国家机关办公建筑和大型公共建筑节能管理的实施意见》、《国家机关办公建筑和大型公共建筑节能管理实施方案》、《国家机关办公建筑和大型公共建筑节能管理专项资金管理办法》、《国家机关办公建筑和大型公共建筑节能管理示范城市申报指南》等，各示范城市要认真做好大型公共建筑节能监管体系建设的实施方案，报我部与财政部同意后组织实施。三是会同教育部开展“节约型校园”建设工作，制定《关于开展“节约型校园”建设的指导意见》。

（三）实施水资源节约项目，加快水污染治理工程建设

1. 实施水资源节约项目。一是贯彻落实《节水型社会建设“十一五”规划》。到2010年基本完成对运行超过50年以及老城区严重漏损的供水管网的改造，全国设市城市供水管网平均漏损率不超过15%。二是在城镇全面推广生活节水器具。三是力争北方缺

水城市再生水利用率达到污水处理量的20%，南方沿海缺水城市达到5%~10%。

2. 加快水污染治理工程建设。一是会同有关部门尽快编制完成全国“十一五”城镇污水处理及再生利用设施建设规划、重点流域水污染防治规划等，并按职责分工抓好相关工作的落实。二是进一步完善城镇污水处理厂污泥处理、处置的相关标准，研究制定《城市污水处理厂污泥处理处置技术政策》，强化污泥处置的管理，防止二次污染。加强城市污水处理再生利用技术政策、标准规范的贯彻实施，推进污水的再生利用，加强城镇水环境综合整治，逐步建立良好的水循环体系。三是研究制定《农村污水处理设施设计指南》、《农村污水处理设施建设与运行经济政策》，开展农村污水处理试点项目，建立农村污水处理技术研究中心。

（四）创新机制，加快发展循环经济

1. 推进资源综合利用。一是进一步提高新型墙体材料和节能、利废建材生产及应用比例，推动新型墙体材料和节能、利废建材产业化示范，配合国家发改委启动新型墙体材料及节能建材产业化生产基地建设。各地建设主管部门应结合本地的实际和国家禁止使用实心黏土砖工作的贯彻实施，积极开发和推广适合本地应用的新型墙体材料。二是配合有关部门修订发布新型墙体材料目录和专项基金管理办法。各地负责墙体材料革新工作的建设主管部门应加强对墙改基金的征收和管理，充分发挥墙改基金的引导和调控作用，推动建筑节能。三是我部将会同国家发改委、国土资源部、农业部推进第二批城市禁止使用实心黏土砖，确保2008年底前256个城市完成“禁实”目标。

2. 促进垃圾资源化利用。一是指导县级以上城市建立健全垃圾收集系统，逐步配套实施分类运输和分类处理。全面推进城市生活垃圾分类体系建设，重点宣传《城市生活垃圾管理办法》、《城市生活垃圾分类标志》等国家政策和技术标准，充分回收垃圾中废旧资源，实现垃圾减量化。二是鼓励城市生活垃圾焚烧发电和供热；2008年前，在全国372个垃圾填埋场，选择一批开展建设生活垃圾填埋气体发电利用项目，实现垃圾资源化。三是积极推进城市生活垃圾无害化处理设施建设，防止垃圾渗滤液污染地表水和地下水，新建城市垃圾无害化处理场要统筹考虑周边乡村的生活垃圾处理，实现垃圾无害化，对于未达到无害化标准的生活垃圾填埋场，要求在2008年底前全部整改达标。

（五）依靠科技，加快技术开发和推广

1. 加快节能减排技术研发。一是启动和实施“中国特色城镇化规律和模式”、“建筑节能关键技术研究与示范”以及“城镇水系统健康循环理论与关键技术”等15个“十一五”科技发展优先主题。二是组织实施国家“十一五”科技支撑计划“城镇化与城市发展领域”中“建筑节能关键技术研究与示范”、“城镇人居环境改善与保障关键技术研究”、“村镇小康住宅关键技术研究与示范”等多个项目。三是启动国家“十一五”科技支撑计划、“水体污染控制与治理”重大专项、“生活垃圾综合处理与资源化利用技术研究示范”、“城市污水处理厂的节能降耗技术”、“城市综合节水技术开发与示范”等重点项目、“村镇小康住宅关键技术研究与示范”、“城镇化与村镇建设动态监控关键技术”、“新型乡村经济建筑材料研究与开发”、“农村新能源开发与节能关键技术研究”等重大项目的研究工作。四是积极争取“不同气候区节约型建筑综合技术集成与示范”项目的立项工作。

2. 加快建立节能技术服务体系。立足建筑节能目前发展阶段和现有资源，以国家机关办公建筑和大型公共建筑的节能运行管理与改造、建设节约型校园和宾馆饭店为突破口，拉动需求、激活市场、培育市场主体服务能力。加快推行合同能源管理，规范能源服务行为，利用国家资金重点支持专业化节能服务公司为用户提供节能诊断、设计、融资、改造、运行管理一条龙服务，为国家机关办公楼、大型公共建筑、公共设施和学校实施节能改造。

3. 加强国际交流合作。一是广泛开展节能减排国际科技合作，积极引进国外先进节能环保技术和管理经验，更有效地组织实施好世行“中国供热改革与建筑节能”、中荷“中国西部小城镇环境基础设施经济适用技术及示范”、中德“中国既有建筑改造”、UNDP中国终端能效项目等国际合作项目。二是积极筹备第四届国际智能、绿色建筑与建筑节能大会暨新技术与产品博览会。三是召开2007年第六届亚太地区基础设施发展部长级论坛暨第二届中国城镇水务发展战略国际研讨会和水处理新技术与设备博览会。四是继续积极研究、多渠道筹集争取配套资金，鼓励有关单位参与国际合作项目的策划和申请，扩大合作对象，拓展合作领域。在CDM机制合作等方面，提出相应的工作思路，开展相应的工作。

（六）强化责任，加强节能减排管理

1. 建立和完善节能减排指标体系、监测体系。一是完善城乡建设统计报表制度。强化城镇节约用水、污水处理、垃圾处理和公共交通指标，探索新的数据调查方式。二是制定并实施《民用建筑能耗统计报表制度》、《民用建筑能耗数据采集标准》、《“十一五”主要污染物减排统计和监测办法》等，改进统计办法，完善统计和监测制度。

2. 严格建筑节能管理。一是强化新建建筑执行节能强制性标准的监督管理，把好施工图审查、施工许可、工程质量监管及竣工验收等环节标准执行关，对达不到标准的建筑，不得办理开工和竣工验收备案手续，不得销售使用，建立行政审批责任制和问责制，按照“谁审批、谁监督、谁负责”的原则，对不按规定办理开工和竣工验收备案手续的，依法追究有关人员责任。二是贯彻落实《建筑节能工程施工质量验收规范》，着力抓好新建建筑施工阶段执行标准的监管力度。三是在《城市房地产开发经营管理条例》的修订中，规定新建商品房销售时在买卖合同、质量保证书、使用说明书等文件中载明耗能量、节能措施等信息。大型公共建筑建成后，必须进行建筑能效专项测评，达不到节能标准的不得组织竣工验收备案。

3. 强化交通运输节能减排管理。一是大力发展城市公共交通，加快城市快速公交和轨道交通建设。制定《城市综合交通体系规划编制管理办法》，引导城市公共交通发展政策和措施符合国家优先发展公共交通的战略部署。在相关城市规划与实施公共交通、城市轨道交通网络优化和资源共享优化。二是指导各地科学设置公交优先车道（路）和优先通行信号系统，争取用2年左右时间，使多数大城市建立完善的城市公共交通优先车道（路）网络，建成一批公共交通优先通行信号系统。三是推进快速公共汽车系统和智能交通系统建设，会同有关部门制定《关于促进大城市轨道交通健康发展的意见》，抓好示范工程。

4. 加大实施能效标识和节能节水产品认证管理力度。一是加快实施强制性能效标识制度，制定《民用建筑能效测评与标识管理办法》、《民用建筑能效测评机构管理办法》、《民用建筑能效测评标识技术导则》等，规范和引导能效测评标识行为。认真实施绿色建筑评估认证制度。二是推动节水和环保产品认证，在城市强制推广使用节水器具，到2010年，新建住宅和公共建筑全面普及节水器具，现有住宅节水器具普及率达到70%。

5. 加强节能减排管理能力建设。一是组织开展城市供排水水质监测站计量认证评审工作，编制国家计量认证城市供排水管理办法。指导并督促地方加强城市排水监测机构的能力建设，开展人员培训。二是加强节能减排统计能力建设，充实统计力量，适当加大投入。三是充分发挥行业协会、学会在节能标准制定和实施、新技术（产品）推广、信息咨询、宣传培训等方面的作用。

（七）健全法制，加大监督检查执法力度

1. 健全法律法规。积极配合节约能源法、循环经济法等法律的制定及修订工作；积极做好民用建筑节能、城市排水和污水管理等方面行政法规的制定及修订工作；积极研究开展节约用水等方面的立法准备工作。

2. 完善节能和环保标准。一是指导各地区抓紧研究制定本地区大型公共建筑能耗限额标准。二是完善建筑节能标准体系，修订《夏热冬暖地区居住建筑节能设计标准》。制定热分配表、小流量热计量表等产品标准。三是编制完成《建筑节能施工监督导则》、《绿色施工导则》。

3. 强化城市污水处理厂和生活垃圾处理设施运行管理和监督。加强对城市污水处理设施建设和运行的检查、督促和指导，加强配套管网建设，建立并完善污水处理厂主要污染物（COD）削减量绩效评估制度。对列入国家重点环境监控的城市污水处理厂的运行情况，实行上报制度，限期安装在线监控系统，并与建设部门联网。建立城市污水处理厂运行管理数据库。对未按规定和要求运行污水处理厂和生活垃圾处理设施的城市公开通报，限期整改。严格执行《城市排水许可管理办法》，进一步加强城市排水管理，保障排水设施安全正常运行。

4. 建立政府节能减排工作问责制，严格节能减排执法检查。一是将节能减排指标完成情况列入对各级建设主管部门考核评价体系，抓紧制定具体的评价考核实施办法。二是建设部每年组织开展建筑节能、供热体制改革、污水处理厂和生活垃圾处理设施运行管理专项检查行动，严肃查处各类违法违规行为和事件。

（八）完善政策，形成激励和约束机制

1. 积极稳妥推进资源性产品价格改革。一是配合国家发改委、财政部等部门完成《关于加快推进水价改革的指导意见》、《关于深化污水处理税费改革促进污水处理产业良性发展的意见》、《完善生活垃圾处理收费制度提高垃圾处理能力的意见》、《污水处理行业定价成本监审办法》等文件，合理调整各类用水价格，加快推行阶梯式水价、超计划超定额用水加价制度。二是全面开征城市污水处理费，征收标准要提高到补偿污水处理设施运行成本（包括污泥处理处置费用）和补偿部分设施建设成本，并使企业保本微利，并逐步做到合理盈利。三是提高垃圾处理收费标准，改进征收方式。四是对国家产业政策明确的限制类、淘汰类高耗水企业实施惩罚性水价。配合国家发改委等部门制定再生水、海水淡化水、微咸水、矿井水、雨水开发利用支持性价格政策。

2. 完善和实施有利于节能减排的财政税收政策。配合财政部、国家税务总局研究制定鼓励节能省地环保型建筑、既有建筑节能改造、可再生能源建筑中应用、节能减排设备、资源综合利用产品等方面的财政、税收优惠政策。

（九）加强宣传，提高全民节约意识

将节能减排宣传纳入重大主题宣传活动，广泛深入持久开展节能减排宣传。一是每年制定节能减排宣传方案，主要新闻媒体在重要版面、重要时段进行系列报道，广泛宣传节能减排的重要性。二是做好每年一度的全国节能宣传周、全国城市节水宣传周、中国城市公共交通周及无车日等宣传活动。开展创建节水型城市 10 周年总结表彰大会。

2.12 关于印发《中央财政促进服务业发展专项资金管理暂行办法》的通知（财建［2007］853 号）2007 年 12 月 6 日

各省、自治区、直辖市、计划单列市财政厅（局）：

根据《国务院关于加快发展服务业的若干意见》(国发［2007］7 号）等有关文件精神，我们制定了《中央财政促进服务业发展专项资金管理暂行办法》，现印发给你们，请认真贯彻执行。

促进服务业加快发展，提高服务业在三次产业结构中的比重，有利于推进经济结构调整、加快转变经济增长方式；也有利于缓解能源资源短缺的瓶颈制约、提高资源利用效率；还有利于解决城乡就业和民生问题。要高度重视这项工作，结合当地实际，尽快制定切实有效的办法和措施，管好和用好促进服务业发展专项资金，确保社会经济的和谐发展。

附件：中央财政促进服务业发展专项资金管理暂行办法

抄送：国务院办公厅，国家发展改革委，商务部，供销总社。

中华人民共和国财政部

二〇〇七年十二月六日

附件：

中央财政促进服务业发展专项资金管理暂行办法

第一章 总 则

第一条 根据《国务院关于加快发展服务业的若干意见》(国发［2007］7 号）等有关文件精神，为促进服务业加快发展，推进经济结构调整，转变经济增长方式，增加经济发展活力，繁荣地方经济，促进和谐社会建设，中央财政设立促进服务业发展专项资金。根据《中华人民共和国预算法》及其实施细则有关规定，为了规范促进服务业发展专项资金的管理，制定本办法。

第二条 促进服务业发展专项资金（以下简称专项资金）坚持“因素分配、突出重点、鼓励创新、公开透明”的原则。

（一）因素分配。专项资金采取因素法进行分配。

（二）突出重点。专项资金重点扶持服务业发展的关键领域和薄弱环节，对关系民生和环保的重点行业优先支持。对骨干、优势特色企业加大支持力度。

（三）鼓励创新。通过专项资金的支持，提高服务业企业自主创新能力，促进产业优化升级，提高竞争力。

（四）公开透明。专项资金的分配因素、分配办法以及项目管理坚持公平、公正、公开。

第二章　支持范围和分配办法

第三条　专项资金重点扶持服务业发展的关键领域和薄弱环节，支持范围包括以下方面：

（一）社区服务、副食品安全服务体系等面向居民生活的服务业；

（二）农业信息服务体系、农业产业化服务体系等面向农村的服务业；

（三）第三方物流、连锁配送等商贸流通业、商务服务业、再生资源回收利用体系、业务外包、电子商务等面向生产的服务业；

（四）其他需支持的重点服务业。

第四条　根据国家服务业发展总体要求和专项资金的使用方向，财政部明确年度专项资金补助的重点行业和领域。

第五条　根据重点扶持行业和领域的各省（自治区、直辖市，下同）相关发展指标，按一定的补贴标准，并考虑地区财力情况等因素对专项资金进行分配。

第六条　专项资金分配测算因素原则上以国家统计局公布的统计年鉴数据为准。

第三章　支 持 方 式

第七条　专项资金采取奖励、贷款贴息和财政补助等支持方式。

（一）奖励。为了提高资金使用效益，对于能够制定具体量化评价标准的项目，采取奖励的方式。在项目实施后，根据规定的标准，经审核符合条件的项目，安排奖励资金。

（二）贷款贴息。对于符合专项资金支持重点和银行贷款条件的项目采取贷款贴息的方式。贴息资金根据实际到位银行贷款、规定的利息率、实际支付的利息数计算。贴息年限一般不超过3年，年贴息率最高不超过当年国家规定的银行贷款基准利率。具体年贴息率由地方财政部门根据上述规定确定。

（三）财政补助。对于盈利性弱、公益性强，难以量化评价不适于以奖代补方式支持的项目采取财政补助的方式。项目承担单位自有资金比例较高的优先安排。

第四章　资金审核及拨付

第八条　财政部根据年度专项资金支持重点采取因素法将专项资金分配到省并下达资金预算指标，同时按国库支付管理的有关规定及时拨付资金。

第九条　省级财政部门根据财政部规定的年度专项资金支持重点和分配的专项资金预算指标，会同相关部门编制本省的具体项目安排意见，在规定时间内报财政部审核确认后组织实施。

第十条 省级财政部门可委托相关机构或组织专家对本省申报项目进行评审。评审费用在专项资金中列支，按照不超过专项资金额度的1.5%掌握。

第十一条 省级财政部门在收到财政部下达的专项资金和项目安排确认通知后，按照规定程序办理专项资金划拨手续，及时、足额将专项资金拨付给项目承担单位。

第十二条 中央所属单位根据本办法的规定和当年专项资金支持方向，提供符合要求的材料，向财政部直接申报。财政部按规定进行审核后，下达资金预算并直接支付资金。

第十三条 专项资金的申报材料一般应包括：

（一）专项资金申请文件；

（二）项目可行性研究报告；

（三）项目承担单位法人营业执照复印件，地税、国税登记证复印件；

（四）申请银行贷款财政贴息的项目，需提供相关银行贷款合同和贷款承诺书等凭证；

（五）项目承担单位相关资质证书复印件；

（六）其他要求提供的材料。

第五章 监督管理

第十四条 地方财政部门、中央所属单位应当加强对专项资金使用情况和项目执行情况的监督与检查，财政部进行不定期抽查。

第十五条 专项资金专款专用，任何单位或者个人不得滞留、截留、挤占和挪用以及改变或扩大专项资金使用范围。对以虚报、冒领等手段骗取和滞留、截留、挤占、挪用专项资金的，一经查实，财政部将收回专项资金，并按《财政违法行为处罚处分条例》（国务院令第427号）的相关规定进行处理。

第六章 附则

第十六条 本办法自印发之日起施行。

3 专项管理和技术标准文件

3.1 新建建筑节能

3.1.1 《关于加强民用建筑工程项目建筑节能审查工作的通知》(建科［2004］174号)
2004年10月12日

各省、自治区建设厅，直辖市建委及有关部门，计划单列市建委，新疆生产建设兵团建设局：

建筑节能是贯彻我国可持续发展战略的重要举措。全面推进建筑节能，有利于节约能源、保护环境、改善建筑功能、提高人民群众生活和工作水平，对全面建设小康社会、促进建筑业技术进步和节能事业发展具有十分重要的作用。为认真贯彻国务院领导同志关于政府机构节能和建筑节能的批示及《国务院办公厅关于开展资源节约活动的通知》(国办发［2004］30号）的精神，监督民用建筑工程项目执行建筑节能标准，确保节能建筑的设计施工质量，促进建筑节能工作全面深入健康发展，根据《中华人民共和国节约能源法》和《建设工程质量管理条例》以及《关于固定资产投资工程项目可行性研究报告"节能篇（章)"编制及评估的规定》(计交能［1997］2542号)，现就加强民用建筑工程项目建筑节能审查工作通知如下：

一、民用建筑工程项目建筑节能审查是提高新建建筑节能标准执行率的重要保障。各级建设行政主管部门要将建筑节能审查切实作为建筑工程施工图设计文件审查的重要内容，保证节能标准的强制性条文真正落到实处。

二、施工图审查机构要审查受审项目的施工图设计和热工计算书是否满足与本地区气候区域对应的《民用建筑节能设计标准（采暖居住建筑部分)》(JGJ 26—95)、《夏热冬冷地区居住建筑节能设计标准》(JGJ 134—2001)、《夏热冬暖地区居住建筑节能设计标准》(JGJ 75—2003）中的强制性条文和当地的强制性标准的规定。审查合格的工程项目，需在项目受管辖的建筑节能办公室进行告知性备案，并由其发给统一格式的《民用建筑节能设计审查备案登记表》(附后)。

三、省、自治区、直辖市人民政府建设行政主管部门负责监督本行政区域内民用建筑工程项目建筑节能审查工作。各级建设行政主管部门要严格依照建设部《实施工程建设强制性标准监督规定》(建设部令第81号)，做好民用建筑工程项目施工设计中执行建筑节能标准的管理工作。

四、各级建设行政主管部门要加强对建筑节能重要部位专项检查工作，重点对建筑物的围护结构（含墙体、屋面、门窗等）供热采暖或制冷系统在主体完工、竣工验收两个阶段及时进行单项检查，以判定工程项目的新型墙体材料使用情况、屋面保温情况、门窗热工性能、供热采暖、制冷系统的热效率和管道保温情况等。

五、对施工图审查合格并在项目受管辖的建筑节能办公室进行备案的工程项目，根据“关于实施《夏热冬冷地区居住建筑节能设计标准》的通知（建科［2001］239号）和“关于实施《夏热冬暖地区居住建筑节能设计标准》的通知（建科［2003］237号）文件规定，建筑节能办公室对其减免新型墙体材料专项基金。各级建设行政主管部门在建筑节能重要部位的专项检查过程中，对不符合墙改与建筑节能要求的工程项目要提出相应的改进意见。对达不到整改要求的工程项目要依照建设部《实施工程建设强制性标准监督规定》(建设部令第81号）的规定予以相应的处罚。

六、为确保节能建筑工程的质量，各类轻质墙板、节能门窗、屋面保温材料等新产品、新技术应由主管部门会同建筑节能办公室组织有关专家进行技术评估或科技成果鉴定。

附件：民用建筑节能设计审查备案登记表

中华人民共和国建设部

二〇〇四年十一月二十日

附件：

民用建筑节能设计审查备案登记表

200 年 月 日

<table>
<tr><td>建设单位名称</td><td colspan="4"></td></tr>
<tr><td>建设项目名称</td><td colspan="4"></td></tr>
<tr><td>设计建筑面积</td><td>（m^2）</td><td>实际竣工面积</td><td colspan="2">（m^2）</td></tr>
<tr><td rowspan="6">施工图设计执行民用建筑节能设计标准及当地实施细则情况</td><td>建筑物体形系数</td><td colspan="3"></td></tr>
<tr><td rowspan="3">外围护结构传热系数K值（$w/m^2 \cdot ℃$）</td><td>墙　体</td><td colspan="2"></td></tr>
<tr><td>门　窗</td><td colspan="2"></td></tr>
<tr><td>屋　面</td><td colspan="2"></td></tr>
<tr><td colspan="4">供热采暖（制冷）系统节能方式</td></tr>
<tr><td colspan="4">建筑物耗热量指标　　　　w/m^2</td></tr>
<tr><td>节能设计审查意见</td><td colspan="4"></td></tr>
<tr><td rowspan="4">设计选用新型墙体材料及建筑节能产品情况</td><td>墙材种类</td><td>比　例</td><td rowspan="2">产品出厂合格证及质量检测报告，投产鉴定合格证书事情</td><td rowspan="2"></td></tr>
<tr><td>屋面（墙体）保温材料及构造做法</td><td></td></tr>
<tr><td>节能门窗种类</td><td></td><td rowspan="2">是否安装热计量表或预留热表安装位置</td><td rowspan="2"></td></tr>
<tr><td>供热采暖系统选用设备及产品</td><td></td></tr>
<tr><td>检查施工过程及竣工后使用新型墙体材料及建筑节能产品情况</td><td colspan="4"></td></tr>
<tr><td>建筑节能办公室备案意见</td><td colspan="4"></td></tr>
</table>

3.1.2 《关于新建居住建筑严格执行节能设计标准的通知》（建科［2005］55号）**2005年4月15日**

各省、自治区建设厅，直辖市建委及有关部门，计划单列市建委，新疆生产建设兵团建设局：

建筑节能设计标准是建设节能建筑的基本技术依据，是实现建筑节能目标的基本要求，其中强制性条文规定了主要节能措施、热工性能指标、能耗指标限值，考虑了经济和社会效益等方面的要求，必须严格执行。1996年7月以来，建设部相继颁布实施了各气候区的居住建筑节能设计标准。一些地区还依据部的要求，在建筑节能政策法规制定、技术标准图集编制、配套技术体系建立、科技试点示范、建筑节能材料产品开发应用与管理、宣传培训等方面开展了大量工作，取得了成效。但是，也有一些地方和单位，包括建设、设计、施工等单位不执行或擅自降低节能设计标准，新建建筑执行建筑节能设计标准的比例不高，不同程度存在浪费建筑能源的问题。为了贯彻落实科学发展观和今年政府工作报告提出的“鼓励发展节能省地型住宅和公共建筑”的要求，切实抓好新建居住建筑严格执行建筑节能设计标准的工作，降低居住建筑能耗，现通知如下：

一、提高认识，明确目标和任务

（一）我国人均资源能源相对贫乏，在建筑的建造和使用过程中资源、能源浪费问题突出，建筑的节能节地节水节材潜力很大。随着城镇化和人民生活水平的提高，新建建筑将继续保持一定增长势头。在发展过程中，必须考虑能源资源的承载能力，注重城镇发展建设的质量和效益。各级建设行政主管部门要牢固树立科学发展观，要从转变经济增长方式、调整经济结构、建设节约型社会的高度，充分认识建筑节能工作的重要性，把推进建筑节能工作作为城乡建设实现可持续发展方式的一项重要任务，抓紧、抓实、抓出成效。

（二）城市新建建筑均应严格执行建筑节能设计标准的有关强制性规定；有条件的大城市和严寒、寒冷地区可率先按照节能率65%的地方标准执行；凡属财政补贴或拨款的建筑应全部率先执行建筑节能设计标准。

（三）开展建筑节能工作，需要兼顾近期重点和远期目标、城镇和农村、新建和既有建筑、居住和公共建筑。当前及今后一个时期，应首先抓好城市新建居住建筑严格执行建筑节能设计标准工作，同时，积极进行城市既有建筑节能改造试点工作，研究相关政策措施和技术方案，为全面推进既有建筑节能改造积累经验。

二、明确各方责任，严格执行标准

（四）建设单位要遵守国家节约能源和保护环境的有关法律法规，按照相应的建筑节能设计标准和技术要求委托工程项目的规划设计、开工建设、组织竣工验收，并应将节能工程竣工验收报告报建筑节能管理机构备案。

房地产开发企业要将所售商品住房的结构形式及其节能措施、围护结构保温隔热性能指标等基本信息载入《住宅使用说明书》。

（五）设计单位要遵循建筑节能法规、节能设计标准和有关节能要求，严格按照节能设计标准和节能要求进行节能设计，设计文件必须完备，保证设计质量。

（六）施工图设计文件审查机构要严格按照建筑节能设计标准进行审查，在审查报告中单列是否符合节能标准的章节；审查人员应有签字并加盖审查机构印章。不符合建筑节能强制性标准的，施工图设计文件审查结论应为不合格。

（七）施工单位要按照审查合格的设计文件和节能施工技术标准的要求进行施工，确保工程施工符合节能标准和设计质量要求。

（八）监理单位要依照法律、法规以及节能技术标准、节能设计文件、建设工程承包合同及监理合同，对节能工程建设实施监理。监理单位应对施工质量承担监理责任。

三、加强组织领导，严格监督管理

（九）推进建筑节能涉及城市规划、建设、管理等各方面的工作，各地要完善建筑节能工作领导小组的工作制度，通过联席会议和专题会议等有效形式，形成协调配合、运行顺畅的工作机制。

（十）各地建设行政主管部门要加大建筑节能宣传力度，增强公众的节能意识，逐步建立社会监督机制。要结合实例向公众宣传建筑节能的重要性，提高公众建筑节能的自觉性和主动性。同时，要建立监督举报制度，受理公众举报。

（十一）各地和有关单位要加强对设计、施工、监理等专业技术人员和管理人员的建筑节能知识与技术的培训，把建筑节能有关法律法规、标准规范和经核准的新技术、新材料、新工艺等作为注册建筑师、勘察设计注册工程师、监理工程师、建造师等各类执业注册人员继续教育的必修内容。

（十二）各地建设行政主管部门要采取有效措施加强建筑节能工作中设计、施工、监理和竣工验收、房屋销售核准等的监督管理。在查验施工图设计文件审查机构出具的审查报告时，应查验对节能的审查情况，审查不合格的不得颁发施工许可证。发现违反国家有关节能工程质量管理规定的，应责令建设单位改正；改正后要责令其重新组织竣工验收，并且不得减免新型墙体材料专项基金。

房地产管理部门要审查房地产开发单位是否将建筑能耗说明载入《住宅使用说明书》。

（十三）设区城市以上建设行政主管部门要组织推进节能建筑性能测评工作。各级建筑节能工作机构要切实履行职责，认真开展对节能建筑及部品的检测。要建立健全建筑节能统计报告制度，掌握分析建筑节能进展情况。

（十四）各地建设行政主管部门要加强经常性的建筑节能设计标准实施情况的监督检查，发现问题，及时纠正和处理。各省（自治区、直辖市）建设行政主管部门每年要把建筑节能作为建筑工程质量检查的专项内容进行检查，对问题突出的地区或单位依法予以处理，并将监督检查和处理情况于今年 9 月 30 日前报建设部。建设部每年在各地监督检查的基础上，对各地建筑节能标准执行情况进行抽查，对建筑节能工作开展不力的地方和单位进行重点检查。2005 年底以前，建设部重点抽查大城市和特大城市；2006 年 6 月以前，对其他城市进行抽查，并将抽查的情况予以通报。

凡建筑节能工作开展不力的地区，所涉及的城市不得参加“人居环境奖”、“园林城市”的评奖，已获奖的应限期整改，经整改仍达不到标准和要求的将撤销获奖称号。不符合建筑节能要求的项目不得参加“鲁班奖”、“绿色建筑创新奖”等奖项的评奖。

（十五）各地建设行政主管部门对不执行或擅自降低建筑节能设计标准的单位，要依据《中华人民共和国建筑法》、《中华人民共和国节约能源法》、《建设工程质量管理条例》（国务院令第 279 号）、《建设工程勘察设计管理条例》（国务院令第 293 号）、《民用建筑节能管理规定》（建设部令第 76 号）、《实施工程建设强制性标准监督规定》（建设部令第 81 号）等法律法规和规章的规定进行处罚：

1. 建设单位明示或暗示设计单位、施工单位违反节能设计强制性标准，降低工程建设质量；或明示或者暗示施工单位使用不合格的建筑材料、建筑构配件和设备；或施工图设计文件未经审查或者审查不合格，擅自施工的；或未按照国家规定将竣工验收报告、有关认可文件或者准许使用文件报送备案的；处20万元以上50万元以下的罚款。

建设单位未取得施工许可证或者开工报告未经批准，擅自施工的，责令停止施工，限期改正，处工程合同价款1%以上2%以下的罚款。

建设单位未组织竣工验收，擅自交付使用的；或验收不合格，擅自交付使用的；或对不合格的建设工程按照合格工程验收的；处工程合同价款2%以上4%以下的罚款；造成损失的，依法承担赔偿责任。建设工程竣工验收后，建设单位未向建设行政主管部门或者其他有关部门移交建设项目档案的，责令改正，处1万元以上10万元以下的罚款。

2. 设计单位指定建筑材料、建筑构配件的生产厂、供应商的；或未按照工程建设强制性标准进行设计的；责令改正，处10万元以上30万元以下的罚款；有上述行为造成重大工程质量事故的，责令停业整顿，降低资质等级；情节严重的，吊销资质证书；造成损失的，依法承担赔偿责任。

3. 施工图设计文件审查单位如不按照要求对施工图设计文件进行审查，一经查实将由建设行政主管部门对当事人和其所在单位进行批评和处罚，直至取消审查资格。

4. 施工单位在施工中偷工减料的，使用不合格的建筑材料、建筑构配件和设备的，或者有不按照工程设计图纸或者施工技术标准施工的其他行为的，责令改正，并处工程合同价款2%以上4%以下的罚款；造成建设工程质量不符合规定的质量标准的，负责返工、修理，并赔偿因此造成的损失；情节严重的，责令停业整顿，降低资质等级或者吊销资质证书。

施工单位不履行保修义务或者拖延履行保修义务的，责令改正，处10万元以上20万元以下的罚款，并对在保修期内因质量缺陷造成的损失承担赔偿责任。

5. 工程监理单位与建设单位或者施工单位串通，弄虚作假、降低工程质量的；或将不合格的建设工程、建筑材料、建筑构配件和设备按照合格签字的；责令改正，处50万元以上100万元以下的罚款，降低资质等级或者吊销资质证书；有违法所得的，予以没收；造成损失的，承担连带赔偿责任。

6. 注册建筑师、注册结构工程师、监理工程师等注册执业人员因过错造成质量事故的，责令停止执业1年；造成重大质量事故的，吊销执业资格证书，5年以内不予注册；情节特别恶劣的，终身不予注册。

中华人民共和国建设部

二〇〇五年四月十五日

3.1.3 关于印发《民用建筑工程节能质量监督管理办法》的通知（建质［2006］192号）2006年7月31日

各省、自治区建设厅，直辖市建委（建设交通委），北京市规划委，新疆生产建设兵团建设局：

为进一步做好民用建筑工程节能质量的监督管理工作，保证建筑节能法律法规和技术标准的贯彻落实，我部制定了《民用建筑工程节能质量监督管理办法》，现印发给你们，请认真执行。

中华人民共和国建设部
二〇〇六年七月三十一日

附件：

民用建筑工程节能质量监督管理办法

第一条 为了加强民用建筑工程节能质量的监督管理，保证民用建筑工程符合建筑节能标准，根据《建设工程质量管理条例》、《建设工程勘察设计管理条例》、《实施工程建设强制性标准监督规定》、《民用建筑节能管理规定》、《房屋建筑和市政基础设施工程施工图设计文件审查管理办法》、《建设工程质量检测管理办法》等有关法规规章，制定本办法。

第二条 凡在中华人民共和国境内从事民用建筑工程的新建、改建、扩建等有关活动及对民用建筑工程质量实施监督管理的，必须遵守本办法。

本办法所称民用建筑，是指居住建筑和公共建筑。

第三条 建设单位、设计单位、施工单位、监理单位、施工图审查机构、工程质量检测机构等单位，应当遵守国家有关建筑节能的法律法规和技术标准，履行合同约定义务，并依法对民用建筑工程节能质量负责。

各地建设主管部门及其委托的工程质量监督机构依法实施建筑节能质量监督管理。

第四条 建设单位应当履行以下质量责任和义务：

1. 组织设计方案评选时，应当将建筑节能要求作为重要内容之一。

2. 不得擅自修改设计文件。当建筑设计修改涉及建筑节能强制性标准时，必须将修改后的设计文件送原施工图审查机构重新审查。

3. 不得明示或者暗示设计单位、施工单位降低建筑节能标准。

4. 不得明示或者暗示施工单位使用不符合建筑节能性能要求的墙体材料、保温材料、门窗部品、采暖空调系统、照明设备等。按照合同约定由建设单位采购的有关建筑材料和设备，建设单位应当保证其符合建筑节能指标。

5. 不得明示或者暗示检测机构出具虚假检测报告，不得篡改或者伪造检测报告。

6. 在组织建筑工程竣工验收时，应当同时验收建筑节能实施情况，在工程竣工验收报告中，应当注明建筑节能的实施内容。

大型公共建筑工程竣工验收时，对采暖空调、通风、电气等系统，应当进行调试。

第五条 设计单位应当履行以下质量责任和义务：

1. 建立健全质量保证体系，严格执行建筑节能标准。

2. 民用建筑工程设计要按功能要求合理组合空间造型，充分考虑建筑体形、围护结构对建筑节能的影响，合理确定冷源、热源的形式和设备性能，选用成熟、可靠、先进、适用的节能技术、材料和产品。

3. 初步设计文件应设建筑节能设计专篇，施工图设计文件须包括建筑节能热工计算书，大型公共建筑工程方案设计须同时报送有关建筑节能专题报告，明确建筑节能措施及目标等内容。

第六条 施工图审查机构应当履行以下质量责任和义务：

1. 严格按照建筑节能强制性标准对送审的施工图设计文件进行审查，对不符合建筑节能强制性标准的施工图设计文件，不得出具审查合格书。

2. 向建设主管部门报送的施工图设计文件审查备案材料中应包括建筑节能强制性标准的执行情况。

3. 审查机构应将审查过程中发现的设计单位和注册人员违反建筑节能强制性标准的情况，及时上报当地建设主管部门。

第七条 施工单位应当履行以下质量责任和义务：

1. 严格按照审查合格的设计文件和建筑节能标准的要求进行施工，不得擅自修改设计文件。

2. 对进入施工现场的墙体材料、保温材料、门窗部品等进行检验。对采暖空调系统、照明设备等进行检验，保证产品说明书和产品标识上注明的性能指标符合建筑节能要求。

3. 应当编制建筑节能专项施工技术方案，并由施工单位专业技术人员及监理单位专业监理工程师进行审核，审核合格，由施工单位技术负责人及监理单位总监理工程师签字。

4. 应当加强施工过程质量控制，特别应当加强对易产生热桥和热工缺陷等重要部位的质量控制，保证符合设计要求和有关节能标准规定。

5. 对大型公共建筑工程采暖空调、通风、电气等系统的调试，应当符合设计等要求。

6. 保温工程等在保修范围和保修期限内发生质量问题的，施工单位应当履行保修义务，并对造成的损失承担赔偿责任。

第八条 监理单位应当履行以下质量责任和义务：

1. 严格按照审查合格的设计文件和建筑节能标准的要求实施监理，针对工程的特点制定符合建筑节能要求的监理规划及监理实施细则。

2. 总监理工程师应当对建筑节能专项施工技术方案审查并签字认可。专业监理工程师应当对工程使用的墙体材料、保温材料、门窗部品、采暖空调系统、照明设备，以及涉及建筑节能功能的重要部位施工质量检查验收并签字认可。

3. 对易产生热桥和热工缺陷部位的施工，以及墙体、屋面等保温工程隐蔽前的施工，专业监理工程师应当采取旁站形式实施监理。

4. 应当在《工程质量评估报告》中明确建筑节能标准的实施情况。

第九条 工程质量检测机构应当将检测过程中发现建设单位、监理单位、施工单位违反建筑节能强制性标准的情况，及时上报当地建设主管部门或者工程质量监督机构。

第十条 建设主管部门及其委托的工程质量监督机构应当加强对施工过程建筑节能标准执行情况的监督检查，发现未按施工图设计文件进行施工和违反建筑节能标准的，应当责令改正。

第十一条 建设、勘察、设计、施工、监理单位，以及施工图审查和工程质量检测机构违反建筑节能有关法律法规的，建设主管部门依法给予处罚。

第十二条 达不到节能要求的工程项目，不得参加各类评奖活动。

3.2 北方采暖地区既有居住建筑节能改造

3.2.1 《北方采暖地区既有居住建筑供热计量及节能改造奖励资金管理暂行办法》（财建［2007］957号）**2007年12月28日**

有关省、自治区、直辖市、计划单列市财政厅（局），新疆生产建设兵团财务局：

为贯彻落实《国务院关于印发节能减排综合性工作方案的通知》（国发［2007］15号）精神，切实推进北方采暖区既有居住建筑供热计量和节能改造工作，我们制定了《北方采暖区既有居住建筑供热计量和节能改造奖励资金管理暂行办法》。现予印发，请遵照执行。

附件：北方采暖区既有居住建筑供热计量及节能改造奖励资金管理暂行办法

中华人民共和国财政部

二〇〇七年十二月二十日

附件：

北方采暖地区既有居住建筑供热计量及节能改造奖励资金管理暂行办法

第一章 总 则

第一条 根据《国务院关于印发节能减排综合性工作方案的通知》（国发［2007］15号），国家财政将安排资金专项用于对北方采暖地区开展既有居住建筑供热计量及节能改造工作进行奖励。为加强该项资金管理，特制定本办法。

第二条 本办法所称“北方采暖地区”是指北京市、天津市、河北省、山西省、内蒙古自治区、辽宁省、吉林省、黑龙江省、山东省、河南省、陕西省、甘肃省、青海省、宁夏回族自治区、新疆维吾尔自治区。

本办法所称“北方采暖地区既有居住建筑供热计量及节能改造奖励资金”（以下简称奖励资金）是指中央财政安排的专项用于奖励北方采暖地区既有居住建筑供热计量及节能改造的资金。

第三条 为明确责任，充分调动地方人民政府的积极性，奖励资金采取由中央财政对省级财政专项转移支付方式，具体项目实施管理由省级人民政府相关职能部门负责。

第四条 奖励资金管理实行“公开、公平、公正”原则，接受社会监督。

第二章 奖励资金使用范围

第五条 奖励资金使用范围

（一）建筑围护结构节能改造奖励；

（二）室内供热系统计量及温度调控改造奖励；

（三）热源及供热管网热平衡改造等改造奖励；

（四）财政部批准的与北方采暖地区既有居住建筑供热计量及节能改造相关的其他支出。

第三章　奖励原则和标准

第六条　奖励资金采用因素法进行分配，即综合考虑有关省（自治区、直辖市、计划单列市）所在气候区、改造工作量、节能效果和实施进度等多种因素以及相应的权重。

第七条　专项资金分配计算公式：

某地区应分配专项资金额＝所在气候区奖励基准×［∑（该地区单项改造内容面积×对应的单项改造权重）×70%＋该地区所实施的改造面积×节能效果系数×30%］×进度系数。其中：

气候区奖励基准分为严寒地区和寒冷地区两类：严寒地区为55元/m^2，寒冷地区为45元/m^2。

单项改造内容指建筑围护结构节能改造、室内供热系统计量及温度调控改造、热源及供热管网热平衡改造三项，对应的权重系数分别为：60%，30%，10%。

节能效果系数根据实施改造后的节能量确定。

进度系数，根据改造任务的完成时间，分为三档：

1. 2009年采暖季前完成当地的改造任务，进度系数为1.2；
2. 2010年采暖季前完成当地的改造任务，进度系数为1；
3. 2011年采暖季前完成当地的改造任务，进度系数为0.8。

第八条　财政部会同建设部根据各地改造工作量与节能效果核定奖励资金。改造工作量与节能量核定办法另行制订。

第四章　资金拨付与使用

第九条　在启动阶段，财政部会同建设部根据各地的改造任务量，按照6元/m^2的标准，将部分奖励资金预拨到省级财政部门，用于对当地热计量装置的安装补助。

财政部会同建设部根据各地每年实际完成的工作量和节能效果核拨奖励资金，并在改造任务完成后，对当地奖励资金进行清算。

第十条　省级财政部门在收到奖励资金后，会同建设部门及时将资金落实到具体项目，并将具体项目清单报财政部、建设部备案。

第十一条　对于具体项目的管理，各地应充分利用市场机制，鼓励采用合同能源管理模式，创新资金投入方式，确保奖励资金安排使用的规范、安全和有效。

第十二条　奖励资金支付管理按照财政国库管理制度有关规定执行。

第五章　监 督 管 理

第十三条　各地要认真组织既有居住建筑供热计量及节能改造工作，不得以既有居住建筑节能改造为名进行大拆大建，应对拟改造的项目进行充分的技术经济论证，并严格按照建设程序办理相关手续。

第十四条 各级财政、建设部门要切实加强奖励资金的管理。确保奖励资金专款专用。对弄虚作假，冒领奖励或者截留、挪用、滞留专项资金的，一经查实，按照国家有关规定进行处理。

第六章 附 则

第十五条 本办法由财政部负责解释。

第十六条 相关省、自治区、直辖市财政部门，可以根据本办法，结合当地实际，制定具体实施办法。

第十七条 本办法自印发之日起施行。

3.2.2 关于印发《民用建筑供热计量管理办法》的通知（建城［2008］106号）2008年6月10日

北京市建委、市政管委，天津市建委，河北省、山西省、内蒙古自治区、辽宁省、吉林省、黑龙江省、山东省、河南省、陕西省、甘肃省、青海省、宁夏回族自治区、新疆维吾尔自治区建设厅，新疆生产建设兵团建设局：

为推进供热计量改革，加强民用建筑供热计量管理，我部制定了《民用建筑供热计量管理办法》。现印发你们，请结合本地实际贯彻执行。

附件：《民用建筑供热计量管理办法》

中华人民共和国住房和城乡建设部

二〇〇八年六月十日

附件：

民用建筑供热计量管理办法

第一章 总 则

第一条 为加强民用建筑供热计量管理，提高能源利用效率，降低建筑物供热能源消耗，推进供热计量收费，根据《中华人民共和国节约能源法》、《国务院关于印发节能减排综合性工作方案的通知》等法律法规和文件，制定本办法。

第二条 本办法所称供热计量是指采用集中供热方式的热计量，包括热源、热力站供热量以及建筑物（热力入口）、用户用热量的计量。

第三条 从事民用建筑的规划、建设、设计、施工、监理单位、供热单位、热用户和房地产开发企业销售采用集中供热的房屋，应当遵守本办法。

第四条 国务院建设主管部门负责全国民用建筑实施供热计量的监督管理工作。县级以上地方人民政府建设和供热主管部门，负责本行政区域内民用建筑实施供热计量的监督管理工作。

第五条 各级建设主管部门应当根据国家节能减排的要求，在编制本行政区域建筑节能规划中对新建建筑实施供热计量和既有建筑及其供热系统供热计量改造提出工作目标，计划安排和保障措施，并报本级人民政府批准后实施。

第六条 新建建筑和进行节能改造的既有建筑必须按照规定安装供热计量装置、室内温度调控装置和供热系统调控装置，实行按用热量收费的制度。用于热费结算的热能表，应当依法取得制造计量器具许可证并通过安装前的首次检定；进口的用于热费结算的热能表应当取得国家质检总局颁发的《中华人民共和国进口计量器具型式批准证书》，并通过进口计量器具检定。用于热量分摊的装置应当符合国家有关标准。

第七条 供热单位是供热计量收费的责任主体，应按照供热计量的工作目标积极推进供热计量工作。

第八条 国家鼓励充分发挥行业协会和社会中介组织的作用，大力推进供热计量工作。在行业统计、技术服务、信息咨询等方面为企业提供服务，为政府提供决策咨询。

第九条 国家鼓励加快建立供热计量服务体系，大力推进合同能源管理，重点支持专业化节能服务企业，充分发挥节能服务企业在节能诊断、设计、融资、改造、计量收费等方面的优势，推动供热计量技术开发和应用。

第十条 各级供热主管部门应加强供热计量节能的宣传和培训，提高供热行业的节能技术水平。对在供热计量工作中做出显著成绩的单位和个人予以奖励。

第二章 新建建筑供热计量

第十一条 设计单位应当严格按照国家有关工程建设标准进行供热计量工程的设计，并对其设计质量全面负责。

第十二条 施工图设计文件审查机构在进行施工图设计文件审查时，应当按照工程建设强制性标准对供热计量设计文件进行审查，不符合工程建设强制性标准的不得出具施工图设计文件审查合格证明。

第十三条 建设单位申请施工许可证时，应当提交包含供热计量内容的施工图设计文件审查合格证明，否则建设主管部门不予颁发施工许可证。

第十四条 建设单位应当与供热单位签订合同。合同中应包含建筑物热力入口，供热计量装置和室内温度调控装置的技术指标、质量标准，明确建设单位建筑节能质量责任和供热单位供热计量装置、温度调控装置的采购、管理责任以及违约责任等内容。建筑物热力入口和用户的供热计量装置、室内温度调控装置的购置及安装费用应纳入房屋建造成本。

供热单位应当采购符合国家相关标准的供热计量装置和室内温度调控装置。建设单位不得明示或暗示供热单位采购不符合国家相关标准的供热计量装置和室内温度调控装置。

供热单位应当与供热计量装置和室内温度调控装置的生产销售单位签订合同，双方就产品质量、售后服务、保修内容、保修年限、保修费用以及因产品质量造成损失的赔偿责任等事项在合同中约定。

第十五条 施工单位应当按照供热计量工程设计图纸和施工技术标准施工，不得擅自修改工程设计，不得使用不合格的供热计量材料、配件和设备。

第十六条 监理单位应当按照工程建设标准对供热计量工程实施监理。对施工单位不按照工程建设强制性标准施工的，应当要求施工单位限期改正，并及时报告建设单位。

第十七条 建设工程质量监督机构应当加强对供热计量工程施工质量的监督，对违反供热计量强制性标准，未按施工图设计文件进行施工的，应责令改正。

第十八条 建设单位组织竣工验收时，应包括供热计量工程内容。建设单位组织验收供热计量工程时应当遵守工程建设强制性标准，不得将没有安装或没有正确安装供热计量装置和室内温度调控装置的建筑工程按照合格工程验收。

建设主管部门对建设单位有违反国家有关建设工程质量管理规定行为的，应当在收讫竣工验收备案文件 15 日内，责令建设单位停止使用，重新组织竣工验收。

第十九条 房地产开发企业在销售采用集中供热的房屋时，应当向购买人明示所售房屋供热计量措施等有关信息，在房屋买卖合同、质量保证书和使用说明书中载明，并对其真实性、准确性负责。

第三章 既有建筑供热计量

第二十条 建设和供热主管部门会同有关部门，应根据当地民用建筑和供热设施建设年代、寿命周期、能源利用效率、供热能耗以及节能改造成效，选定既有供热计量改造项目，并制定改造方案，经技术经济论证后实施。

第二十一条 在建筑围护结构进行节能改造时，必须同步进行供热计量改造。对于围护结构符合国家建筑节能标准的应进行供热系统热计量改造。热源、热网、热力站等设施供热计量改造也应同步进行。

第二十二条 既有建筑供热计量及节能改造包括：建筑围护结构节能改造；室内供热计量及温度调控改造；热源及供热管网节能、平衡及热计量改造。供热计量和温度调控装置的选型、购置、维护管理等事项按照本办法第十四条规定执行。

第二十三条 供热主管部门应当加强对供热计量改造工程的监督管理，严格执行基本建设程序，并组织有关专家及国家承认的检测机构对改造后的节能效果进行评价。

第二十四条 供热单位应当加大供热系统节能改造力度。对供热管网、热力站等按照供热计量的要求进行系统节能和供热计量改造，具备供热计量收费的条件，达到供热系统节能效果。

第二十五条 各地应当采用多种渠道筹措供热计量改造资金，按照财政部、住房和城乡建设部及当地政府有关规定进行既有建筑供热计量改造工作。

第四章 供热系统运行与计量收费

第二十六条 供热单位应当按照供热计量的要求，对供热系统进行技术改造并实施供热计量管理。供热单位应依法做好能源消耗统计工作，并确保统计数据真实、完整。

第二十七条 供热主管部门应当根据城市建筑的建设年代、结构形式、设计能耗指标以及供热系统的能源利用率，对各单位能源消耗进行监管，对供热单位负责人进行考核。

第二十八条 供热主管部门应当按国家发展和改革委员会、建设部印发的《城市供热价格管理暂行办法》的要求，结合当地实际，会同有关部门制定供热计量收费管理实施办法。建立健全城市供热计量监管体系，维护供、用热双方的合法权益。

第二十九条 供热主管部门应当指导供热单位逐步建立健全供热计量户籍热费管理系统，建立包括用户热费、职工补贴、房屋建筑等基本信息的用户个人账户档案，实现个人账户热费网络化管理。

第三十条 供热单位应与用户签订供用热合同，约定双方的权利和义务，合同中应包含供热计量装置管理、维护、更换及供热价格、收费方式、纠纷处理等内容。

第五章 监督管理与处罚

第三十一条 建设单位不执行本办法第六条、第十四条第二款、第十八条第一款规定，违反建筑节能标准的，依据《中华人民共和国节约能源法》第七十九条第一款规定予以处罚。

第三十二条 设计单位不执行本办法第六条、第十一条规定，施工单位不执行本办法第六条、第十五条规定，监理单位不执行本办法第六条、第十六条规定，违反建筑节能标准的，依据《中华人民共和国节约能源法》第七十九条第二款规定予以处罚。

第三十三条 房地产开发企业不执行本办法第十九条规定，在销售采用集中供热的房屋时未向购买人明示所售房屋供热计量措施的，依据《中华人民共和国节约能源法》第八十条规定予以处罚。

第三十四条 供热单位不执行本办法第六条、第十四条第二款、第三款规定，具有选用不符合国家相关标准的供热计量装置和温度调控装置等行为的，由建设或供热部门责令改正，造成损失的，依法承担赔偿责任。

第六章 附 则

第三十五条 本办法自发布之日起施行。

3.2.3 《关于推进北方采暖地区既有居住建筑供热计量及节能改造工作的实施意见》(建科［2008］95号) 2008年6月13日

北京市建委、市政管委、财政局，天津市建委、财政局，河北省、山西省、内蒙古自治区、辽宁省、吉林省、黑龙江省、山东省、河南省、陕西省、甘肃省、青海省、宁夏自治区、新疆自治区建设厅、财政厅、新疆生产建设兵团建设局、财务局：

《国务院关于印发节能减排综合性工作方案的通知》(国发［2007］15号）明确提出了“十一五”期间推动北方采暖区既有居住建筑供热计量及节能改造1.5亿平方米的工作任务。财政部印发了《北方采暖区既有居住建筑供热计量及节能改造奖励资金管理暂行办法》(财建［2007］957号)，并预拨了部分奖励资金。为进一步推进北方采暖区既有居住建筑供热计量及节能改造工作，发挥财政资金使用效益，现提出以下实施意见。

一、充分认识北方采暖地区既有居住建筑供热计量及节能改造工作的重要意义

（一）北方采暖地区既有居住建筑供热计量及节能改造是落实“十一五”节能减排任务的重要内容。北方地区既有居住建筑采暖能耗占当地全社会能耗的25%左右，是建筑节能工作的重点。开展北方采暖地区既有居住建筑供热计量及节能改造，推进按用热量计量收费，可以有效降低采暖能耗，提高能源使用效率，改善室内热环境质量，促进居民行为节能，实现建筑节能目标，并可以大量减少由于燃煤取暖产生的CO_2和污染物排放，对于实现“十一五”节能减排目标具有重要的作用。

（二）北方采暖地区既有居住建筑供热计量及节能改造是构建社会主义和谐社会的重要举措。北方采暖地区既有居住建筑除了冬季采暖普遍能耗高外，还存在室内热舒适度较差、居民热费支出相对较高等问题。通过实施供热计量及节能改造，实行按用热量计量收费，可以节约能源，提高生活质量，减轻居民热费支出的负担，实现经济社会和谐发展。

（三）北方采暖地区既有居住建筑供热计量及节能改造是政府履行社会公共管理职能的重要方面。北方采暖地区既有居住建筑供热计量及节能改造涉及居民、供热单位、房屋产权单位等多方利益，只有充分发挥政府的引导作用，统筹规划、周密部署、稳步实施，方可达到预期目标。各级建设、财政主管部门，应把开展供热计量及节能改造作为为人民群众办实事、办好事的重要任务抓紧抓好。

二、指导思想、工作原则及目标

（四）指导思想。贯彻党的十七大精神，全面树立科学发展观，认真落实《国务院关于印发节能减排综合性工作方案的通知》(国发［2007］15 号)，有效发挥中央财政的引导和调控作用，以地方政府为主体，充分调动相关主体积极性，创新节能改造模式和融资方式，积极推进供热体制改革，切实降低北方采暖地区既有居住建筑能耗，确保完成建筑节能“十一五”工作任务，为实现国家“十一五”节能减排总体目标打下坚实基础。

（五）工作原则。在推进北方采暖地区既有居住建筑供热计量及节能改造工作中，应遵循以下原则：坚持节约能源与节省热费支出并举的原则，改造应与实行按热量计量收费同步推进，降低采暖能耗的同时，节省居民热费支出；坚持兼顾各方面利益的原则，改造要尊重居民意愿，保障群众权益，兼顾供热单位利益，确保社会和谐稳定；坚持技术经济合理性原则，应分析改造投入及产生的效益，优先选择投入少、效益明显的项目进行改造；坚持整体、同步改造的原则，应以热源或热力站为单元，对其所覆盖区域内的供热系统、建筑围护结构为整体，进行统一规划和设计，同步实施改造；坚持实事求是、综合推进的原则，改造应根据本地实际情况与房屋修缮维护工作相结合，切实防止借改造名义进行大拆大建。

（六）工作目标。“十一五”期间，启动和实施北方采暖地区既有居住建筑供热计量及节能改造面积 1.5 亿平方米，其中，北京 2500 万平方米（含中央国家机关在京单位既有居住建筑)、天津 1300 万平方米、辽宁 2400 万平方米（其中大连 500 万平方米)、山东 1900 万平方米（其中青岛 300 万平方米)、黑龙江 1500 万平方米、吉林 1100 万平方米、河北 1300 万平方米、河南 360 万平方米、山西 460 万平方米、陕西 200 万平方米、甘肃 350 万平方米、内蒙古 600 万平方米、新疆 700 万平方米、宁夏 200 万平方米、青海 30 万平方米、新疆生产建设兵团 100 万平方米。全面推进供热计量收费，实现节约 1600 万吨标准煤。

三、认真做好改造各项工作

（七）做好建筑现状调查和能耗统计。各地建设主管部门要组织对本辖区内既有居住建筑的建成年代、结构形式、供热系统状况等基本信息进行调查、统计，摸清既有居住建筑的采暖能耗，确定重点改造区域及项目。建立不同地区、不同建筑形式、不同供热方式的单位面积建筑能耗基线数据库，确定建筑单位面积能耗基线，为既有居住建筑的供热计量及节能改造提供依据。

（八）编制改造实施方案。省级建设主管部门按照国家确定的改造目标，将改造任务逐级分解并落实。指导本辖区内市（区、县）建设主管部门根据节能改造任务，编制改造实施方案。实施方案应包括改造规划和年度计划、改造项目的技术方案和融资模式、改造效益分析、相应保障措施等内容。实施方案应报同级人民政府批准后组织实施。

（九）组织实施节能改造。各地建设主管部门应在尊重建筑所有权人意愿的基础上实施改造。按照公开、公平、公正的原则，采用招投标的方式优选施工单位。建筑主体结构节能改造实施过程应纳入基本建设程序管理。供热计量改造时，供热管理部门应配合建设质量监管部门对施工过程进行全过程全方面监管，确保节能改造工程的质量。

（十）建立完善的评估机制。各地建设、财政主管部门应建立完善节能改造评估体系，对改造的任务完成情况、节能改造项目设计、施工资料进行验收，应委托具备条件的建筑能效测评机构，对改造工作量、节能效果、居民热舒适度改善及热费支出降低等情况进行评价，达不到预期指标的，应分析原因，提出限期整改要求，并监督落实。

（十一）总结经验、积极宣传推广。各级建设、财政主管部门要大力宣传既有居住建筑供热计量及节能改造的重大意义，动员相关部门、供热企业、居民等积极参与既有居住建筑供热计量及节能改造工作。要对实施改造的成功范例及时总结并推广，不断扩大社会影响，努力营造有利于改造工作的舆论环境。

四、完善配套措施，保障改造任务的落实

（十二）积极推进城镇供热体制改革。各地要认真贯彻建设部等八部委《关于进一步推进城镇供热体制改革的意见》及有关文件要求，北方采暖地区要完成采暖费补贴“暗补”变“明补”改革，并同步建立个人热费账户。认真落实国家发展改革委、建设部印发的《城市供热价格管理暂行办法》，完善供热价格形成机制，实行按用热量计量收费制度。各级建设主管部门应会同有关部门，研究制定按用热量计量收费的实施办法。

（十三）多渠道筹措改造资金。北方采暖地区既有居住建筑供热计量及节能改造所需资金主要靠企业自筹、社会资金投入、受益居民投入等方式予以解决。中央财政设立专项资金，支持北方采暖地区既有居住建筑供热计量及节能改造工作。按照国发［2007］15号文件精神，地方财政应安排必要的引导资金予以支持。应充分利用市场机制，鼓励采用合同能源管理等建筑节能服务模式，创新资金投入方式，落实改造费用。

（十四）完善组织体系。各地建设、财政主管部门应根据本地区实际情况，建立健全有效的供热计量及节能改造工作协作机制，统一协调、部署工作中的重大问题，要充分发挥墙改节能、供热管理等现有机构的作用，做好节能改造的组织、实施工作。

（十五）建立完善技术标准支撑体系。各地建设主管部门应结合当地实际编制节能改造相关技术规程、图集、工法等，指导和规范节能改造项目的实施。应充分发挥有关大专院校、建筑科研等机构的作用，为改造项目提供技术支持。

（十六）健全监督考核机制。住房和城乡建设部、财政部将视情况，组织对各地供热计量及节能改造工作进展情况，以及中央财政奖励资金的使用情况等进行监督检查。各地建设主管部门应建立责任考核机制，将节能改造目标及任务落实情况作为责任部门领导及相关人员的绩效考核内容。有关检查考核结果将作为财政部清算中央财政节能改造奖励资金的主要依据之一。

附件：《北方采暖地区既有居住建筑供热计量及节能改造实施方案》

中华人民共和国住房和城乡建设部
中华人民共和国财政部
二〇〇八年五月二十一日

附件：

北方采暖地区既有居住建筑供热计量及节能改造实施方案

为落实《国务院关于印发节能减排综合性工作方案的通知》(国发［2007］15 号）提出的工作任务，积极稳妥地推进北方采暖地区既有居住建筑供热计量及节能改造工作，提出以下实施方案。

一、工作目标

创新改造模式，推进供热体制改革，充分利用社会资金，推动北方采暖地区既有居住建筑供热计量及节能改造，确保完成国务院确定的 1.5 亿平方米改造任务，实现节约 1600 万吨标准煤。

二、主要工作内容

（一）逐级分解国务院确定的改造任务，落实具体项目

1. 各省、自治区、直辖市应将国家分解的工作任务进一步分解到所辖各市（区、县)，并将分解结果报住房和城乡建设部、财政部备案。

2. 各地根据承担的工作任务，确定具体改造项目，确定项目时应坚持以下几点原则：

（1）按照《民用建筑能耗统计报表制度》、《建筑能耗数据采集标准》要求，对本辖区内既有建筑信息和能耗信息进行调查，优先将节能潜力大的项目确定为改造对象。

（2）采取入户调查、问卷调查、集中座谈等方式，广泛听取居民、产权单位、供热单位等对实施改造及投资改造的意见，优先将各方主体改造意愿统一、改造资金落实的建筑确定为改造对象。

（3）应以热源或热力站为单元，对其所覆盖区域内的供热系统、建筑围护结构为整体，进行统一规划和设计，同步实施改造。

（4）对既有居住建筑进行抗震、结构、防火安全评估，对不能保证继续安全使用 20 年的建筑，不宜开展建筑节能改造，或者对此类建筑同步开展安全和节能改造。

（5）既有居住建筑供热计量及节能改造，应力求与城市旧城区改造、建筑物修缮、城市及区域性热源改造等相结合进行。属于城市拆迁范围内的居住建筑不得列为改造对象。

（二）确定城市年度改造实施方案

1. 各地建设、财政主管部门制定落实本地区改造任务的实施方案（编写提纲见附件 1)，经本级人民政府批准后，组织实施，同时报省级建设、财政主管部门备案。

2. 各地建设、财政主管部门在所辖市（区、县）制订的实施方案基础上，填写既有居住建筑供热计量及节能改造项目汇总表（附件 2）及项目基本情况表（附件 3)，报住房和城乡建设部、财政部备案。

（三）组织实施供热计量及节能改造

1. 灵活选择融资模式

各地建设、财政主管部门应充分发挥组织协调作用，充分调动供热企业、能源服务公司、产权单位、居民个人及金融机构等各方面力量，通过企业自筹、受益居民投入、财政支持等方式筹措资金，进行热源及管网热平衡、室内供热系统计量及温度调控、建筑围护结构节能薄弱环节等方面的改造。总结国内外实施改造的经验，改造的投资主体和回报方

式一般有以下几类：

（1）供热企业改造模式。供热企业投资供热计量及节能改造，通过降低既有居住建筑的供热成本，收取新增用户的入网费和采暖费实现投资回报。

（2）节能服务公司改造模式。节能服务公司投资改造，可从与供热企业协议的热费价差及改造后节省的能源费用作为收益回报。

（3）单一产权主体改造模式。产权单位投资改造，可通过改造后节省的能源费用实现回报。

（4）居民自发改造模式。居民个人参与投资改造，可通过实施热计量收费降低热费支出获得收益，同时可改善居住环境。

（5）国际合作项目改造模式。改造主体通过申请国际政府间贷款、清洁发展机制项目（CDM）等，获得改造资金。

（6）组合改造模式。以上几种模式的不同组合，例如供热企业、能源服务公司、居民在政府支持和协调下共同实施节能改造，供热企业负责一次管网的改造投资，能源服务公司负责室内供热系统的热计量及温度调控改造的投资，居民负责门窗等透明围护结构节能改造的投资。

2. 实施节能改造

各地应参照《北方采暖地区既有居住建筑供热计量及节能改造技术导则》（另发）制定改造技术方案，并经必要的技术论证，报当地建设主管部门批准后，组织实施节能改造。节能改造包括以下三项内容：

（1）建筑室内采暖系统热计量及温度调控改造。应因地制宜，合理确定热计量方式，应优先实行热源计量和楼栋计量。室内采暖系统改造应以温度调控和热计量为手段、实现建筑节能为目的，不应仅局限于热量收费。改造应采用合理可行、投资经济、简单易行的技术方案。特别注意应根据既有室内采暖系统现状选择改造后的室内采暖系统形式，改造应尽量减少对居民生活的干扰。改造后的室内采暖系统既要满足室温可调和分户计量的要求，又要满足运行和管理控制的要求。改造的供热采暖系统，必须明确一处供热企业和终端用户之间的热费决算位置，并在该位置上安装热量表。

（2）热源及管网热平衡改造。热源的节能改造方案应技术上合理，经济上可行。锅炉、热力站所采用的调节手段应与改造后的室内采暖系统形式相适应。锅炉房、热力站应对燃料消耗量、供热量、补水量、耗电量进行计量，动力用电、水泵用电、照明用电宜分别计量。燃气锅炉改造时应优先考虑设置烟气余热回收装置。室外供热管网改造前，应对管道及其保温质量进行检查和检修，及时更换损坏的管道阀门及部件。室外管网应进行严格的水力平衡计算，当各并联环路之间的压力损失差值达不到要求时，应在建筑物热力入口处设置静态水力平衡阀。

（3）建筑围护结构节能改造。建筑围护结构节能改造的重点可根据建筑所处的气候区、结构体系、围护结构构造类型的不同有所侧重。改造前应首先对外墙平均传热系数、保温材料的厚度，以及相关的构造措施和节点做法等进行分析和评价，确定围护结构节能改造的重点部位和重点内容。应优先选用对居民干扰小、工期短、对环境影响小、安装工艺便捷的围护结构改造技术。应首先考虑透明围护结构节能改造，提高门窗的热工性能和气密性，鼓励业主以参与投资的方式更换原有品质差的门窗。建筑围护结构节能改造工程必须确保建筑物的抗震、结构安全、防火和主要使用功能。

3. 开展全过程监管

各地建设主管部门或其委托的单位应对改造的施工过程进行全过程的质量监管，对实施主体结构节能改造的项目，应纳入基本建设程序进行管理；按照招投标的方式进行优化选择施工单位。实施节能改造的部分必须满足现行强制性节能设计标准的要求，当地建设主管应对改造项目的节能效果进行考核评价。

（四）加强节能改造考核

各省级建设、财政主管部门应委托能效测评机构对所辖地区改造项目的实际完成工作量及节能效果进行评估，并将评估结果汇总后报住房和城乡建设部、财政部。

住房和城乡建设部、财政部将委托建筑能效测评机构，对节能改造项目实际节能量和供热计量实施情况进行抽样复评，对达不到预期节能目标的项目，分析原因，限期由责任方完成整改。整改后仍达不到预期目标的，不给予该项目的中央财政资金奖励。

三、中央财政奖励资金的核定

按照《财政部关于印发〈北方采暖地区既有居住建筑供热计量及节能改造奖励资金管理暂行办法〉的通知》（财建［2007］957 号）文件要求，中央财政奖励资金的核定将以改造工作量和节能效果为基本依据。

（一）关于改造工作量的核定。节能改造的内容包括建筑围护结构节能改造、室内供热系统计量及温度调控改造、热源及供热管网热平衡改造三项，对应的权重系数分别为 60%、30%、10%。其中：

1. 建筑围护结构节能改造的内容包括建筑外墙、门窗、屋面、地面及楼梯间等。改造后的主体部位传热系数、门窗气密性应满足国家建筑节能设计标准要求（地方标准要求高于国家标准的应满足地方标准要求）。

2. 室内供热系统计量及温度调控改造。既有建筑采暖系统的计量改造，在楼前加装热计量装置，室内采暖系统应根据实际系统情况选择不同的计量形式及温度调控改造方式。改造后应具备实行按用热量计量收费的条件，达到用户可以自行调节室内温度的目的。

3. 热源及供热管网热平衡改造。包括热源、热力站、管网安装计量装置和水力平衡、气候补偿、变频等调控装置。此项改造为适应建筑外围护结构改造、室内供热系统供热计量及节能改造对热源及管网热力、水力工况造成的影响而进行，其改造工作量按对应的建筑外围护结构改造、室内供热系统供热计量及节能改造面积进行折算。

（二）关于节能效果的核定。节能效果根据实施改造后的节能量确定。

1. 改造前建筑采暖能耗基线的确定。计划 2008 年采暖期前实施改造的项目，其能耗基线可依据同类型、同种供热形式的建筑能耗统计数据确定。计划 2008 年采暖期之后实施改造的项目，应在采暖季开始之前，在其对应的热源、热力站、改造建筑及小区内其他非改造建筑楼前安装热计量装置，通过计量确定改造对象在改造前与改造后的采暖耗能。

2. 在保证相同室内温度的前提下，以热源为单元，对其所覆盖区域内的供热系统、建筑围护结构进行改造的，热源端的节能效果高于 30% 的，节能效果系数为 1.2，节能量高于 20% 的，节能效果系数为 1；节能量高于 15% 的，节能效果系数为 0.8；以热力站为单元，对其所覆盖区域内的供热系统、建筑围护结构进行改造的，热力站节能量高于

40%的，节能效果系数为1.2；节能量高于30%的，节能效果系数为1；节能量高于20%的，节能效果系数为0.8。

四、进度要求

（一）各省、自治区、直辖市应在2008年6月1日前将分解到所辖各市（区、县）的工作任务报住房和城乡建设部、财政部备案。

（二）各省、自治区、直辖市应在2008年6月15日前，将所辖各市（区、县）第一批和第二批启动的改造项目报住房和城乡建设部、财政部备案。

（三）各省、自治区、直辖市应于2008年6月30日之前，制订完成年度改造实施方案，并报住房和城乡建设部、财政部。

（四）各省、自治区、直辖市应在2008年采暖期开始前完成第一批改造项目，完成第二批项目供热计量装置安装。

五、保障措施

（一）建立健全组织体系。各地应加强既有居住建筑供热计量及节能改造工作的组织领导，建立健全供热计量及节能改造工作协调机制，统一研究、协调、部署工作中的重大问题，具体组织、实施工作可委托当地墙改节能办、供热办等机构负责。

（二）经济激励机制。中央财政已设立北方采暖区既有居住建筑供热计量及节能改造专项资金，对实施改造的项目给予资金奖励支持。各地财政应按照国发［2007］15号文件规定，对该项工作予以必要的资金支持，并结合本地区实际，积极研究针对既有居住建筑供热计量及节能改造的经济政策，确保完成工作任务。

（三）建立技术支撑体系。各地应依托当地技术能力强的大专院校、建筑科研机构等，为节能改造项目提供技术支持，完善适应本地既有居住建筑供热计量及节能改造的政策措施、技术标准、实施指南等。

（四）考核评价

1. 国家层面考核。北方采暖地区既有居住建筑供热计量及节能改造工作将纳入全国建筑节能专项检查的考核范围，重点审定各省级建设主管部门工作任务完成进度、节能目标完成情况，检查结果将向社会公示。财政部将检查各省级财政主管部门对中央财政资金的使用情况。

2. 省级层面考核。各省级建设、财政主管部门应建立领导责任考核机制，将节能改造目标及任务落实到各级管理机构及人员工作绩效考核中。应对所辖承担改造任务的市（区）工作任务完成进度、节能目标完成情况、市级财政对中央和省级财政资金使用情况等方面进行考核。

3. 城市层面考核。各承担改造任务的市（区）建设、财政主管部门考核改造项目工作量、节能目标的完成情况，以及国家财政资金使用情况。每年要定期公布各改造项目的进展情况。

附：

1. 既有居住建筑供热计量及节能改造实施方案（编写提纲）

2. 各省、自治区、直辖市既有居住建筑供热计量及节能改造项目汇总表

3. 既有居住建筑供热计量及节能改造项目基本情况表

附1：

既有居住建筑供热计量及节能改造实施方案

（编写提纲）

一、城市既有居住建筑基本情况及能耗情况

二、城市承担的改造任务、改造规划及年度改造计划

三、改造项目技术方案综述

四、改造项目融资模式综述

五、节能环保效益及经济效益分析

六、保障措施情况，包括组织保障体系、城市供热体制改革进展情况、技术及标准配套情况、改造项目质量保证体系等。

附2：

各省、自治区、直辖市既有居住建筑供热计量及节能改造项目汇总表

填报单位：　　　　　财政、建设主管部门　　　　　　（联合盖章）

编　号	项 所在城市（区、县）	项目名称	改造面积（平方米）	改造内容	项目投资（万元）	申请中央财政奖励资金（万元）	节能效益（吨标准煤）	项目实施起止时间

填表说明：1. 项目编号由各省、自治区、直辖市统一编号；编号方法×××-×××-001，前三位为省代码，中间三位城市代码，后三位项目编号。

2. 改造内容（填相应序号即可）：[1] 室内供热系统计量及温度调控改造；[2] 热源和供热管网热平衡改造；[3] 建筑围护结构节能改造。

3. 申请中央财政资金数额按《北方采暖地区既有居住建筑供热计量及节能改造奖励资金管理暂行办法》中的奖励标准确定。

附 3：

项目基本情况表

项目名称		项目地址		项目责任单位			
供热单位		改造实施单位		技术支撑单位			
项目所在地建设部门联系人及电话		项目单位联系人及电话					
项目必要性（建筑基本情况、能源消耗情况、存在的主要问题）							
项目改造技术方案							
改造完成后达到目标（节能目标、室内热环境改善情况、节省热费支出等）							
项目总投资		申请中央财政资金		地方财政配套资金		自筹及其他	
项目前期准备工作情况							
项目实施进度安排							

3.2.4 《北方采暖地区既有居住建筑供热计量及节能改造技术导则（试行）》(建科［2008］126 号) 2008 年 7 月 10 日

北京市建委、市政管委，天津市建委，河北省、山西省、内蒙古自治区、辽宁省、吉林省、黑龙江省、山东省、河南省、陕西省、甘肃省、青海省、宁夏自治区、新疆自治区建设厅，新疆生产建设兵团建设局：

为贯彻落实《国务院关于印发节能减排综合性工作方案的通知》(国发［2007］15 号)，以及住房和城乡建设部、财政部《关于推进北方采暖地区既有居住建筑供热计量及节能改造工作的实施意见》(建科［2008］95 号）的要求，指导北方采暖地区既有居住建筑供热计量及节能改造工作，我部组织专家编制了《北方采暖地区既有居住建筑供热计量及节能改造技术导则》(试行)，现印发给你们，请结合本地区实际贯彻执行，并及时总结经验，提出意见和建议。有关情况请及时告我部科学技术司。

中华人民共和国住房和城乡建设部

二〇〇八年七月十日

3.2.5　关于印发《供热计量技术导则》的通知（建城［2008］183号）**2008年10月8日**

北京市建委、市政管委，天津市建委，河北省、山西省、内蒙古自治区、辽宁省、吉林省、黑龙江省、山东省、河南省、陕西省、甘肃省、青海省、宁夏回族自治区、新疆维吾尔自治区建设厅，新疆生产建设兵团建设局：

为贯彻《民用建筑节能条例》，落实《民用建筑供热计量管理办法》的要求，指导供热计量工作，我部编制了《供热计量技术导则》，现印发给你们。请结合本地区实际认真贯彻执行，并总结经验，有关情况请及时告我部城市建设司。

中华人民共和国住房和城乡建设部

二〇〇八年十月八日

3.2.6　关于印发《北方采暖地区既有居住建筑供热计量改造工程验收办法》的通知（建城［2008］211号）**2008年11月6日**

北京市建委、市政管委，天津市建委，河北省、山西省、内蒙古自治区、辽宁省、吉林省、黑龙江省、山东省、河南省、陕西省、甘肃省、青海省、宁夏回族自治区、新疆维吾尔自治区建设厅，新疆生产建设兵团建设局：

为落实《国务院关于印发节能减排综合性工作方案的通知》(国发［2007］15号）以及住房和城乡建设部、财政部《关于推进北方采暖地区既有居住建筑供热计量及节能改造工作的实施意见》(建科［2008］95号）的要求，指导北方采暖地区既有居住建筑供热计量改造工作，我部制定了《北方采暖地区既有居住建筑供热计量改造工程验收办法》，现印发给你们，请贯彻执行。

中华人民共和国住房和城乡建设部

二〇〇八年十一月六日

附件：

北方采暖地区既有居住建筑供热计量改造工程验收办法

第一章　总　　则

第一条　为落实《国务院关于印发节能减排综合性工作方案的通知》提出的工作任务，推进北方采暖地区居住建筑供热计量改造工作，根据《供热计量技术导则》、《建筑节能工程施工质量验收规范》等有关技术标准，制定本办法。

第二条　本办法所称既有居住建筑供热计量改造是指对既有居住建筑中不符合国家节能标准的供热系统按照供热计量收费的要求进行改造。包括户内采暖系统改造和管网、热源的改造。

第三条 既有居住建筑供热计量改造工程竣工后必须实行按照用热量收取热费，否则工程不予验收。

第四条 本办法适用于列入国家“十一五”1.5亿平方米改造计划的既有居住建筑供热计量改造工程。

第二章 验收依据

第五条 验收工作的主要依据：

（一）住房和城乡建设部、财政部《关于推进北方采暖地区既有居住建筑供热计量及节能改造工作的实施意见》(建科［2008］95号)、《民用建筑供热计量管理办法》(建城［2008］106号)；

（二）《建筑节能工程施工质量验收规范》(GB 50411—2007)、《北方采暖地区既有居住建筑供热计量及节能改造技术导则》(建科［2008］126号)。

（三）财政部《北方采暖地区既有居住建筑供热计量及节能改造奖励资金管理暂行办法》(财建［2007］957号)；

（四）经城市建设（供热）等有关部门批准的既有居住建筑供热计量改造规划、年度实施计划、项目可行性研究报告、初步设计（或实施方案）及经城市建设（供热）等有关部门批准的项目年度投资计划文件。

第三章 验收内容

第六条 验收内容包括：

（一）供热计量改造工程完成情况；

（二）改造工程资料（包括：项目计划、设计施工方案以及热计量装置、温控装置等产品说明书、合同等文件资料）；

（三）技术方案和节能效益评估情况；

（四）财务决算资料（包括：投资计划、融资方案和自筹资金到位情况）；

（五）运行管理情况（包括：供热运行管理单位、责任人和计量管理制度方面的情况）。

第四章 验收组织

第七条 城市建设（供热）行政主管部门组织有关部门组成验收工作组，负责供热计量改造工程验收工作。

第八条 验收工作组应组织专家或委托具备条件的建筑能效测评机构，对改造项目设计、施工资料、改造工作量、节能效果等进行评价，提交评价报告。

第九条 工程项目法人（项目实施单位）及设计、施工、监理、运行管理单位人员列席验收工作组会议，负责解答验收工作组成员的质疑。

第五章 验收准备与程序

第十条 工程项目法人（项目实施单位）准备供热计量改造项目工程建设管理工作报告。报告内容包括：

（一）供热计量改造项目概况；

（二）改造项目设计（技术方案）要点；

（三）项目实施方案；

（四）工程质量；

（五）完工决算；

（六）施工图纸及有关附件；

（七）建设监理工作报告。

第十一条 由项目法人（项目实施单位）向城市建设（供热）行政主管部门报送“验收申请报告”。

验收申请报告内容包括：

（一）供热计量改造项目完成情况；

（二）建议组织验收参加单位、人员；

（三）项目建设管理工作报告。

第十二条 城市建设（供热）行政主管部门收到“验收申请报告”后，组成验收工作组，根据建筑能效测评机构或专家组的评价报告确定验收日期、地点及参加单位等有关事宜。

第十三条 验收按下列程序进行：

（一）听取项目法人（项目实施单位）“项目建设管理工作报告”。

（二）听取监理单位“项目监理工作报告”。

（三）检查工程：改造工程必须符合分户计量、实行按照用热量收取热费的要求。并对工程质量进行验收，对工程量、节能效果系数、进度系数进行核定。

（四）检查项目建设资料和财务决算资料。

（五）听取专家组或节能测评机构评价报告。

（六）验收工作组讨论并拟定“验收意见书”。

（七）宣读“验收意见书”。

第六章　验 收 备 案

第十四条 验收合格的项目，城市建设（供热）行政主管部门应将“验收意见书”及有关资料分别报省级建设（供热）行政主管部门备案。

第七章　附　　则

第十五条 本办法由住房和城乡建设部城市建设司负责解释。

第十六条 本办法自颁布之日起执行。

3.3　国家机关办公建筑和大型公共建筑节能监管体系

3.3.1 《关于加强国家机关办公建筑和大型公共建筑节能管理工作的实施意见》（建科［2007］245号）**2007年10月2日**

各省、自治区、直辖市、计划单列市建设、财政厅（委、局），新疆生产建设兵团建设、财务局：

随着我国经济的发展，国家机关办公建筑和大型公共建筑高耗能的问题日益突出。据统计，国家机关办公建筑和大型公共建筑年耗电量约占全国城镇总耗电量的22%，每平方米年耗电量是普通居民住宅的10~20倍，是欧洲、日本等发达国家同类建筑的1.5~2倍，做好国家机关办公建筑和大型公共建筑的节能管理工作，对实现"十一五"建筑节能规划目标具有重要意义。为贯彻落实《国务院关于印发节能减排综合性工作方案的通知》(国发［2007］15号)、《关于加强大型公共建筑工程建设管理的若干意见》(建质［2007］1号）文件精神，全面推进国家机关办公建筑和大型公共建筑节能管理工作，特提出以下意见：

一、指导思想和工作目标

（一）指导思想。以"三个代表"重要思想为指导，全面落实科学发展观，以提高国家机关办公建筑和大型公共建筑能源利用效率为目标，新建建筑要坚持遵循适用、经济，在可能条件下注意美观的原则，在建设的全过程中注重资源节约和保护环境，严格执行建筑节能强制性标准；既有建筑要加强用能管理，以制度建设为重点，运用经济、法律和行政管理手段，完善节能管理体系，培育和规范建筑节能服务体系，形成政府监管、市场引导的推进模式，建立促进节能的长效机制，稳步推进。

（二）工作目标。"十一五"期间，建立健全国家机关办公建筑和大型公共建筑节能监管体系，进一步强化监督管理，确保新建建筑全面执行建筑节能强制性标准，建立和完善能效测评、用能标准、能耗统计、能源审计、能效公示、用能定额、节能服务等各项制度，促进既有高耗能国家机关办公建筑和大型公共建筑节能运行和改造。争取"十一五"期末，国家机关办公建筑和大型公共建筑总能耗下降20%，节约1100~1500万吨标准煤。

今明两年工作重点是在国家机关办公建筑和大型公共建筑比较集中的省市，建立国家机关办公建筑和大型公共建筑节能监管体系，开展能耗统计、能源审计、能效公示等工作。在此基础上，研究制定用能标准、能耗定额和超定额加价、节能服务等制度，并逐步在全国范围内推开。

二、严格执行节能标准，抓好新建建筑节能

（三）进一步明确建筑方针。国家机关办公建筑和大型公共建筑的建设活动，要坚持科学发展观，立足国情，既要保证质量安全，又要强调使用功能与经济实用，特别是要考虑运营过程中消耗能源资源的成本，既要考虑建筑外观效果，又要强调建筑结构、设备的节能及环保要求，要考虑当地经济发展水平和实际需要，杜绝盲目攀比，浪费投资的现象。

（四）强化执行节能标准的全过程监管。在国家机关办公建筑和大型公共建筑建设的全过程严格执行建筑节能标准，在规划立项阶段，把能耗标准作为建设国家机关办公建筑和大型公共建筑项目核准和备案的强制性门槛。施工图设计文件审查不合格的不得颁发施工许可证。项目建成后，必须进行建筑能效专项测评，达不到节能强制性标准的，有关部门不得办理竣工验收备案手续。

（五）落实项目建设各方主体责任。建设单位要按照相应的建筑节能要求委托工程项目的建筑设计。竣工验收应包括查验建筑节能强制性标准执行情况。设计单位要严格按照有关节能、节地、节水、节材和环保标准进行设计。施工图设计文件审查机构要在审查报告中单列建筑节能专项审查内容，审查不合格的，不得通过施工图审查。施工、监理单位要严格落实设计文件中的各项节能措施，确保质量。

三、加强节能运行与改造，提高既有建筑能源利用效率

（六）开展建立节能监管体系相关工作。今明两年，国家支持在国家机关办公建筑和大型公共建筑比较集中的省市开展节能监管体系建设相关工作，工作内容主要包括对国家机关办公建筑和大型公共建筑的建筑面积、使用功能、结构形式、年度能耗总量等基本信息的调查统计，对重点用能单位的能源审计，对能耗统计或能源审计结果的公示，对重点城市中重点建筑进行建立能耗检测平台试点等。各地要按照《国家机关办公建筑和大型公共建筑节能监管体系建设实施方案》(附件)，认真组织实施。

（七）提高运行节能管理水平。国家机关办公建筑和大型公共建筑所有权人、业主或其委托的物业管理单位要设立专门的能源管理岗位，聘任具有节能专业知识的人员，负责本单位的能源管理工作，通过规范用能行为、优化系统运行、安设调节装置、完善运行管理制度等措施，切实降低运行能耗。各地建设、财政主管部门要会同有关部门定期监督检查运行节能管理工作情况，并监测节能效果。

（八）开展节能改造。国家机关办公建筑和大型公共建筑所有权人或使用人可以委托专业的能源服务机构对节能改造的必要性、可行性以及投入收益比等进行科学论证，并采取合同能源管理等方式组织实施。在改造时应同步考虑采用可再生能源。各地建设主管部门要在其改造过程中进行监督与管理，给予必要的指导和协助。国家机关办公建筑、政府投资和以政府投资为主的大型公共建筑的节能改造，应当制定节能改造方案，经充分论证，并按照国家有关规定办理相关审批手续后，方可进行。凡违反国家有关规定和标准，以节能改造的名义对既有建筑进行扩建、改建的，当地建设部门不得办理相关审批手续。

（九）加强制度建设。国家将制定国家机关办公建筑和大型公共建筑能耗统计、能源审计、能效公示管理办法和《建筑能耗数据采集标准》、《国家机关办公建筑和大型公共建筑能源审计导则》等，各地应结合本地实际，抓紧研究制定相应实施细则，并抓好落实。在示范省市取得经验的基础上，根据国家机关办公建筑和大型公共建筑的能耗监测情况及能源审计结果，研究制定重点用能单位的用能标准与用能定额，逐步建立超定额加价制度。

（十）认真做好宣传工作。各级建设主管部门要充分发挥舆论的导向与监督作用，大力宣传开展国家机关办公建筑和大型公共建筑节能管理工作的重要意义，对示范省市的管理模式、技术应用、制度建设等成功经验要积极宣传，扩大影响，努力营造有利于促进建筑节能的社会氛围。

四、完善各项配套措施，保障节能管理工作的落实

（十一）完善经济激励政策。按照国务院《节能减排综合性工作方案》要求，各级人民政府在财政预算中安排一定资金，支持重点节能工程、节能新机制的推广、节能管理能力建设等。中央财政将设立专项资金，支持建立国家机关办公建筑和大型公共建筑节能管理节能监管体系，推进节能运行与节能改造。地方财政也应切实加强对国家机关办公建筑和大型公共建筑节能的支持。

（十二）加强技术产品保障。各级建设主管部门要积极支持国家机关办公建筑和大型公共建筑节能的新技术、新产品的开发、集成和推广应用示范，组织引进、消化、吸收国外先进技术，优先支持科技含量高、经济性好、节能效果显著、拥有自主知识产权的设备产品及技术的研究开发。加快淘汰落后的技术、产品。

（十三）健全组织领导体系。各地建设主管部门要尽快制订本辖区内的国家机关办公建筑和大型公共建筑节能管理专项规划，编制工作实施方案。要采取切实可行的措施，形成协调配合、运行顺畅的工作机制，统一部署落实相关部门和单位的责任和分工。

（十四）强化考核评价管理。各地要建立国家机关办公建筑和大型公共建筑节能的奖惩考核机制，要把节能量纳入本地单位 GDP 能耗降低的考核目标体系，将节能管理目标及任务分解落实到各级管理机构及人员工作的绩效考核内容。各地工作进展情况将作为全国建筑节能专项检查专项考核评价的重要内容。

附件：

国家机关办公建筑和大型公共建筑节能监管体系建设实施方案

根据《国务院关于印发节能减排综合性工作方案的通知》（国发［2007］15 号），为建立国家机关办公建筑和大型公共建筑运行节能监管体系，提出以下实施方案：

一、工作目标

逐步建立起全国联网的国家机关办公建筑和大型公共建筑能耗监测平台，对全国重点城市重点建筑能耗进行实时监测，并通过能耗统计、能源审计、能效公示、用能定额和超定额加价等制度，促使国家机关办公建筑和大型公共建筑提高节能运行管理水平，培育建筑节能服务市场，为高能耗建筑的进一步节能改造准备条件。

二、主要工作内容

1. 能耗监测。对高耗能重点建筑安装分项计量装置，通过远程传输等手段及时采集分析能耗数据，实现对重点城市、重点建筑能耗的实时动态监测；对能耗统计、能源审计等基本信息实现全国联网，进行汇总分析。

2. 能耗统计。对国家机关办公建筑和大型公共建筑的基本情况、能源消耗（电、水、燃气、热量）分季度、年度的调查统计与分析。

3. 能源审计。根据能耗统计结果，选取各类型建筑中的部分高能耗建筑，或部分具有标杆作用的低能耗建筑进行能源审计。

4. 能效公示。在政府或其指定的官方网站以及本地主流媒体对能耗统计结果和能源审计结果进行公示。

5. 制度建设。制订本辖区能效公示办法；制订本辖区能耗调查与能源审计管理办法；建立和完善节能运行管理制度及操作规程；研究能耗定额标准与用能系统运行标准，逐步建立超定额加价制度；研究探索市场化推进大型公共建筑节能的机制。

三、中央财政支持的组织实施

中央财政设立专项资金，支持建立国家机关办公建筑和大型公建节能监管体系。地方财政也应积极支持节能监管体系的建立与运营。

（一）根据各地工作进展，2007 年，北京、天津、深圳三个城市率先建立动态监测平台，中央财政给予适当支持；2007 年支持示范省市开展能耗统计、能源审计、能效公示工作。

（二）从 2008 年开始，中央财政支持北京、天津和深圳三个城市完善动态能耗监测平台，并根据能耗监测平台运行情况、各地工作进展，支持其他具备条件的城市建立能耗监测平台；在起步阶段，继续支持示范省市开展能耗统计、能源审计、能效公示工作，并逐步建立起用能定额和超定额加价制度。

（三）中央财政资金的申请、审核、拨付、使用等按照《国家机关办公建筑和大型公共建筑节能专项资金管理暂行办法》的规定执行。2007 年中央财政资金申请截止日期为 2007 年 11 月 10 日。

四、工作计划安排

2007 年开始在大型公共建筑较为集中且具备一定工作基础的省市开展国家机关办公建筑与大型公共建筑节能监管体系建设示范。2007 年示范范围包括：各直辖市、计划单列市；河北、辽宁、江苏、浙江、福建、山东、河南、湖北、湖南、广东、广西、海南、四川、贵州、陕西 15 个省（自治区）本级及其省会城市。在经过示范取得经验后，2008 年开始扩大示范范围，在全国逐步推开。

（一）建立能耗监测平台

1. 2007 年底，北京、天津和深圳三个城市要完成至少 20% 国家机关办公建筑和大型公共建筑的用电分项计量装置安装，并实现实时动态监测。

2. 2008 年采暖期开始前，北方采暖地区示范省市需完成改造区域内锅炉房、换热站的热计量装置安装。年底前，北京、天津、深圳三个城市要完成重点建筑的用电分项计量装置安装，其他省市根据试点情况，逐步推广。到 2010 年年底完成大多数重点建筑的用电分项计量装置安装，搭建起全国联网的城市国家机关办公建筑和大型公共建筑能耗监测平台。

（二）能耗统计

示范省市应根据《建筑能耗统计报表制度》（建科函［2007］271 号）、《建筑能耗数据采集标准》要求进行能耗统计，并确定重点用能建筑。

1. 2007 年 11 月底前完成能耗基本信息普查；

2. 2008 年开始根据能源分类计量和用电分项计量实施情况，按季进行能耗统计。

（三）能源审计

示范省市应按照《国家机关办公建筑和大型公共建筑能源审计导则》（另发）规定方法进行能源审计。

1. 2007 年 11 月底前审计不少于当年能效公示要求的各类建筑栋数；

2. 2008 年开始每年在各类型建筑单位面积能耗排名前 50% 的建筑中选取审计对象进行审计，对能效高的典型建筑按类型各选取不少于 3 栋作为标杆建筑进行审计。

（四）能效公示

1. 于 2007 年 12 月底之前实现建筑基本能耗信息和审计结果的公示：（1）国家机关办公建筑。示范省、自治区、直辖市应完成 20 个省直国家机关办公建筑的能效公示；示范计划单列市、省会城市应完成10个市直国家机关办公建筑的能效公示。（2）商业性大型公共建筑。四个直辖市和深圳市应完成至少20个商业性大型公共建筑（宾馆、商场、写字楼）的能效公示；示范的省会城市、其他计划单列市应完成至少10个商业性大型公共建筑的能效公示。（3）高等院校。除海南省之外的示范省、自治区、直辖市完成不少于5所高校的能效公示。

2. 2008年开始逐步增加分项能耗指标、综合能效排名、合理参考能耗水平等公示内容，每年对各类型建筑单位面积能耗排名前20%的建筑进行公示，对能效高的建筑按类型各选取3个作为标杆建筑进行公示。

（五）制度建设工作安排

1. 各示范省、自治区、直辖市和计划单列市应于2007年11月底前制定本辖区的能效公示管理办法；

2. 示范省市应于2008年12月底之前完成《建筑能耗数据采集标准》、《国家机关办公建筑和大型公共建筑能源审计导则》在本辖区的实施细则，本辖区能耗调查与审计管理办法；同步推进节能运行管理制度及操作规程的建立，能耗定额标准与用能系统运行标准的研究，超定额加价制度的建立。

五、工作目标考核

（一）国家考核。国家机关办公建筑和大型公共建筑运行节能管理工作的落实情况纳入全国建筑节能专项检查的考核范围，建设部、财政部将对工作完成情况进行考核。

（二）地方考核。各地应建立国家机关办公建筑和大型公共建筑节能量考核机制，并纳入本地单位GDP能耗下降的考核目标体系。

六、实施机构及保障措施

（一）财政部负责组织实施对节能监管体系建设的财政支持。建设部负责节能监管体系的建设、运营及管理，确保节能监管体系建设取得实效。各省（市）直属机关、事业单位、省（市）属大专院校节能监管体系建设由省级建设主管部门分别会同省级政府机关事务管理机构、省级教育主管部门组织实施；各市辖区范围内大型公共建筑节能监管体系建设由市级建设主管部门组织实施。

（二）建立节能监管体系，要争取当地政府的支持，建立相应的协调机制，把国家机关办公建筑和大型公共建筑制度的建立与地方各行业部门的单位GDP能耗下降分解指标任务结合，统一部署落实各部门责任。

（三）各示范省市应充分发挥现有建筑节能管理、工程质量监管等机构的作用，负责国家机关办公建筑和大型公共建筑节能监管体系建设和运行的具体管理工作。

（四）建立节能监管体系，要充分依托具有较强科研实力、设置相关专业的大专院校及相关实践经验丰富的建筑科研机构、技术服务机构等，整合各方面力量，共同做好能耗监测平台建设、能耗统计、能源审计等相关技术支撑工作。

（五）全国国家机关办公建筑和大型公共建筑能耗监测平台设在建设部信息中心，负责各地能耗监测平台能耗数据信息的统一管理工作。各省市应充分发挥现有的建设信息机构的作用，负责能耗建设平台的具体管理工作。

中央国家机关办公建筑及教育部直属大专院校节能监管体系建设及实施方案另行制定。

附表：

工作时间安排表

各项内容的实施	完成时间	工 作 内 容
能耗监测	2007 年底	北京、天津和深圳市三个城市要完成至少 20% 国家机关办公建筑和大型公共建筑的用电分项计量装置安装，并实现实时动态监测
	2008 年采暖期开始前	完成改造区域内锅炉房、换热站热计量装置安装
	2008 年底前	完成国家机关办公建筑和大型公共建筑能耗数据库建设；北京、天津和深圳市三个城市要完成重点建筑的用电分项计量装置安装，其他省市根据试点情况，依据当地实际情况，逐步推广
	2010 年底	完成大多数重点建筑的用电分项计量装置安装，搭建起全国联网的城市国家机关办公建筑和大型公共建筑能耗监测平台，实现对全国大多数重点建筑实现动态能耗监测
能耗统计	2007 年 11 月底前	完成基本信息调查
	2008 年开始	每年根据能源分类计量和用电分项计量实施情况，按季、年对能源分类计量和用电分项计量数据进行采集统计
能耗审计	2007 年 11 月底前	审计不少于能效公示要求的各类别建筑项目数
	2008 年开始	每年对各类型建筑单位面积能耗排名前 50% 的建筑进行审计，对能效高的建筑按类型各选取不少于 3 栋作为标杆建筑进行审计
能效公示	2007 年 12 月底前	（1）国家机关办公建筑。示范省、自治区、直辖市应完成 20 个省直国家机关办公建筑的能效公示；示范计划单列市、省会城市应完成 10 个市直国家机关办公建筑的能效公示。（2）商业性大型公共建筑。四个直辖市和深圳市应完成至少 20 个商业性大型公共建筑（宾馆、商场、写字楼）的能效公示；示范的省会城市、其他计划单列市应完成至少 10 个商业性大型公共建筑的能效公示。（3）高等院校。除海南省之外的示范省、自治区、直辖市完成不少于 5 所高校的能效公示
	2008 年开始	增加分项能耗指标、综合能效排名的公示，每年对各类型建筑单位面积能耗排名前 20% 的建筑进行公示，对能效高的建筑按类型各选取 3 个作为标杆建筑进行公示

中华人民共和国建设部

中华人民共和国财政部

二〇〇七年十月二十三日

3.3.2 《国家机关办公建筑和大型公共建筑节能专项资金管理暂行办法》（财建［2007］558 号）**2007 年 10 月 24 日**

各省、自治区、直辖市、计划单列市财政厅（局），财政部驻各省、自治区、直辖市、计划单列市财政监察专员办事处，新疆生产建设兵团财务局：

为贯彻落实《国务院关于印发节能减排综合性工作方案的通知》（国发［2007］15 号）精神，切实推进国家机关办公建筑和大型公共建筑节能工作，我们制定了《国家机关办公建筑和大型公共建筑节能专项资金管理暂行办法》。现予印发，请遵照执行。

附件：《国家机关办公建筑和大型公共建筑节能专项资金管理暂行办法》

中华人民共和国财政部

二〇〇七年十月二十四日

附件：

国家机关办公建筑和大型公共建筑节能专项资金管理暂行办法

第一条 为切实推进国家机关办公建筑和大型公共建筑节能管理工作，提高建筑能效，根据《国务院关于印发节能减排综合性工作方案的通知》(国发［2007］15 号)，特制定本办法。

第二条 本办法所称“国家机关办公建筑”是指国家各级党委、政府、人大、政协、法院、检察院等机关的办公建筑；“大型公共建筑”是指除国家机关办公建筑之外的单体建筑面积 2 万平方米以上的公共建筑。

本办法所称“国家机关办公建筑和大型公共建筑节能专项资金”（以下简称专项资金）是指中央财政安排的专项用于支持国家机关办公建筑和大型公共建筑节能的资金。

第三条 专项资金使用范围：

（一）建立建筑节能监管体系支出，包括搭建建筑能耗监测平台、进行建筑能耗统计、建筑能源审计和建筑能效公示等补助支出，其中，搭建建筑能耗监测平台补助支出，包括安装分项计量装置、数据联网等补助支出；

（二）建筑节能改造贴息支出；

（三）财政部批准的国家机关办公建筑和大型公共建筑节能相关的其他支出。

第四条 建筑节能监管体系补助的申请与审核

根据财政部、建设部的统一部署，建立建筑节能监管体系。中央财政对建立能耗监测平台给予一次性定额补助；在起步阶段，中央财政对建筑能耗统计、建筑能源审计、建筑能效公示等工作，予以适当经费补助。地方财政应对当地建立建筑节能监管体系予以适当支持。

（一）建筑节能监管体系补助的申请。申请地方建筑节能监管体系补助资金，各地财政部门会同建设部门编制资金申请报告，并参照《国家机关办公建筑和大型公共建筑节能监管体系建设工作方案编写提纲》(详见附 1）编写工作方案，填写《国家机关办公建筑和大型公共建筑节能监管体系资金申请表》(详见附 2)，按照有关通知要求向财政部报送上述资金申请材料。中央建筑节能监管体系补助资金，由建设部会同国务院机关事务管理局等单位向财政部申请。

（二）建筑节能监管体系补助的审核。财政部会同建设部对各地资金申请进行审核。中央建筑节能监管体系补助资金由财政部负责审核。根据需要安装的分项计量装置数量等，核定监测平台建设补助金额；根据建筑能耗统计、建筑能源审计、建筑能效公示的工作任务，核定相应经费补助金额。

第五条 建筑节能改造贴息资金的申请与审核

在建立起有效的建筑节能监管体系、节能量可以计量基础上，中央财政对采用合同能源管理形式对国家机关办公建筑和大型公共建筑实施的节能改造，予以贷款贴息补助。地方建筑节能改造项目贷款，中央财政贴息 50%；中央建筑节能改造项目贷款，中央财政全额贴息。建筑节能改造项目，必须在建筑节能监管范围之内；建筑节能改造贷款必须是用于建筑节能改造直接支出而发生的贷款。

（一）建筑节能改造贴息资金的申请。地方建筑节能改造项目，由项目单位凭借贷款银行开具的利息支付清单向地方财政部门申请贴息资金。省级财政部门会同建设部门负责对项目单位提交的贷款合同复印件等贴息材料审核并进行汇总，在当年9月底前报财政部驻当地财政监察专员办事处签署审核意见后，于当年10月底前上报财政部审批。

建设部会同国务院机关事务管理局等单位向财政部申请中央节能项目改造贴息资金，在当年9月底前报财政部驻北京专员办事处签署相关贷款材料的审核意见后，于当年10月底前上报财政部审批。

（二）建筑节能改造贴息资金的审核。财政部会同建设部对各地上报的贴息资金申请报告进行审核，确定予以财政贴息的建筑节能改造项目。中央建筑节能改造项目贴息由财政部负责审核确认。财政部按建筑节能改造项目实际贷款金额、同期银行贷款利率、贴息期限与负担比例，核定中央财政具体贴息补助金额。项目实际贷款期少于3年（含3年），按项目实际贷款期计算财政贴息；项目实际贷款期超过3年的，按3年计算财政贴息。

第六条 专项资金的管理与监督

专项资金的支付管理按照财政国库管理制度有关规定执行。分项计量装置、监测平台设备及其他设备的购置，要按政府采购相关规定执行。

各级财政、建设部门要切实加强专项资金的管理和监督。确保专项资金专款专用，任何单位或个人不得截留、挪用。财政部、建设部将对建筑节能监管体系、建筑节能改造的实际效果予以考核，实际考核的节能量将作为核定各地补助资金的重要依据。财政部驻各地财政监察专员办事处根据本办法规定的贴息范围、贴息期限等条件，做好对项目单位报送的建筑节能改造贷款贴息材料真实性的审核。对弄虚作假，冒领补贴或者截留、挪用、滞留专项资金的，一经查实，收回专项资金，并按《财政违法行为处罚处分条例》（国务院令427号）进行处理。

第七条 本办法由财政部负责解释。

第八条 本办法自印发之日起施行。

附1：

国家机关办公建筑和大型公共建筑节能监管体系建设工作方案编写提纲

为了规范、指导国家机关办公建筑和大型公共建筑节能监管体系建设工作方案的编写，特制定本提纲。工作方案应包括以下内容：

一、建筑概况及基本信息

包括各类国家机关办公建筑和大型公共建筑的总建筑面积和总栋数、全年总能耗量、全年单位建筑面积能耗量。

二、节能监管体系建设方案

1. 能耗监测平台的建设

（1）人员组织及培训计划

（2）监测对象范围和数量

（3）分项计量装置及远程传输装置安装计划

（4）数据存储和分析系统建设计划

2. 能耗统计的工作方案

包括能耗统计机构、统计方式、工作计划等。

3. 能源审计的工作方案

（1）审计对象的确定：包括审计对象确定原则，审计总栋数，各审计对象的建筑名称、类别，单位建筑面积能耗等。

（2）审计内容：包括审计对象建筑基本信息，用能管理制度，空调、采暖、通风系统概况，能耗信息等。

4. 能效公示的工作方案

（1）公示对象范围

（2）公示内容

（3）公示方式

（4）公示时间

三、技术支撑单位

包括技术支撑单位名称、人员组成情况等。

（1）数据采集中心技术支撑单位

（2）能源审计技术支撑单位

四、监管体系建设资金预算计划

包括监管体系建设预算总额及分项预算，资金预算的计算方法，及地方财政准备补助的资金额度。

五、节能目标及技术经济分析

1. 节能预测分析

2. 经济效益分析

3. 环境影响分析

附2：

国家机关办公建筑和大型公共建筑节能监管体系

资金申请表　　单位：面积万平方米，资金万元

工作内容	工作量		资金测算
	栋数	面积	
一、监测平台	—	—	
1. 热计量装置			
2. 用电分项计量装置			
3. 远程传输装置			
4. 数据存储和分析系统			
二、能源统计			
1. 单一业主建筑			
2. 多业主建筑			

续表

工作内容	工作量		资金测算
	栋数	面积	
三、能源审计			
1. 高耗能建筑			
2. 标杆建筑			
四、能效公示	—	—	

3.3.3 《国家机关办公建筑和大型公共建筑能源审计导则》（建科［2007］249号）**2007年10月31日**

各省、自治区建设厅，各直辖市、计划单列市建委（建设局），新疆生产建设兵团建设局：

为贯彻落实《国务院关于印发节能减排综合性工作方案的通知》（国发［2007］15号）、《建设部、财政部关于加强国家机关办公建筑和大型公共建筑节能管理工作的实施意见》（建科［2007］245号）等文件精神，加强对国家机关办公建筑和大型公共建筑节能管理，指导各地开展针对国家机关办公建筑和大型公共建筑的能源审计工作，我部组织编制了《国家机关办公建筑和大型公共建筑能源审计导则》，现印发给你们，请结合本地区实际，认真贯彻落实。

中华人民共和国建设部

二〇〇七年十月三十一日

3.3.4 《关于印发国家机关办公建筑和大型公共建筑能耗监测系统建设相关技术导则的通知》（建科［2008］114号）**2008年6月24日**

各省、自治区建设厅，直辖市、计划单列市建委（建设局）：

为贯彻落实《国务院关于印发节能减排综合性工作方案的通知》（国发［2007］15号）精神，切实推进国家机关办公建筑和大型公共建筑节能管理工作，指导各地建筑节能监管体系建设，我部组织部信息中心、中国建筑科学研究院、深圳市建筑科学研究院、清华大学建筑节能研究中心，天津大学建筑节能中心参与研究制定了《国家机关办公建筑和大型公共建筑能耗监测系统分项能耗数据采集技术导则》、《国家机关办公建筑和大型公共建筑能耗监测系统分项能耗数据传输技术导则》、《国家机关办公建筑和大型公共建筑能耗监测系统楼宇分项计量设计安装技术导则》、《国家机关办公建筑和大型公共建筑能耗监测系统数据中心建设与维护技术导则》和《国家机关办公建筑和大型公共建筑能耗监测系统建设、验收与运行管理规范》。现予印发，请遵照执行。执行中的有关情况请及时告我部科学技术司。

联系人：住房和城乡建设部科技司　王建清　电话：010-58934535

联系人：住房和城乡建设部信息中心　王　毅　电话：010-58933672

附件1：国家机关办公建筑和大型公共建筑能耗监测系统分项能耗数据采集技术导则（略）

附件2：国家机关办公建筑和大型公共建筑能耗监测系统分项能耗数据传输技术导则（略）

附件3：国家机关办公建筑和大型公共建筑能耗监测系统楼宇分项计量设计安装技术导则（略）

附件4：国家机关办公建筑和大型公共建筑能耗监测系统数据中心建设与维护技术导则（略）

附件5：国家机关办公建筑和大型公共建筑能耗监测系统建设、验收与运行管理规范（略）

中华人民共和国住房和城乡建设部

二〇〇八年六月二十四日

3.3.5 关于印发《公共建筑室内温度控制管理办法》的通知（建科［2008］115号）**2008年6月25日**

各省、自治区建设厅，直辖市建委，计划单列市建委（建设局），新疆生产建设兵团建设局：

为贯彻落实《中华人民共和国节约能源法》，现将《公共建筑室内温度控制管理办法》印发给你们，请遵照执行。

中华人民共和国住房和城乡建设部

二〇〇八年六月二十五日

附件：

公共建筑室内温度控制管理办法

第一章 总 则

第一条 为了加强公共建筑空调系统的科学运行管理，合理设置公共建筑室内温度，节约能源与资源，保护环境，营造适宜的室内舒适环境，依据《中华人民共和国节约能源法》和《国务院办公厅关于严格执行公共建筑空调温度控制标准的通知》，制定本办法。

第二条 本办法所称室内温度控制是指控制利用空调系统进行室内供冷和供热房间的空气温度，使之不超过规定的限制标准。

第三条 公共建筑夏季室内温度不得低于26℃，冬季室内温度不得高于20℃。

第四条 本管理办法适用于所有以舒适性为目的，使用空调系统或设备进行供冷和供热的公共建筑的室内温度控制。医院等特殊单位以及在生产工艺上对室内温度有特定要求的公共建筑除外。

第五条 国务院住房和城乡建设行政主管部门负责全国公共建筑室内温度控制工作的监督与管理。地方建设行政主管部门负责本辖区公共建筑室内温度控制工作的监督与管理。

第六条 各级建设行政主管部门应将公共建筑室内温度控制工作纳入到节能减排工作目标责任体系，并对实施情况进行监督考核。

第二章　室内温度控制

第七条　新建公共建筑空调系统设计时，设计单位应严格按照《公共建筑节能设计标准》GB 50189—2005 的相关条款进行设计。空调房间均应具备温度控制功能。主要功能房间应在明显位置设置带有显示功能的房间温度测量仪表；在可自主调节室内温度的房间和区域，应设置带有温度显示功能的室温控制器。

第八条　设计单位及使用单位应选用具有温度设定及调节功能的空调制冷设备，可根据建筑负荷需求调节供冷与供热量，维持室内温度在设定值。

第九条　建筑所有权人或使用人、新建公共建筑的建设单位，应选用具有温度设定及调节功能的空调制冷设备，严格禁止选用不符合节能要求的产品。

第十条　施工图设计文件审查机构在施工图纸审查过程中，应进行室内温度监测和控制系统的设计审查，提出审查意见。

第十一条　空调系统无温度监测与控制设施的建筑，其所有权人或使用人应根据建筑的现状，选择合适的室温控制设施改造方式。建筑面积大于两万平方米的，应进行温度自动监测与控制的改造；建筑面积小于两万平方米的，改造完成后应具备温度监测与控制手段。

第十二条　建筑所有权人或使用人应委托具有设计资质的单位进行温度监测与控制设施的改造设计，相关文件应向施工图设计文件审查机构备案。

第十三条　建筑所有权人或使用人或实施改造的单位，应采购具有产品合格证和计量检定证书的温度监测和控制设施，并进行调试。改造完成后应进行竣工验收。

第十四条　空调系统运行单位应建立完善的室温监控及空调系统节能运行管理制度，对室内温度、空调系统运行的各项参数、空调系统的能耗进行日常监测记录。运行记录文件应经单位能源管理负责人签字后备案。具体内容参见空调系统节能运行管理制度示范文本（附件1）。

第十五条　公共建筑使用单位在室外温度适宜的过渡季节，应尽可能利用开窗自然通风的方式调节室内温度，减少空调使用时间。一般情况下，空调运行期间禁止开窗。

第十六条　建筑运行管理单位应在主要功能房间明显位置装设温度测量仪表，显示房间空调温度，接收社会监督。

第十七条　建筑所有权人或使用人选用的室内温度测量仪表测量最小分辨率为0.1℃，其准确度等级不应低于0.5级。

第十八条　建筑运行管理单位在空调系统运行期间应根据相关规定对温度测量仪表进行校验和校准工作。

第十九条　公共建筑运行管理单位应采取措施，对集中空调系统进行调节，实现按需供冷与供热。当室内温度超出限定标准时，应进行整改。

第二十条　建筑所有权人或使用人应设立专职人员，负责建筑能源管理，包括室内温度监测及空调系统节能运行管理，并实行岗位责任制。空调运行管理、操作和维修人员应具备相应的职业资格证及上岗证。上岗前要有不少于2周时间的节能培训和教育。

第二十一条　建筑所有权人或使用人应建立定期节能技术培训和教育制度，定期对工作人员开展节能运行培训。培训记录经单位主管部门负责人签字后备案。

第三章　监 督 管 理

第二十二条　县级以上建设行政主管部门应会同有关机构，在每年空调系统正常运行期间，抽取一定数量建筑，采用文件检查及实际测量的方式，对公共建筑使用单位执行本办法的情况进行监督和检查，并定期将检查结果进行公布。

第二十三条　监督检查内容包括：

1. 空调系统运行操作人员上岗证书和培训情况；
2. 空调系统的运行管理制度的制定和执行情况；
3. 室内温度及空调系统的运行记录；
4. 温度测量设备的可靠性，应满足本办法规定的分辨率、准确度的要求，以及计量校准证书；
5. 室内温度现场检测。检测方法详见建筑物室内平均温度现场检测和合格判定方法(附件2（略）)。

第二十四条　现场检测机构应具有相应检测资质，并对现场检测结果承担法律责任。

第二十五条　县级以上建设行政主管部门对于严格执行公共建筑空调温度控制标准，具有完善节能运行管理制度的建筑所有权人或使用人予以表扬。否则予以批评，并责令限期整改。

第四章　附　　则

第二十六条　本办法自2008年7月1日起施行。

附件1：空调系统节能运行管理制度示范文本（略）

附件2：建筑物室内平均温度现场检测和合格判定方法（略）

3.3.6 《国家机关办公建筑和大型公共建筑能耗监测系统软件开发指导说明书》(建办科函［2009］70号) **2009年2月2日**

各省、自治区建设厅，直辖市、计划单列市建委（建设局）：

为贯彻落实《国务院关于印发节能减排综合性工作方案的通知》(国发［2007］15号）精神，按照《关于加强国家机关办公建筑和大型公共建筑节能管理工作的实施意见》(建科［2007］245号）要求，做好国家机关办公建筑和大型公共建筑能耗监测平台建设，规范和指导各级数据中心（中转站）软件系统应用研究开发，保证数据统计分析的一致性，依据国家机关办公建筑和大型公共建筑能耗监测系统建设相关技术导则，我部组织编写了《国家机关办公建筑和大型公共建筑能耗监测系统软件开发指导说明书》，请遵照执行。执行中的有关情况请及时告我部建筑节能与科技司。

联系人及联系方式：

住房和城乡建设部建筑节能与科技司　王建清

电话：010-58934535

邮箱：wangjq@ mail. cin. gov. cn

附件：国家机关办公建筑和大型公共建筑能耗监测系统软件开发指导说明书（略）

中华人民共和国住房和城乡建设部办公厅

二〇〇九年二月二日

附录1：省、市级数据中心数据库结构文档（略）

附录2：数据上传XML格式文档（略）

3.4　可再生能源在建筑中应用

3.4.1　《建设部、财政部关于推进可再生能源在建筑中应用的实施意见》（建科［2006］213号）**2006年8月25日**

各省、自治区、直辖市、计划单列市建设厅（委、局）、财政厅（局）及有关部门，新疆生产建设兵团建设局、财务局：

建筑是可再生能源应用的重要领域。我国太阳能、浅层地能等资源十分丰富，在建筑中应用的前景十分广阔。目前，虽然我国太阳能光热利用、浅层地能热泵技术及产品发展比较迅速，但与建筑结合的程度不够，应用范围较窄，系统优化设计水平不高，距离大规模推广应用还存在不少差距，需要大力进行扶持、引导，使其尽快达到规模化应用。为贯彻落实《中华人民共和国可再生能源法》和《国务院关于加强节能工作的决定》（国发［2006］28号），推进可再生能源在建筑领域的规模化应用，带动相关领域技术进步和产业发展，现提出以下实施意见。

一、充分认识推进可再生能源在建筑领域规模化应用的重要意义

（一）推进可再生能源在建筑中应用是贯彻落实科学发展观，调整能源结构，保证国家能源安全的重要举措。可再生能源是重要的战略替代能源，对增加能源供应，改善能源结构，保障能源安全，保护环境有重要作用，是建设资源节约型、环境友好型社会和实现可持续发展的重要战略措施。利用太阳能、浅层地能等可再生能源解决建筑的采暖空调、热水供应、照明等，是可再生能源应用的重要领域，对替代常规能源，促进建筑节能具有重要意义。

（二）推进可再生能源在建筑中应用是实施国家能源战略的必然选择。我国太阳能年辐照总量超过4200MJ/m^2的地区占国土面积的76%，是世界上太阳能资源最丰富的大国之一。在地表水、浅层地下水、土壤中可采集的低温能源十分丰富，利用潜力巨大。太阳能和浅层地能都属于低品位能源、热值不高，按照分级用能原则，这些能源最能满足建筑生活用能的需要。因此，大力推进太阳能、浅层地能等可再生能源在建筑中应用，是解决建筑用能最经济合理的选择。

（三）推进可再生能源在建筑中应用是满足能源需求日益增长，改善人民生活质量，提高建筑用能效率的现实要求。我国工业化、城镇化进程正处于快速发展时期，随着群众生活改善，在夏热冬暖的南方地区和夏热冬冷的过渡地区，夏季空调电耗急剧攀升，原本不属于采暖区域的城镇也开始建设供热系统，广大农村地区越来越多地改用煤、天然气、电等商品能源，建筑用能呈现不断增长趋势。依靠可再生能源解决建筑新增用能需求，不仅能满足人民群众改善居住质量的要求，而且也能有效缓解我国能源供需矛盾。

二、推进可再生能源在建筑领域应用指导思想及工作目标

（四）指导思想。树立和落实科学发展观，贯彻实施国家《可再生能源法》，大力推进太阳能、浅层地能等可再生能源在建筑领域的应用，切实转变建筑能源需求增长方式，通过国家对可再生能源在建筑应用的政策法规、技术标准引导，以及示范工程和技术推广，切实降低可再生能源建筑应用的技术及价格门槛，加快普及步伐，带动相关材料、产品的技术进步及产业化，形成具有自主知识产权的技术、产业体系，建立长效机制，降低建筑对常规能源的消耗，促进国家能源结构调整，保证能源安全。

（五）工作目标。"十一五"期间，可再生能源在建筑中应用取得实质性进展，基本形成相关政策法规、技术标准和技术支撑体系，基本建成与建筑结合的可再生能源自主知识产权技术和材料、产品体系。

预计到"十一五"期末，太阳能、浅层地能应用面积占新建建筑面积比例为25%以上，到2020年，太阳能、浅层地能应用面积占新建建筑面积比例为50%以上。

三、因地制宜，示范引路，稳步推进

（六）总体思路。因地制宜，以点带面，在条件成熟的城市或地区，选择有代表性的建筑小区和公共建筑进行可再生能源在建筑中规模化应用的示范，重点实施技术先进适用，运行稳定可靠，经济合理，推广价值大的项目。通过示范，总结经验，形成建筑应用的集成技术体系和相关技术标准、配套的政策法规，带动产业发展，稳步推广扩散，形成政府引导、市场推进的机制和模式。

（七）重点技术领域。国家重点支持以下技术领域中应用可再生能源的示范工程、技术集成及标准制定：

1. 与建筑一体化的太阳能供应生活热水、采暖空调、光电转换、照明；
2. 地表水及地下水丰富地区利用淡水源热泵技术供热制冷；
3. 沿海地区利用海水源热泵技术供热制冷；
4. 利用土壤源热泵技术供热制冷；
5. 利用污水源热泵技术供热制冷；
6. 农村地区利用太阳能、生物质能等进行供热、炊事等；
7. 先进适用，具有自主知识产权的可再生能源建筑应用设备及产品产业化；
8. 培育相关能效测评机构，建立能效标识、产品认证制度及建筑节能服务体系。

（八）认真做好示范项目组织实施。财政部、建设部制定示范项目的申报、评审办法，定期发布可再生能源建筑应用示范项目实施计划，组织各地进行申报。各地建筑、财政主管部门根据本地的经济、社会发展水平和地理气候条件，按照国家要求，组织项目的申报，并在项目批准后具体组织实施。

（九）加强监督管理，保证示范质量。各地建设、财政主管部门要加强对示范项目实施的监督管理，在示范项目建设过程中，依照国家法律法规和工程强制性标准加强监督检查和指导，确保示范项目达到国家有关标准，不符合现行有关标准或不能实现项目预期效益目标的要责令改正。要加强对示范项目使用中央及地方财政资金的监管力度，保证资金的使用符合国家相关政策法规，达到预期目的。

（十）建立评估机制，保证示范效益。依托具备条件的省级以上建筑科研机构，逐步形成国家可再生能源建筑应用的测评和技术支撑体系。各地建设、财政主管部门在示范项目完成后，应委托国家可再生能源建筑应用能效测评机构，对示范项目的节能环保效果进行测评。经测评不符合现行有关标准要求的，应当责令返工；造成损失的，由责任方依法承担赔偿责任。

（十一）强化运行管理，提高利用效率。各地建设主管部门要研究制定可再生能源设备及产品运行维护的管理制度，定期对可再生能源建筑应用项目进行检查。业主及物业管理单位要定期对可再生能源设备进行维护，安排专人记录产品、设备使用情况，并如实上报。各地建设、财政主管部门要加强对示范项目的跟踪、指导和监督，及时公布可再生能源利用相关情况，发挥示范引导作用。

（十二）认真做好宣传扩散工作。各级建设、财政主管部门要充分发挥舆论的导向与监督作用，大力宣传我国能源资源现状与推广可再生能源在建筑中应用的重大意义，对试点城市的示范项目的运作模式、技术应用、运行管理等成功经验要积极宣传，扩大影响，努力营造有利于可再生能源建筑规模化应用的社会氛围。

四、加强组织领导，完善政策措施，建立长效机制

（十三）加强组织领导。各地应建立推进可再生能源在建筑中应用工作协调机构，切实加强对推进可再生能源建筑应用工作的领导。凡有国家示范项目的城市，建设、财政等相关部门应以联席会议制度等形式，加强组织领导和统筹协调。并依托现有建筑节能机构，建立专门的班子，由专门的人员具体负责。主要任务是制定本地区可再生能源建筑应用规划以及具体实施方案，协调项目实施工作，解决推进工作中的问题，及时总结经验推进推广，同时依托有实力的大专院校、科研机构等组成相应的技术支撑和保障体系，采取有效措施，逐步推进。

（十四）完善政策激励机制。国家发挥财政、税收等经济政策的引导和调控作用，促进可再生能源在建筑中应用和相应产业的发展。在安排使用可再生能源专项资金时，加大对利用可再生能源的建设项目及技术含量高、推广价值大的可再生能源建筑应用设备研发和产品生产企业的支持力度。各地建设、财政主管部门应根据本地区实际，积极研究推广可再生能源建筑应用的扶持政策，切实解决影响可再生能源推广应用的问题，通过地方财政补贴或利用城市公用事业附加、城市配套费资助等方式对可再生能源在建筑中应用给予支持。

（十五）高能耗建筑中可再生能源应用。各地建设主管部门要会同有关部门研究在新建、改建政府办公建筑、大型公共建筑及高档住宅小区建设中强制使用可再生能源的可行性，并适时出台相关政策，予以实施。在组织进行旧城改造、既有建筑节能改造及供热采暖设施改造时，要优先考虑使用可再生能源。

（十六）规范行业发展。建设部要依法逐步规范可再生能源建筑应用的设备安装、能效测评等企业的管理，培育和引导行业的健康发展。

（十七）建立和完善能效标识和可再生能源建筑应用设备产品认证制度。对可再生能源建筑应用项目推进强制性能效标识制度，建立有效的政府监管、社会监督和市场引导机制。对企业生产的可再生能源建筑应用设备及产品推行自愿性产品认证，引导社会消费行为，促进企业加快优质产品的研发。

（十八）培育和规范能源服务市场。以北方供热采暖、大型公共建筑节能为重点，依托建筑科学研究、工程勘察设计、技术咨询、热力企业等，建立合同能源管理、能源审计、节能改造与融资等多层次、多元化的建筑节能服务体系，以市场化机制推进建筑节能及可再生能源建筑应用工作。

五、加快技术创新，提高可再生能源建筑应用技术、产品发展水平

（十九）认真执行并继续完善技术标准。各省级建设主管部门要大力推动建筑领域中有关可再生能源应用的国家相关技术标准规范的贯彻执行，并结合本地实际，积极研究制定可再生能源在建筑中应用设计、施工、验收的标准、规程及工法、图集。建设部将研究制定可再生能源建筑应用测评标识管理办法及技术导则，规范测评行为。

（二十）建立完善技术、产品的推广、限制、淘汰制度。建设部将制定可再生能源建筑应用的技术及产品推广、限制、淘汰指导目标，引导技术及产品发展方向。加强工程建设中的监督检查工作，严肃查处使用国家明令禁止的淘汰产品和技术的行为，加快淘汰落后的技术、产品。

（二十一）大力推进技术进步。各地建设、财政主管部门要积极支持可再生能源建筑应用技术的开发、集成和应用示范，组织引进、消化、吸收国外先进技术，优先支持科技含量高、经济性好、节能效果显著、拥有自主知识产权的可再生能源建筑应用设备产品生产技术与装备的研究开发，增强自主创新能力。研究可再生能源产品设备与建筑结合标准化生产模式，提高技术及应用水平。

中华人民共和国建设部
中华人民共和国财政部
二〇〇六年八月二十五日

3.4.2 财政部、建设部关于印发《可再生能源建筑应用示范项目评审办法》的通知（财建［2006］459号）**2006年9月4日**

各省、自治区、直辖市、计划单列市财政厅（局）、建设厅（委、局），新疆生产建设兵团财务局、建设局：

为提高可再生能源建筑应用示范项目管理的科学性、公正性，规范示范项目评审工作，我们制定了《可再生能源建筑应用示范项目评审办法》，现予印发，请遵照执行。

附件：可再生能源建筑应用示范项目评审办法

中华人民共和国财政部
中华人民共和国建设部
二〇〇六年九月四日

附件：

可再生能源建筑应用示范项目评审办法

第一条 为提高可再生能源建筑应用示范项目（以下简称项目）管理的科学性、公正性，规范项目评审工作，根据《可再生能源建筑应用专项资金管理暂行办法》（财建［2006］460号，以下简称管理办法），制定本办法。

第二条 建设部对各地申报的材料进行登记、造册，建立项目库，统一管理。

第三条 由财政部、建设部对项目申报材料进行初步筛选，列入项目库。对有下列情况之一的，不予列入：

1. 项目所采用的技术、设备不具备安全性；

2. 提供资料与实际情况不符；

3. 不符合所在区域的建筑节能标准；

4. 申报手续不完备，申请报告编写不符合规定；

5. 已获得国家可再生能源建筑应用相关的资金支持；

6. 利用可再生能源实行集中供热、供冷但未实行按用热（冷）量计量收费的项目和城市；

7. 不符合管理办法有关规定。

第四条 财政部和建设部联合组织专家，从项目库中选取一定比例的项目，组织专家进行集中评审，并对项目示范增投资提出审核意见。

项目主要依据可再生能源建筑应用示范项目申请报告进行评分，详见《可再生能源建筑应用示范项目评分表》(附1)（略)，评审内容如下：

1. 技术先进，是指可再生能源应用技术的先进性；

2. 适用可行，包括实施单位和技术支持单位、运行维护、施工工艺、产品设备、风险；

3. 经济合理，包括增量成本，常规能源替代量、费效比（增量成本/节能效益)；

4. 示范推广，包括项目的区域代表性、建筑类型代表性、其他资源节约措施、后评估保障措施。

第五条 可再生能源建筑应用示范项目评审专家的组成。

(一) 由建设部、财政部共同选择可再生能源建筑应用、建筑节能、财务、项目管理等方面的专家组成项目专家库；

(二) 财政部、建设部从专家库中抽取专家组成专家评审组。每个专家评审组一般不少于7人，评审组应包含建筑、土木工程、建筑设备、工程造价等方面的专家，并指定一名专家组长；

(三) 评审专家应具有对国家和项目负责的态度，具有良好的职业道德，坚持原则，独立、客观、公正地对项目进行评审，评审专家应具有高级专业技术职务；

(四) 评审专家如与申报项目存在利益关系或其他可能影响公正性的关系的，应当申请回避。

第六条 财政部、建设部对评审合格的项目进行确定后进行公示，公示期十日，如有重大问题，经查实取消示范资格。

第七条 本办法由财政部、建设部负责解释。

第八条 本办法自印发之日起执行。

附：

1. 可再生能源建筑应用示范项目评分表（略)

2. 可再生能源建筑应用示范项目推荐意见表（略)

3. 可再生能源建筑应用示范项目推荐（排序）汇总表（略)

4. 可再生能源建筑应用示范项目专家在评审工作中的职责和纪律（略)

3.4.3　财政部、建设部关于《可再生能源建筑应用专项资金管理暂行办法》的通知（财建［2006］460号）**2006年9月4日**

各省、自治区、直辖市、计划单列市财政厅（局）、建设厅（委、局），新疆生产建设兵团财务局、建设局：

为规范可再生能源建筑应用专项资金的分配、使用和管理，我们制定了《可再生能源建筑应用专项资金管理暂行办法》，现予印发，请遵照执行。

附件：可再生能源建筑应用专项资金管理暂行办法

中华人民共和国财政部
中华人民共和国建设部
二〇〇六年九月四日

附件：

可再生能源建筑应用专项资金管理暂行办法

第一条　为促进可再生能源在建筑领域中的应用，提高建筑能效，保护生态环境，节约化石类能源消耗，制定本办法。

第二条　本办法所称“可再生能源建筑应用”是指利用太阳能、浅层地能、污水余热、风能、生物质能等对建筑进行采暖制冷、热水供应、供电照明和炊事用能等。本办法所称“可再生能源建筑应用专项资金”（以下简称专项资金）是指中央财政安排的专项用于支持可再生能源建筑应用的资金。

第三条　专项资金使用原则：政府公共财政引导，企业投资为主体；有利于促进可再生能源与建筑一体化及相关产业的发展；有利于可再生能源建筑应用的推广机制形成；有利于促进建筑能效的提高；有利于进一步增强全民的节能意识。

第四条　专项资金支持的重点领域：

（一）与建筑一体化的太阳能供应生活热水、供热制冷、光电转换、照明；

（二）利用土壤源热泵和浅层地下水源热泵技术供热制冷；

（三）地表水丰富地区利用淡水源热泵技术供热制冷；

（四）沿海地区利用海水源热泵技术供热制冷；

（五）利用污水源热泵技术供热制冷；

（六）其他经批准的支持领域。

第五条　专项资金使用范围：

（一）示范项目的补助；

（二）示范项目综合能效检测、标识，技术规范标准的验证及完善等；

（三）可再生能源建筑应用共性关键技术的集成及示范推广；

（四）示范项目专家咨询、评审、监督管理等支出；

（五）财政部批准的与可再生能源建筑应用相关的其他支出。

第六条 各地财政部门会同同级建设部门，按照财政部、建设部发布的年度可再生能源建筑应用专项资金申报要求，按照公开、公平、公正的原则组织项目申报，并逐级联合上报至财政部和建设部。

第七条 建设部对各地申报的材料进行登记、造册，建立项目库，统一管理。

第八条 申报示范项目必须符合以下条件：

（一）项目所在地区具备较好的可再生能源资源利用条件；

（二）项目所在城市已制定“十一五”可再生能源建筑应用计划和实施方案；

（三）申报示范工程项目所在城市提供相应的政策及财政支持，其中北方地区优先考虑已经开展供热体制改革的城市所申报的示范项目；

（四）申报示范项目单位应具有独立法人资格（主要包括开发商、业主等）；

（五）示范项目应完成有关立项审批手续，建设资金已落实；

（六）申报项目单位和依托的技术支持单位具有承担项目必要的实力及良好的资信；

（七）申报示范项目应编制《可再生能源建筑应用示范项目实施方案报告》(以下简称《实施方案》）和填报《可再生能源建筑应用示范项目申请报告》，其中《实施方案》应由具有资格的机构完成，其主要内容包括：

1. 工程概况；

2. 可再生能源建筑应用专项技术方案研究；

3. 技术经济可行性分析及翔实的增量成本计算书；

4. 经济效益、社会效益分析；

5. 项目示范推广性分析；

6. 其他节约资源措施及后评估保障措施；

7. 工程立项审批文件的复印件。

第九条 示范项目审批

（一）财政部、建设部制定《可再生能源建筑应用示范项目评审办法》。

（二）财政部、建设部根据年度专项资金预算，从项目库中选取一定比例的项目，组织专家评审示范项目，对确定的示范项目的申请资金进行核准，经财政部、建设部确定后在网站上进行公示，公示期十日。公示期间对示范项目署名提出异议的，经调查情况属实，取消示范项目资格。

第十条 财政部和建设部根据推进可再生能源建筑应用的需要，对可再生能源建筑应用共性关键技术集成及示范推广，能效检测、标识，技术规范标准验证及完善等项目，组织相关单位编写项目建议书，通过专家评审确定项目和项目承担单位。

项目建议书内容主要包括建议项目名称，主要研究目标、内容和方法、主要产出、考核评价指标、完成时间、经费需求等。

第十一条 建设部相关机构承担可再生能源建筑应用项目的日常监督管理工作。项目执行单位应在项目进行中，根据项目进度，分阶段逐级上报项目进展情况。项目进展报告应包括项目实施情况和项目资金使用情况。

第十二条 评估验收示范项目完成后，城市的建设行政主管部门会同财政部门委托国家可再生能源建筑应用检测机构对示范工程项目进行检测，同时根据检测报告和其他相关资料组织专家进行验收评估。检测结果和验收评估报告应逐级上报建设部、财政部。可再生能源建筑应用共性关键技术集成及示范推广，能效检测、标识，技术规范标准验证及完善等项目完成后，建设部、财政部组织专家根据项目考核评价指标进行验收评估。

第十三条 专项资金以无偿补助形式给予支持。

(一) 财政部、建设部根据增量成本、技术先进程度、市场价格波动等因素，确定每年的不同示范技术类型的单位建筑面积补贴额度。

(二) 利用两种以上可再生能源技术的项目，补贴标准按照项目具体情况审核确定。

(三) 财政部、建设部综合考虑不同气候区域及技术应用水平差别等，在补贴额度中给予上下10%的浮动。

(四) 对可再生能源建筑应用共性关键技术集成及示范推广，能效检测、标识，技术规范标准验证及完善等项目，根据经批准的项目经费金额给予全额补助。

(五) 其他财政部批准的与可再生能源建筑应用相关的项目补贴方式依照相关规定执行。

第十四条 专项资金拨付

(一) 财政部根据批准的示范项目，将项目补贴总额预算的50%下达到地方财政部门。当地建设主管部门对可再生能源建筑应用示范项目的施工图设计进行专项审查，达到《实施方案》要求的，出具审核同意意见，地方财政部门根据地方建设主管部门出具的审核意见，将补贴拨付给项目承担单位；达不到《实施方案》要求的，责令示范项目申请单位重新修改施工图设计后，另行组织审查。

(二) 示范项目完成后，财政部根据示范项目验收评估报告，达到示范效果的，通过地方财政部门将项目剩余补贴拨付给项目承担单位。

(三) 专项资金实行国库集中支付改革后，资金拨付按照国库集中支付制度有关规定执行。

第十五条 建设部负责编制年度可再生能源建筑应用项目评审、监管及检测费用预算，经财政部核批后，按照预算资金管理的有关要求管理和使用。

第十六条 财政部和建设部对专项资金的使用情况进行监督检查。

第十七条 专项资金应专款专用，任何单位或个人不得截留、挪用。有下列情形之一的，财政部门可以暂缓或停止拨付资金，并依法进行处理：

(一) 提供虚假情况，骗取专项资金的；

(二) 转移、侵占或挪用专项资金的；

(三) 未按要求完成项目进度或未按规定建设实施的；

(四) 未通过检测、验收评估的；

(五) 不符合国家其他相关规定的。

第十八条 地方财政、建设部门可根据本办法制定实施细则。

第十九条 本办法由财政部、建设部负责解释。

第二十条 本办法自印发之日起施行。

3.4.4 《财政部、建设部关于加强可再生能源建筑应用示范管理的通知》(财建［2007］38号) **2007年2月13日**

有关省、自治区、直辖市、计划单列市财政厅（局），建设厅（委、局）；新疆生产建设兵团财务局、建设局，财政部驻有关省、自治区、直辖市、计划单列市财政监察专员办事处：

根据《建设部、财政部关于推进可再生能源在建筑中应用的实施意见》(建科［2006］213号）和《财政部、建设部关于可再生能源建筑应用示范项目资金管理办法》(财建［2006］460号)，为保证可再生能源建筑应用示范项目的顺利实施，用好、管好可再生能源建筑应用示范项目专项资金，现就加强示范工程项目管理的有关事项通知如下：

一、进一步提高对示范管理工作重要性的认识，加强对示范工作的组织领导

（一）组织实施示范将有效带动可再生能源在建筑领域的推广应用。在建筑领域推广应用太阳能、浅层地能等可再生能源，是满足日益增长的建筑用能需求，促进建筑节能，提高建筑用能效率的现实要求。组织实施可再生能源建筑应用示范；将有助于带动市场需求；促进完善集成技术体系和技术标准，从而有效地推动可再生能源在建筑中的规模化运用。

（二）资金及项目管理工作，是关系示范成效的关键。目前可再生能源建筑应用系统集成技术仍较为落后，加强示范项目的后续管理，做好技术指导与监督管理，有助于保证太阳能、浅层地能在建筑中得到合理利用，确保示范工程的效果；有助于通过工程示范，总结经验，建立当地的技术标准与技术规范。加强对示范工程财政补助资金的管理，是保证补助资金使用的安全、规范与有效的基本要求。因此，资金及项目管理工作，直接关系着示范工程的成效。

（三）加强对示范管理工作的组织领导。地方建设和财政主管部门应确定专人，对当地可再生能源建筑应用示范项目进行管理和监督，要组织做好对当地示范管理提供技术支撑的工作。各地可再生能源建筑应用示范及推广一定要加强组织领导，结合当地的地质条件，稳步推进，切实防止污染地下水等问题发生。

二、及时拨付资金，确保专款专用，切实加强补助资金监督管理

（一）地方建设部门做好施工图专项审查。《可再生能源建筑应用示范项目实施方案报告》(以下简称《实施方案报告》）和《可再生能源建筑应用示范项目申请报告》(以下简称《申请报告》）已经专家评审并通过，要保证设计环节按《实施方案报告》与《申请报告》执行。设计单位应按照相关技术标准、《实施方案报告》、《申请报告》进行设计并与检测机构进行沟通，做好检测点的预留工作。检测机构认定办法另行通知。审图机构应依据项目承担单位提供的设计文件、《实施方案报告》及《申请报告》等对可再生能源建筑应用示范项目进行专项审查，并提交专项审查报告。地方建设部门根据专项审查报告，并组织专家对技术路线和方案等进行核查后，对达到《实施方案报告》要求的，出具审核同意意见；达不到要求的，责令示范项目承担单位重新修改施工图设计，另行组织审查。对因特殊情况，需要更改《实施方案报告》内容的，须及时报告财政部、建设部。

（二）地方财政部门组织复核，并及时拨付补助资金。对示范项目是否具备拨款条件，财政部门予以复核，复核内容包括：项目是否具备地方建设部门出具的对审核同意意见；示范项目实际采用的技术支持单位、设备服务商是否与《实施方案报告》、《申请报告》相一致；建筑设计是否达到节能标准，相关设备是否达到国家规定的能效标准等。对通过复核的示范项目，要及时拨付补助资金；补助资金要专项用于购买、安装相关设备等可再生能源建筑应用方面的必需支出。地方财政部门要将补助资金拨付情况及时报告财政部，同时抄送财政部驻当地财政监察专员办事处。

（三）项目承担单位收到补助资金后；必须专账核算，对非经营性建设项目的财政补助按财政拨款有关规定执行，对经营性建设项目的财政补助作为资本公积管理。

（四）财政部驻各地财政专员办事处（以下简称专员办）按属地原则对补助资金进行核查，核查内容包括：

1. 项目承担单位收到补助资金是否专账核算；
2. 补助资金是否专款专用；
3. 地方财政部门是否滞留补助资金；
4. 与补助资金管理、使用有关的其他事项。

对核查发现的问题，除按《财政违法行为处罚处分条例》（国务院令第 427 号）等有关法律、法规处理、处罚外，核查结果还作为拨付剩余 50% 补助资金的依据。

三、加强过程控制与管理，确保工程质量

（一）项目承担单位应组织做好工程施工及监理。项目承担单位选择具有相应资质的施工单位、监理单位进行施工和监理。施工单位应严格按照审查合格的施工图设计文件进行施工，应按照设计要求预留检测点，为后期检测评估工作做好准备。监理单位应严格按照审查合格的施工图设计文件和监理合同实施监理，对进入施工现场的相关材料、设备等进行查验，保证产品说明书和产品标识上注明的性能指标符合设计要求。

（二）地方建设、财政部门要切实加强对示范项目实施过程的监管。地方建设、财政部门应在施工过程中，组织好对节能材料质量、设备产品性能、检测点预留等方面的监督检查，要联合当地工程质量检测机构，根据示范工程的进展情况和特殊需要，对示范工程现场和资金使用情况进行现场检查。对示范项目实施过程中出现的问题要及时提出处理意见，并监督相关责任单位落实。要注意总结经验，为制定技术标准及技术规范奠定基础。地方建设、财政部门应于每年 5 月 15 日、11 月 15 日分两次向财政部、建设部报告项目实施进展情况，同时抄送当地专员办。

（三）根据示范工程进度，财政部、建设部对示范项目进行不定期的监督检查。根据需要，还将委托组织专家对示范项目进行技术指导，提出优化解决方案，帮助解决施工过程中的问题。

四、严格检测，根据评估和核查结果，实施激励与约束相结合的机制

（一）地方建设、财政部门组织做好项目检测及评估。示范工程竣工后，项目承担单位应先对项目进行预验收，在经地方程序审查后，建设部、财政部委托具备资质的检测机构对示范工程进行现场检测，检测机构负责对可再生能源建筑应用示范工程进行能效检测，出具检测报告，并对检测报告的真实性、准确性负责。地方建设、财政部门根据检测报告，并结合技术先进、适用可行、经济合理和示范推广等方面组织验收评估，并将验收评估报告报建设部、财政部，同时抄送专员办。

（二）以检测评估和专员办对补助资金的核查结果为依据，确定拨付剩余 50% 补助资金。建设部、财政部将制定示范工程验收标准。财政部、建设部组织专家组对示范工程评估验收情况进行复核。项目单位应在项目竣工后 3 日内报告专员办，专员办应在收到报告后 20 日内，将对补助资金的管理、使用情况的核查结果上报财政部。财政部、建设部将根据检测评估复核结果与资金核查结果，确定拨付剩余50%补助资金。对达到有关标准要求和专员办核查没有发现问题的，财政部将全额拨付剩余50%资金；对未达到标准或专员办核查发现截留、挪用等违法违纪问题的示范项目，将核减补助额度或不予拨付剩余50%补助资金。

（三）地方建设主管部门应加强对示范工程运行能耗的监督、管理。验收评估完以后，示范工程的承担单位或其委托的运行管理单位应建立、健全可再生能源建筑应用的管理制度和操作规程，对建筑物用能系统进行监测、维护，并逐级上报建筑能耗统计报告。

五、积极做好示范工程的经验总结及推广

（一）注意总结当地经验，完善可再生能源建筑应用公共服务体系。地方建设、财政部门要根据示范工程情况，注意研究太阳能、浅层地能的地区适用性，为推广使用地下水源热泵技术等提供依据；研究形成热泵等设备的可持续维护管理模式；研究建立起具体的技术标准及技术规范等。

（二）积极探索，为在建筑领域推广可再生能源打好基础。地方建设、财政主管部门应结合工程示范对管理机制、国家激励政策等提出建议，及时报建设部和财政部，为更大范围地在建筑领域推广应用可再生能源打好基础。

中华人民共和国财政部
中华人民共和国建设部
二〇〇七年二月十三日

3.4.5 《关于加快推进太阳能光电建筑应用的实施意见》（财建［2009］128号）**2009年3月23日**

各省、自治区、直辖市、计划单列市财政厅（局）、建设厅（委、局），新疆生产建设兵团财务局、建设局：

为贯彻实施《可再生能源法》，落实国务院节能减排战略部署，加强政策扶持，加快推进太阳能光电技术在城乡建筑领域的应用，现提出以下实施意见：

一、充分认识太阳能光电建筑应用的重要意义

（一）推动光电建筑应用是促进建筑节能的重要内容。随着我国工业化和城镇化的加快和人民生活水平提高，建筑用能迅速增加。我国太阳能资源丰富，开发利用太阳能是提高可再生能源应用比重，调整能源结构的重要抓手。城乡建设领域是太阳能光电技术应用的主要领域，利用太阳能光电转换技术，解决建筑物、城市广场、道路及偏远地区的照明、景观等用能需求，对替代常规能源，促进建筑节能具有重要意义。

（二）推动光电建筑应用是促进我国光电产业健康发展的现实需要。近年来，我国光电产业呈现快速增长态势，目前已经成为世界第一大太阳能电池生产国，有一批具有国际竞争力和国际知名度的光电生产企业，已形成具有规模化、国际化、专业化的产业链条。但目前国内市场需求不足，过度依赖国际市场，加大了市场风险，在一定程度上影响了产业发展。推动光电建筑应用，拓展国内应用市场，将创造稳定的市场需求，促进我国光电产业健康发展。

（三）推动光电建筑应用是落实扩内需、调结构、保增长的重要着力点。推动光电在城乡建设领域的规模化、专业化应用，可以有效带动高新技术及节能环保领域的资金投入，可以促进建材、化工、冶金、装备制造、电气、建筑安装、咨询服务等多个产业实现调整升级，对于实现产业结构调整，促进经济增长方式转变，扩大就业，具有十分重要的现实意义。

二、支持开展光电建筑应用示范，实施“太阳能屋顶计划”

为有效缓解光电产品国内应用不足的问题，在发展初期采取示范工程的方式，实施我国“太阳能屋顶计划”，加快光电在城乡建设领域的推广应用。

（一）推进光电建筑应用示范，启动国内市场。现阶段，在条件适宜的地区，组织支持开展一批光电建筑应用示范工程，实施“太阳能屋顶计划”。争取在示范工程的实践中突破与解决光电建筑一体化设计能力不足、光电产品与建筑结合程度不高、光电并网困难、市场认识低等问题，从而激活市场供求，启动国内应用市场。

（二）突出重点领域，确保示范工程效果。综合考虑经济性和社会效益等因素，现阶段在经济发达、产业基础较好的大中城市积极推进太阳能屋顶、光伏幕墙等光电建筑一体化示范；积极支持在农村与偏远地区发展离网式发电，实施送电下乡，落实国家惠民政策。

（三）放大示范效应，为大规模推广创造条件。通过示范工程调动社会各方发展积极性，促进落实国家相关政策。加强示范工程宣传，扩大影响，增强市场认知度，形成发展太阳能光电产品的良好社会氛围；促进落实上网分摊电价等政策，形成政策合力，放大政策效应；将光电建筑应用作为建筑节能的重要内容，在新建建筑、既有建筑节能改造、城市照明中积极推广使用。

三、实施财政扶持政策

国家财政支持实施“太阳能屋顶计划”，注重发挥财政资金政策杠杆的引导作用，形成政府引导、市场推进的机制和模式，加快光电商业化发展。

（一）对光电建筑应用示范工程予以资金补助。中央财政安排专门资金，对符合条件的光电建筑应用示范工程予以补助，以部分弥补光电应用的初始投入。补助标准将综合考虑光电应用成本、规模效应、企业承受能力等因素确定，并将根据产业技术进步、成本降低的情况逐年调整。

（二）鼓励技术进步与科技创新。为激励先进，将严格设定光电建筑应用示范的标准与条件。财政优先支持技术先进、产品效率高、建筑一体化程度高、落实上网电价分摊政策的示范项目，从而不断促进提高光电建筑一体化应用水平，增强产业竞争力。

（三）鼓励地方政府出台相关财政扶持政策。将充分调动地方发展太阳能光电技术的积极性，出台相关财税扶持政策的地区将优先获得中央财政支持。

四、加强建设领域政策扶持

各级建设主管部门要切实履行职责，把太阳能光电建筑应用作为建筑节能工作的重要内容，完善技术标准，推进科技进步，加强能力建设，逐步提高太阳能光电建筑应用水平。

（一）完善技术标准。各级建设主管部门要大力推动建筑领域中有关太阳能光电技术应用的国家相关技术标准的贯彻和执行，并结合本地实际，积极研究制定太阳能光电技术在建筑领域应用的设计、施工、验收标准、规程及工法、图集，促进太阳能光电技术在建筑领域应用实现一体化、规范化。各光电企业也应要制定本单位产品在建筑领域应用的企业标准，提高应用水平。

（二）加强质量管理。各地建设主管部门要加强对太阳能光电技术应用项目的质量管理，在项目建设过程中，依据国家法律法规和工程强制性标准加强监督检查和指导，对不符合现行有关标准或不能实现项目预期节能目标的要责令改正。

（三）加强光电建筑一体化应用技术能力建设。各级建设主管部门要充分依托相关机构，做好光电建筑应用示范项目的技术支撑工作；要积极为光电生产企业、设计单位、施工企业提供公共服务，整合各方面力量，推动太阳能光电生产、设计、施工三者有效结合，提高光电建筑一体化应用能力。

各地应建立推进太阳能光电技术在建筑领域应用的工作协调机制，切实加强对推进光电建筑应用工作的领导。财政、建设等相关部门要加强组织领导和统筹协调，依托现有的建筑节能机构，由专门人员具体负责，抓紧制订光电建筑应用实施规划以及具体实施方案，协调项目实施工作，解决推进工作中的问题，及时总结经验进行推广。

财政部、住房和城乡建设部
二〇〇九年三月二十三日

3.4.6 关于《太阳能光电建筑应用财政补助资金管理暂行办法》的通知（财建［2009］129号）**2009年3月23日**

各省、自治区、直辖市、计划单列市财政厅（局），新疆生产建设兵团财务局：

为贯彻实施《可再生能源法》，落实国务院节能减排战略部署，加快太阳能光电技术在城乡建筑领域的应用，我们制定了《太阳能光电建筑应用财政补助资金管理暂行办法》。

现予印发，请遵照执行。

财政部
二〇〇九年三月二十三日

附件：

太阳能光电建筑应用财政补助资金管理暂行办法

第一条 根据国务院《关于印发节能减排综合性工作方案的通知》（国发［2007］15号）及《财政部、建设部关于印发〈可再生能源建筑应用专项资金管理暂行办法〉的通知》（财建［2006］460号）精神，中央财政从可再生能源专项资金中安排部分资金，支持太阳能光电在城乡建筑领域应用的示范推广。为加强太阳能光电建筑应用财政补助资金（以下简称补助资金）的管理，提高资金使用效益，特制定本办法。

第二条 补助资金使用范围：

（一）城市光电建筑一体化应用，农村及偏远地区建筑光电利用等给予定额补助。

（二）太阳能光电产品建筑安装技术标准规程的编制。

（三）太阳能光电建筑应用共性关键技术的集成与推广。

第三条 补助资金支持项目应满足以下条件：

（一）单项工程应用太阳能光电产品装机容量应不小于50kWp；

（二）应用的太阳能光电产品发电效率应达到先进水平，其中单晶硅光电产品效率应超过16%，多晶硅光电产品效率应超过14%，非晶硅光电产品效率应超过6%；

（三）优先支持太阳能光伏组件应与建筑物实现构件化、一体化项目；

（四）优先支持并网式太阳能光电建筑应用项目；

（五）优先支持学校、医院、政府机关等公共建筑应用光电项目。

第四条 鼓励地方出台与落实有关支持光电发展的扶持政策。满足以下条件的地区，其项目将优先获得支持。

（一）落实上网电价分摊政策；

（二）实施财政补贴等其他经济激励政策；

（三）制定出台相关技术标准、规程及工法、图集。

第五条 本通知发出之日前已完成的项目不予支持。

第六条 2009年补助标准原则上定为20元/Wp，具体标准将根据与建筑结合程度、光电产品技术先进程度等因素分类确定。以后年度补助标准将根据产业发展状况予以适当调整。

第七条 申请补助资金的单位应为太阳能光电应用项目业主单位或太阳能光电产品生产企业，申请补助资金单位应提供以下材料：

（一）项目立项审批文件（复印件）；

（二）太阳能光电建筑应用技术方案；

（三）太阳能光电产品生产企业与建筑项目等业主单位签署的中标协议；

（四）其他需要提供的材料。

第八条 申请补助资金单位的申请材料按照属地原则，经当地财政、建设部门审核后，报省级财政、建设部门。

第九条 省级财政、建设部门对申请补助资金单位的申请材料进行汇总和核查，并于每年的4月30日、8月30日前联合上报财政部、住房和城乡建设部［附表（略）］。

第十条 财政部会同住房城乡建设部对各地上报的资金申请材料进行审查与评估，确定示范项目及补助资金的额度。

第十一条 财政部将项目补贴总额预算的70%下达到省级财政部门。省级财政部门在收到补助资金后，会同建设部门及时将资金落实到具体项目。

第十二条 示范项目完成后，财政部根据示范项目验收评估报告，达到预期效果的，通过地方财政部门将项目剩余补助资金拨付给项目承担单位。

第十三条 补助资金支付管理按照财政国库管理制度有关规定执行。

第十四条 各级财政、建设部门要切实加强补助资金的管理，确保补助资金专款专用。对弄虚作假、冒领、截留、挪用补助资金的，一经查实，按国家有关规定执行。

第十五条 本办法由财政部、住房城乡建设部负责解释。

第十六条 本办法自印发之日起执行。

附表：太阳能光电技术建筑应用财政补助资金申请汇总表（略）

3.4.7 《关于印发太阳能光电建筑应用示范项目申报指南的通知》（财办建［2009］34号）**2009年4月16日**

各省、自治区、直辖市、计划单列市财政厅（局）、住房和城乡建设厅（委、局），新疆生产建设兵团财务局、建设局：

根据《财政部、住房城乡建设部关于加快推进太阳能光电建筑应用的实施意见》（财建［2009］128号）和《财政部关于印发〈太阳能光电建筑应用财政补助资金管理暂行办法〉的通知》（财建［2009］129号）的精神，我们制定了《太阳能光电建筑应用示范项目申报指南》，现予印发，请按照相关要求组织申报太阳能光电建筑应用示范项目。2009年第一批示范项目申报截止日期为2009年5月15日。关于太阳能光电建筑应用共性关键技术的集成与推广补助资金申请，将另行通知。

财政部办公厅

住房城乡建设部办公厅

二〇〇九年四月十六日

附件：

太阳能光电建筑应用示范项目申报指南

根据《财政部住房城乡建设部关于加快推进太阳能光电建筑应用的实施意见》（财建［2009］128号）和《财政部关于印发〈太阳能光电建筑应用财政补助资金管理暂行办法〉的通知》（财建［2009］129号）规定，为指导与规范太阳能光电建筑应用示范项目申报，特制定本指南。

一、申报项目类型

重点支持太阳能光电建筑一体化安装且发电主要用于解决建筑用能的项目。太阳能光电建筑一体化主要安装类型包括：①建材型，指将太阳能电池与瓦、砖、卷材、玻璃等建筑材料复合在一起成为不可分割的建筑构件或建筑材料，如光伏瓦、光伏砖、光伏屋面卷材、玻璃光伏幕墙、光伏采光顶等；②构件型，指与建筑构件组合在一起或独立成为建筑构件的光伏构件，如以标准普通光伏组件或根据建筑要求定制的光伏组件构成雨篷构件、遮阳构件、栏板构件等；③与屋顶、墙面结合安装型，指在平屋顶上安装、坡屋面上顺坡架空安装以及在墙面上与墙面平行安装等形式。

二、补助标准

2009年补贴标准具体为：对于建材型、构件型光电建筑一体化项目，补贴标准不超过20元/瓦；对于与屋顶、墙面结合安装型光电建筑一体化项目，补贴标准不超过15元/瓦；具体标准将根据项目增量成本、建筑结合程度确定。以后年度补助标准将根据产业发展状况予以适当调整。

三、申报主体

财政部、建设部对太阳能光电建筑安装使用进行补贴，申报主体可为项目业主单位或光电一体化产品中标企业，具体由双方协商确定，并经当地财政部门审核确认。

四、申报条件

1. 项目所在地区具备较好的太阳能资源利用条件，建筑本体应达到国家和地方建筑节能标准。

2. 申报项目能在当年内开工建设，并可在两年内完工。

3. 项目申报单位已与太阳能光电产品生产企业签署中标协议。

4. 申报项目的证明材料齐全，包括项目立项审批、中标协议、由获得认证的第三方实验室或检测机构出具的产品检测报告、资金落实证明等文件。对于新建建筑项目，同时还应包括建设项目选址意见书、建设用地规划许可证、建设工程规划许可证、土地使用证、建筑工程施工许可证、房屋建筑施工图设计审查合格证书。

5. 提供电网接入情况详细说明，并网项目应依法取得行政许可或报送备案。

6. 优先支持已出台并落实光电发展扶持政策的地区项目，包括落实上网电价分摊政策、实施财政补贴等经济激励政策、制定出台相关技术标准、规程及工法、图集等；优先支持并网式太阳能光电建筑应用项目；优先支持太阳能光伏组件与建筑物实现构件化、一体化项目；优先支持学校、医院、政府机关等公共建筑应用光电项目。

7. 已完工项目或已获得国家资金补助的项目不应申报。

五、技术要求

1. 单项工程应用太阳能光电系统装机容量应不小于 50kW；

2. 中标企业的太阳能电池转换效率应达到先进水平，其中单晶硅电池组件转换效率应超过 16%，多晶硅的应超过 14%，非晶硅的应超过 6%；

3. 项目申报单位应建立数据监测与远传系统，实现发电总量、发电功率及环境数据等监测与远传。数据远传系统要求另行通知。

六、申报材料

申报太阳能光电建筑应用示范项目，需报送以下资料：

1. 示范项目申请报告［编写提纲见附 1（略）］；

2. 示范项目申报书［具体格式见附 2（略）］。

以上申报材料一式两份，并提供电子文档。申报书以中文填写，要求语言精练，数据真实、可靠；申请报告一律用 A4 纸，仿宋体四号字打印并装订成册；申报单位须保证申报书、申请报告等申报材料真实、准确，申报内容作为项目检测验收依据。

七、申报程序

1. 地方项目申报。由申报单位向项目所在地财政、住房城乡建设主管部门提交项目申报材料，申请中央财政补助资金；当地财政、住房城乡建设主管部门盖章后报所在省、自治区、直辖市、计划单列市的财政、住房城乡建设主管部门。省级财政、住房城乡建设主管部门对辖区范围内的申报项目进行审查汇总，并在规定时间内，将项目申报文件及项目资金申请汇总表［见附 3（略）］报送至财政部经济建设司、住房和城乡建设部建筑节能与科技司；将有关项目申报材料及其电子文档报送至可再生能源建筑应用项目管理办公室（地址：北京海淀区三里河路 13 号中国建筑文化中心 409 室，邮编：100037）。

2. 中央项目，由中央部门对本部门项目进行汇总后向财政部、住房城乡建设部申报。

八、网上申报

1. 各级住房城乡建设主管部门按照“可再生能源建筑应用示范项目信息管理系统账号分配及创建说明”做好账号的管理和分配［见附 4（略）］。

2. 申报单位登陆“住房和城乡建设部、财政部可再生能源建筑应用示范项目信息管理系统”（http：//www. chinaeeb. gov. cn），凭账号、密码登陆系统进行申报，申报前要认真阅读网上申报的具体要求和注意事项，确保申报成功。

3. 申报单位须按照要求填写申报内容，保证申报内容与纸质申报材料一致，完成网上申报后，各级住房城乡建设、财政主管部门应及时进行网上审核。对未在规定时间内完成申报和审核的项目，不予受理。

3.4.8　财政部、住房城乡建设部《关于印发可再生能源建筑应用城市示范实施方案的通知》（财建［2009］305 号）**2009 年 7 月 9 日**

各省、自治区、直辖市、计划单列市财政厅（局）、建设厅（委、局），新疆生产建设兵团财务局、建设局：

根据《可再生能源法》，为落实国务院节能减排战略部署，加快发展新能源与节能环保新兴产业，推动可再生能源在城市建筑领域大规模应用，财政部、住房城乡建设部将组织开展可再生能源建筑应用城市示范工作。为指导开展示范工作，我们制定了《可再生能源建筑应用城市示范实施方案》。现予印发，请遵照执行。

附件：可再生能源建筑应用城市示范实施方案

中华人民共和国财政部
中华人民共和国住房和城乡建设部
二〇〇九年七月六日

附件：

可再生能源建筑应用城市示范实施方案

为贯彻国务院关于节能减排战略部署，深入做好建筑节能工作，加快可再生能源在城市建筑领域应用，将开展可再生能源建筑应用城市示范（以下简称城市示范），现提出如下实施方案。

一、充分认识开展城市示范的重要意义

近年来，财政部、住房城乡建设部组织实施的可再生能源建筑应用示范工程，取得良好的政策效果，可再生能源建筑应用技术水平不断提升，应用面积迅速增加，部分地区已呈现规模化应用势头。为进一步放大政策效应，更好地推动可再生能源在建筑领域的大规模应用，将组织开展可再生能源建筑应用城市级示范。开展城市示范，有利于发挥地方政府的积极性和主动性，加强技术标准等配套能力建设，形成推广可再生能源建筑应用的有效模式；有助于拉动可再生能源应用市场需求，促进相关产业发展；有利于促进实现“保增长、扩内需、调结构”的宏观调控目标。

二、示范城市申请条件、申请程序及审核确认

（一）申请示范城市应具备的条件。申请示范的城市是指地级市（包括区、州、盟）、副省级城市；直辖市可作为独立申报单位，也可组织本辖区地级市区申报示范城市。

1. 已对本地区太阳能、浅层地能等可再生资源进行评估，具备较好的可再生能源应用条件。

2. 已制定可再生能源建筑应用专项规划。

3. 已制定近2年的可再生能源建筑应用实施方案（编写提纲见附1），详细说明在今后2年可以实施的项目情况，做到项目落实，并说明项目基本情况，包括工程应用的技术类型、应用面积、实施期限等，并填写《可再生能源建筑应用工程项目备案表》（详见附2）。

4. 在今后2年内新增可再生能源建筑应用面积应具备一定规模，其中：地级市（包括区、州、盟）应用面积不低于200万平方米，或应用比例不低于30%；直辖市、副省级城市应用面积不低于300万平方米。

新增可再生能源建筑应用面积包括新增的新建（含改扩建）建筑应用可再生能源的面积以及既有建筑改造中应用可再生能源的面积，具体将根据不同技术类型应用面积计算确定，计算公式为：新增可再生能源建筑应用面积＝太阳能热水系统建筑应用面积×0.5＋地源热泵系统建筑应用面积×1＋太阳能供热制冷系统建筑应用面积×1.5＋太阳能与地源热泵结合系统建筑应用面积×1.5。地源热泵包括土壤源热泵、淡水源热泵、海水源热泵、污水源热泵等技术。

可再生能源建筑应用比例指2年内新增可再生能源建筑应用面积与新建（含改扩建）建筑面积之比。

5. 可再生能源建筑应用设计、施工、验收、运行管理等标准、规程或图集基本健全，具备一定的技术及产业基础。

6. 优先支持已出台促进可再生能源建筑应用政策法规的城市。

（二）示范城市申请程序。

1. 申请示范的城市财政、住房和城乡建设部门编写实施方案，经同级人民政府批准后报送省级财政、住房和城乡建设部门。

2. 省级财政、住房和城乡建设部门对各市申报材料进行汇总和初审后，择优选择备选城市，并于每年5月31日前联合上报财政部、住房和城乡建设部（2009年申报截止日期为8月31日）。每个省（自治区、直辖市）申请示范的地级市原则上不超过3个。

（三）示范城市审核确认。财政部、住房城乡建设部组织对各地上报的申报材料进行审查，综合考虑项目落实程度、今后2年内推广应用面积、技术先进适用性、城市能力具备条件、机制创新实现程度等因素，选择确定纳入示范的城市。对于逾期上报的城市示范申请，将不予受理。

三、中央财政支持“城市示范”的方式及有关要求

（一）综合考量，切块下达。对纳入示范的城市，中央财政将予以专项补助。资金补助基准为每个示范城市5000万元，具体根据2年内应用面积、推广技术类型、能源替代效果、能力建设情况等因素综合核定，切块到省。推广应用面积大，技术类型先进适用，能源替代效果好，能力建设突出，资金运用实现创新，将相应调增补助额度，每个示范城市资金补助最高不超过8000万元；相反，将相应调减补助额度。

（二）创新机制，放大效应。各地应创新补助资金使用方式，立足引导社会资金投入，充分发挥市场机制，可综合采用财政补助、贷款贴息、以奖代补、资本金注入、设立种子基金等方式，放大资金使用效益。补助资金主要用于工程项目建设及配套能力建设两个方面，其中，用于可再生能源建筑应用工程项目的资金原则上不得低于总补助的90%，用于配套能力建设的资金，主要用于标准制订、能效检测等。

（三）分批拨付，追踪问效。中央财政补助资金分三年拨付，第一年，根据城市申报应用面积等因素测算补助资金总额，按测算资金的60%拨付补助资金；后两年根据示范城市完成的工作进度拨付补助资金。

（四）加强考核，严格监管。各地财政、住房城乡建设部门要切实加强对补助资金的管理，建立考核机制，确保资金使用规范、安全、有效。财政部会同住房城乡建设部对示范城市进行检查，对没有完成申报应用面积或节能效果未达到预期目标的，将相应扣减财政补助资金，对城市示范开展较好的省市，下一年度将予优先支持。

四、城市示范技术及管理保障措施

各地要切实履行职责，把实施城市示范作为建筑节能工作的重要内容，完善技术标准，推进科技进步，加强能力建设，逐步扩大应用规模，提高应用水平。

（一）加强规划引导。各地住房城乡建设主管部门要会同有关部门，对本地区太阳能及浅层地能资源分布和可利用情况进行充分论证或评估，制定专项发展规划，指导技术应用。对浅层地能热泵技术，要切实把握不同热泵技术推广的适用性和可行性，坚持适度发展，合理布局，避免盲目性和对资源的非合理利用。各地在实施既有建筑节能改造、城中村改造、棚户区改造等工作中，应统筹考虑可再生能源应用。

（二）完善技术标准。各地住房城乡建设主管部门要大力推动有关太阳能光热技术及浅层地能热泵技术应用的国家相关技术标准的贯彻和执行。省级住房和城乡建设部门要结合本地实际，积极研究制定相关的设计、施工、验收标准、规程及工法、图集。各太阳能光热产品生产企业应积极开发标准化、通用的太阳能光热系统组件，提高建筑一体化应用水平。各浅层地能热泵设备生产企业应积极研发高效率、具有自主知识产权的热泵设备。

（三）加强产品设备质量监督。各地住房城乡建设主管部门应会同有关部门规范太阳能光热及浅层地能产品、设备建筑应用市场，强化市场准入，研究建立相关应用产品、设备的认证标识体系，加大对产品、设备性能的检测力度，确保产品质量。

（四）加强项目质量管理。各地住房城乡建设主管部门要加强对太阳能光热技术及浅层地能热泵技术应用项目的质量管理，在项目的设计、施工、监理、验收等环节，依据国家法律法规和工程强制性标准加强监督检查和指导，对不符合现行有关标准或不能实现项目预期节能目标的要责令改正。北方采暖区新建及既有建筑节能改造应用可再生能源的项目，应同步推进分户供热计量。要建立项目评估机制，省级住房城乡建设部门要负责组织对辖区示范城市可再生能源建筑应用项目进行能效检测，住房城乡建设部将委托专门的能效测评机构进行抽检。要加强对项目的跟踪，指导项目加强运行管理，提高利用效率。

（五）强化技术支撑服务。各地住房城乡建设主管部门要充分依托相关机构，做好太阳能光热技术及浅层地能热泵技术应用项目的技术支撑工作，形成可大规模推广应用的技术、标准及产品体系，整合各方面力量，推动太阳能光热技术及浅层地能热泵技术生产、设计、施工三者有效结合，提高应用水平。要积极培育能源服务市场，采取合同能源管理等方式推进太阳能及浅层地能应用技术的推广。

附：

1. 可再生能源建筑应用城市示范实施方案编写提纲

2. 可再生能源建筑应用工程项目备案表

3.4.9　财政部、住房城乡建设部《关于印发加快推进农村地区可再生能源建筑应用的实施方案的通知》（财建［2009］306号）**2009年07月09日**

各省、自治区、直辖市、计划单列市财政厅（局）、建设厅（委、局），新疆生产建设兵团财务局、建设局：

根据《可再生能源法》，为落实国务院节能减排战略部署，加快发展新能源与节能环保新兴产业，深入推进建筑节能工作，财政部、住房城乡建设部将以县为单位，实施农村地区可再生能源建筑应用的示范推广，引导农村住宅、农村中小学等公共建筑应用清洁、可再生能源。为指导开展示范推广工作，我们制定了《加快推进农村地区可再生能源建筑应用的实施方案》。现予印发，请遵照执行。

附件：加快推进农村地区可再生能源建筑应用的实施方案

中华人民共和国财政部

中华人民共和国住房和城乡建设部

二〇〇九年七月六日

附件：

加快推进农村地区可再生能源建筑应用的实施方案

农村地区太阳能等可再生能源资源丰富，具备良好的建筑应用条件，建筑节能潜力巨大。为加快推进农村地区可再生能源建筑应用，现提出以下实施方案：

一、充分认识加快农村地区可再生能源建筑应用的重要意义

近年来，随着我国城镇化进程不断加快和居民生活水平的提高，农村地区建筑用能迅速增加，尤其北方地区农村建筑采暖以生物质能源为主的模式，正逐渐被以煤炭等化石能源为主的模式所替代，农村建筑节能形势严峻。广大的农村地区太阳能、浅层地能等可再生能源资源丰富、应用条件优越、发展空间巨大。在农村地区加快推进可再生能源建筑应用，可节约与替代大量常规化石能源；可以加快改善农村民房、农村中小学、农村卫生院等公共建筑供暖设施，保障与改善民生；可以带动清洁能源等相关产业发展，促进扩大内需与调整结构。

二、因地制宜，确定农村地区可再生能源建筑应用的重点领域

各地要结合当地自然资源条件、客观实际需要、经济社会条件等因素，因地制宜地确定推广应用重点。近阶段国家重点扶持的应用领域是：

1. 农村中小学可再生能源建筑应用。结合全国中小学校舍安全工程，完善农村中小学生活配套设施，推进太阳能浴室建设，解决学校师生的生活热水需求；实施太阳能、浅层地能采暖工程，利用浅层地能热泵等技术解决中小学校采暖需求；建设太阳房，利用被动式太阳能采暖方式为教室等供暖。

2. 县城（镇）、农村居民住宅以及卫生院等公共建筑可再生能源建筑一体化应用。

三、以县为单位，实施农村地区可再生能源建筑应用的示范推广

为积极稳妥地推进可再生能源在农村地区的推广应用，实行以县（含县级市区，下同）为单位整体推进，并先行示范，分期启动，分批实施。示范县应满足相关条件，并按要求组织申报。

（一）示范县应具备的条件。

1. 具备较好的可再生能源应用条件，已制定本地区可再生能源建筑应用整体规划。

2. 已制定本地区可再生能源应用实施方案（编写提纲详见附1）。实施方案要详细说明今后两年内可再生能源推广应用的工作内容，要做到详实具体，项目落实，并说明建设项目的基本情况，包括可再生能源应用的技术类型、应用面积、实施期限等，填写《农村地区可再生能源建筑应用工程项目备案表》（详见附2）。

3. 今后2年内新增可再生能源建筑应用面积应具备一定规模，新增应用面积原则上不低于30万平方米。对于辖区人口较少、规模较小的县，可适当降低面积要求。

4. 以在农村中小学的推广应用为重点。推广应用可再生能源的学校应是在中小学布局结构调整中予以保留的学校，具备较完善的办学条件，校园布局规划合理，建筑保温隔热性能较好，有生活热水、采暖等需求。

5. 项目建设资金落实。详细说明项目建设资金需求、筹措渠道等情况。

6. 对可再生能源建筑应用项目的建设、运营及服务有成熟的解决方案。对在农村中小学等公共建筑推广应用可再生能源，鼓励依托技术力量较强的单位，采取建设管理运营一体化的模式，以确保工程质量和实施效果。

（二）示范县的申报。省级财政、住房和城乡建设主管部门负责本省示范县的申报组织工作。县级财政、住房和城乡建设主管部门编写本地区农村可再生能源应用申报材料，并向上级部门提出申请。省级财政、住房和城乡建设主管部门在对申报材料汇总和初审后，择优推荐示范县，并于每年5月31日前联合上报财政部、住房和城乡建设部（2009年申报截止日期为8月31日）。每年每省（自治区、直辖市）申报示范县原则上不超过4个。

（三）示范县审核确认。财政部会同住房和城乡建设部，根据前期工作开展情况、实施方案详实程度、建设资金落实情况、示范推广效应等因素选择确定示范县，将优先选择符合国家支持重点领域、项目落实情况好、推广应用面积大、推广技术类型先进适用的县。对于逾期上报的示范申请，将不予受理。

四、实施中央财政扶持政策

中央财政对农村地区可再生能源建筑应用予以适当资金支持。

（一）补助资金的核定。2009 年农村可再生能源建筑应用补助标准为：地源热泵技术应用 60 元/平方米，一体化太阳能热利用 15 元/平方米，以分户为单位的太阳能浴室、太阳能房等按新增投入的 60% 予以补助。以后年度补助标准将根据农村可再生能源建筑应用成本等因素予以适当调整。每个示范县补助资金总额将根据上述补助标准、可再生能源推广应用面积等审核确定。每个示范县补助资金总额最高不超过 1800 万元。

（二）补助资金的拨付。中央财政将上述核定的补助资金一次性拨付到省，由省级财政按规定拨付到示范县，示范县负责将补助资金落实到具体项目。

（三）补助资金的监管。各地财政、住房城乡建设部门要切实加强对补助资金的管理，建立考核机制，确保资金使用规范、安全、有效。省级财政、住房城乡建设部门要督促示范县严格按照上报的实施方案执行。财政部将会同住房城乡建设部对地方工作实施情况进行检查，对没有完成上报工作任务或节能效果达不到预期目标的，将抵扣今后该省专项补助资金；对示范效果好的省份，下一年度将予优先支持。

五、切实加强对农村地区可再生能源建筑应用示范推广管理

各地要切实履行职责，财政、住房城乡建设部门必须高度重视、密切配合、统筹安排，扎扎实实地做好项目建设，确保示范工作顺利实施，达到预期效果。

（一）加强统筹协调。省级住房城乡建设、财政部门应对辖区示范县太阳能及浅层地能资源分布和可利用情况、应用可再生能源的需求情况进行充分论证，制定专项规划，指导示范工作开展。在农村中小学推广应用可再生能源要与农村中小学布局调整规划、全国中小学校舍安全工程、农村中小学危房改造工程、农村寄宿制学校建设工程、中西部农村初中校舍改造工程等相结合，其他项目也要与现有政策充分结合，避免浪费。

（二）强化建设标准控制。示范推广工作要坚持“经济、适用、安全”原则，严禁不切实际的高标准超标准建设。各省级住房城乡建设主管部门应结合本地实际，推行标准化应用模式，提出系列应用技术方案，并配套制定相关标准规范、工法、图集，指导工程建设。

（三）加强项目质量管理。各地住房城乡建设主管部门要加强对工程建设的质量管理，在项目的设计、施工、验收等环节，依据国家法律法规和工程强制性标准加强监督检查和指导。要高度重视工程质量安全，确保建设与使用安全，设计、施工、监理人员应经过培训，技术水平应满足岗位要求。要建立项目评估机制，委托专门机构对应用效果进行评估。要加强对项目的跟踪，指导项目加强运行管理。相关设施建成后要采取有效措施，确保系统安全、高效和长久的运行。

（四）加强技术指导。各地住房城乡建设主管部门要充分依托相关机构，做好示范推广技术指导工作，整合太阳能、浅层地能应用设备生产企业、科研单位、勘察设计单位、施工企业等各方面专业力量，推动与示范推广工作相关的生产、勘察、设计、施工等环节有效结合，提高应用水平。

（五）认真总结经验。各级财政、住房城乡建设部门要及时总结示范推广工作经验，妥善解决示范推广过程出现的问题，完善相关政策，为下一步全面推广奠定良好基础。要广泛宣传示范推广工作取得的成效，扩大影响，努力营造有利于推进农村地区建筑节能和

可再生能源应用的社会氛围。

附：

1. 农村地区可再生能源建筑应用实施方案编写提纲

2. 农村地区可再生能源建筑应用项目备案表

3.4.10 《关于实施金太阳示范工程的通知》（财建［2009］397 号）**2009 年 7 月 16 日**

各省、自治区、直辖市财政厅（局）、科技厅（委）、发展改革委（能源局），新疆生产建设兵团财务局、科技局、发展改革委，有关中央企业：

为促进光伏发电产业技术进步和规模化发展，培育战略性新兴产业，根据《可再生能源法》、《国家中长期科技发展规划纲要（2006～2020 年）》（国发［2005］44 号）、《可再生能源中长期发展规划》（发改能源［2007］2174 号）和《可再生能源发展专项资金管理办法》（财建［2006］237 号），中央财政从可再生能源专项资金中安排一定资金，支持光伏发电技术在各类领域的示范应用及关键技术产业化（以下简称金太阳示范工程）。为加强财政资金管理，提高资金使用效益，规范项目管理，我们制定了《金太阳示范工程财政补助资金管理暂行办法》。现印发给你们，请遵照执行。

为保证金太阳示范工程顺利实施，各省财政、科技、能源部门要加强领导，组织电网等有关单位，依据本通知及国家有关规定，抓紧制定金太阳示范工程（2009～2011 年）实施方案［含按照《太阳能光电建筑应用财政补助资金管理暂行办法》（财建［2009］129 号）享受财政补贴的项目］，于 2009 年 8 月 31 日前报财政部、科技部、国家能源局，原则上每省（含计划单列市）示范工程总规模不超过 20 兆瓦。同时，各地区要跟踪金太阳示范工程示范项目建设和运行情况，定期将示范运行情况、财政补助资金安排使用情况以及示范推广中存在的问题报告财政部、科技部、国家能源局。

附件：金太阳示范工程财政补助资金管理暂行办法

财政部

科技部

国家能源局

二〇〇九年七月十六日

附件：

金太阳示范工程财政补助资金管理暂行办法

第一章 总 则

第一条 根据《可再生能源法》、《国家中长期科技发展规划纲要》、《可再生能源中长期发展规划》和《可再生能源发展专项资金管理办法》（财建［2006］237 号），中央财政从可再生能源专项资金中安排部分资金支持实施金太阳示范工程。为加强财政资金管理，提高资金使用效益，规范项目管理，特制定本办法。

第二条 金太阳示范工程综合采取财政补助、科技支持和市场拉动方式，加快国内光伏发电的产业化和规模化发展，以促进光伏发电技术进步。

第三条 财政补助资金按照科学合理、公正透明的原则安排使用，接受社会各方面监督。

第二章 支持范围

第四条 财政补助资金支持范围包括：

（一）利用大型工矿、商业企业以及公益性事业单位现有条件建设的用户侧并网光伏发电示范项目。

（二）提高偏远地区供电能力和解决无电人口用电问题的光伏、风光互补、水光互补发电示范项目。

（三）在太阳能资源丰富地区建设的大型并网光伏发电示范项目。

（四）光伏发电关键技术产业化示范项目，包括硅材料提纯、控制逆变器、并网运行等关键技术产业化。

（五）光伏发电基础能力建设，包括太阳能资源评价、光伏发电产品及并网技术标准、规范制定和检测认证体系建设等。

（六）太阳能光电建筑应用示范推广按照《太阳能光电建筑应用财政补助资金管理暂行办法》（财建［2009］129号）执行，享受该项财政补贴的项目不在本办法支持范围，但要纳入金太阳示范工程实施方案汇总上报。

（七）已享受国家可再生能源电价分摊政策支持的光伏发电应用项目不纳入本办法支持范围。

第三章 支持条件

第五条 财政补助资金支持的项目必须符合以下条件：

（一）已纳入本地区金太阳示范工程实施方案。

（二）单个项目装机容量不低于300kWp。

（三）建设周期原则上不超过1年，运行期不少于20年。

（四）并网光伏发电项目的业主单位总资产不少于1亿元，项目资本金不低于总投资的30%。独立光伏发电项目的业主单位，具有保障项目长期运行的能力。

（五）项目必须达到以下技术要求：

1. 光伏发电产品及系统集成具有先进性；

2. 采用的光伏组件、控制器、逆变器、蓄电池等主要设备必须通过国家批准认证机构的认证；

3. 并网项目满足电网接入相关技术标准和要求；

4. 配置发电数据计量设备，并正常运行。

第六条 光伏发电项目的系统集成商和关键设备应通过招标的方式择优选择。

第四章 补助标准和电网支持

第七条 由财政部、科技部、国家能源局根据技术先进程度、市场发展状况等确定各类示范项目的单位投资补助上限。并网光伏发电项目原则上按光伏发电系统及其配套输配电工程总投资的50%给予补助，偏远无电地区的独立光伏发电系统按总投资的70%给予补助。

光伏发电关键技术产业化和产业基础能力建设项目，给予适当贴息或补助。

第八条 各地电网企业应积极支持并网光伏发电项目建设，提供并网条件。

用户侧并网的光伏发电项目所发电量原则上自发自用，富余电量及并入公共电网的大型光伏发电项目所发电量均按国家核定的当地脱硫燃煤机组标杆上网电价全额收购。

第九条 有条件的地方可安排一定资金给予支持。

第五章 资金的申报和下达

第十条 省级财政、科技、能源部门按要求编制金太阳示范工程实施方案（格式见附1)，明确示范项目建设地区、建设内容、进度安排等，联合报财政部、科技部、国家能源局备案。

第十一条 纳入实施方案的项目，完成立项和系统集成、关键设备招标，并由当地电网企业出具同意接入电网意见后，提出财政补助资金申请报告（格式见附2)，按属地原则，报省级财政、科技、能源部门。

第十二条 省级财政、科技、能源部门负责组织对财政补助资金申请报告进行审查汇总后（格式见附3)，于每年2月底和8月底前联合上报财政部、科技部、国家能源局。

第十三条 财政部、科技部、国家能源局组织对各省上报项目的技术方案、建设条件、资金筹措等材料进行审核。财政部根据项目的投资额和补助标准核定补助金额，并按70%下达预算。项目完工后，项目业主单位及时向省级财政、科技、能源部门提出项目审核及补助资金清算申请。财政部根据项目实际投资清算剩余补助资金。

第十四条 各级财政部门按照财政国库管理制度等有关规定，拨付补助资金。

第六章 监督管理

第十五条 地方财政、科技、能源部门负责对示范项目实施情况进行监督检查。

第十六条 项目完工后，财政部、科技部、国家能源局委托有关机构对项目进行评审。

第十七条 电网企业负责按期统计示范项目发电量，并对并网光伏发电项目运行情况进行监控。

第十八条 示范项目业主单位对项目申报材料的真实性负责，对弄虚作假、骗取财政补助资金的单位，将扣回补助资金，并取消申请财政补助资金的资格。

第十九条 财政补助资金必须专款专用，任何单位不得以任何理由、任何形式截留、挪用。对违反规定的，按照《财政违法行为处罚处分条例》(国务院令第427号）等有关规定处理。

第七章 附则

第二十条 本办法由财政部会同科技部、国家能源局负责解释。

第二十一条 本办法自印发之日起施行。

附件：

附1金太阳示范工程实施方案编制大纲（略）

附2金太阳示范工程财政补助资金申请报告编制大纲（略）

附3省（市）年金太阳示范工程财政补助资金申请汇总表（略）

3.5 建筑能效标识

3.5.1 《建筑门窗节能性能标识试点工作管理办法》（建科［2006］319号）**2006年12月29日**

各省、自治区建设厅，直辖市、计划单列市建委（建设局），新疆生产建设兵团建设局：

现将《建筑门窗节能性能标识试点工作管理办法》印发给你们，请试点地区认真组织做好有关工作。工作中遇到的问题及建议，请及时告建设部科学技术司。

中华人民共和国建设部

二〇〇六年十二月二十九日

附件：

建筑门窗节能性能标识试点工作管理办法

第一章 总 则

第一条 为保证建筑门窗产品的节能性能，规范市场秩序，促进建筑节能技术进步，提高建筑物的能源利用效率，推进建筑门窗节能性能标识试点工作，制定本办法。

第二条 本办法适用于建筑门窗节能性能标识试点工作的组织实施和管理。

第三条 本办法所称的建筑门窗节能性能标识（以下简称“标识”）是指表示标准规格门窗的传热系数、遮阳系数、空气渗透率、可见光透射比等节能性能指标的一种信息性标识。

第四条 标识的申请遵循自愿的原则。

第二章 组 织 机 构

第五条 建设部标准定额研究所负责组织实施标识试点工作，接受建设部的监督。地方建设行政主管部门负责本行政区域的标识试点工作的监督。

第六条 建筑门窗节能性能标识专家委员会负责承担标识试点中技术性的评审、指导、咨询等工作。

第七条 建筑门窗节能性能标识实验室（以下简称“标识实验室”）负责企业生产条件现场调查、产品抽样和样品节能性能指标的检测与模拟计算，出具《建筑门窗节能性能标识测评报告》。

第三章　标识申请及程序

第八条　申请标识的基本条件：

（一）企业应持有工商行政主管部门颁发的《企业法人营业执照》或有关机构的登记注册证明；

（二）企业应取得门窗生产许可证；

（三）产品应具备可靠的质量保证体系，能正常批量生产；

（四）产品应符合国家颁布的有关门窗标准，并通过产品型式检验。

第九条　企业向标识实验室提出生产条件现场调查和产品节能性能检验委托。

第十条　标识实验室对企业的生产条件进行现场调查，同时进行现场抽样；对样品进行实验室检测和模拟计算；并在规定的时间内出具《建筑门窗节能性能标识测评报告》，报告应真实、可靠。

第十一条　企业向建设部标准定额研究所提交以下材料：

（一）标识申请表；

（二）营业执照副本或登记注册证明文件的复印件；

（三）门窗生产许可证复印件；

（四）产品的《型式检验报告》；

（五）标识实验室出具的《建筑门窗节能性能标识测评报告》。

第十二条　建设部标准定额研究所组织建筑门窗节能性能标识专家委员会对企业提交标识申请材料进行审查，并将通过审查的产品在网上公示，一个月内没有收到异议的，准许使用标识。

第四章　标识使用与监督检查

第十三条　标识包括证书和标签。证书由建设部标准定额研究所颁发并统一编号，标签由企业按照统一的样式、规格以及标注规定自行印制。

第十四条　试点期间标识证书有效期为三年。企业应在有效期满前六个月重新提出申请。

第十五条　企业应在产品的显著位置粘贴标签，并可在产品包装物、说明书及广告宣传中使用标识。

在产品包装物、说明书及广告宣传中使用的标签可按比例放大或缩小，并应清晰可辨。

第十六条　企业应建立证书和标签使用制度，每年向地方建设行政主管部门和建设部标准定额研究所报告证书和标签的使用情况。

第十七条　标识实验室应建立健全管理制度，每年向地方建设行政主管部门和建设部标准定额研究所报送标识工作情况。

第十八条　凡有下列情况之一者，标识实验室不得继续承担标识试点过程的相关工作：

（一）出具虚假报告；

（二）泄露申请标识的企业或产品的商业秘密；

（三）不能继续满足标识实验室的相关条件。

第十九条 任何单位和个人不得利用标识对产品进行虚假宣传，不得转让、伪造或冒用标识。

第二十条 在证书有效期内，凡有下列情况之一者，暂停企业使用标识：

（一）产品的生产条件与申请标识的要求不符；

（二）产品达不到标识证书中的技术指标；

（三）证书或标签的使用不符合规定要求。

第二十一条 在证书有效期内，凡有下列情况之一者，撤销该产品的节能标识证书，企业不得使用该产品的节能标识证书和标签：

（一）经监督检查和检验判定获得标识的产品为不合格产品；

（二）标识暂停使用时间超过一年。

被撤销标识证书的产品，自撤销之日起三年内不得再次提出标识申请。

第二十二条 在证书有效期内，凡有下列情况之一者，撤销企业该产品的节能标识证书，企业不得使用该产品的节能标识证书和标签：

（一）转让证书、标签或违反有关规定、损害标识信誉的；

（二）以不真实的申请材料获得标识的；

（三）没有正当理由拒绝监督检查。

被撤销标识证书的企业，自撤销之日起三年内不得再次提出标识申请。

第二十三条 标识实验室、企业有第十八条、第十九条、第二十条、第二十一条情况之一时，省级建设行政主管部门应提出意见报建设部，建设部根据有关法律法规和本办法予以处理。

第五章　附　　则

第二十四条 建设部标准定额研究所应根据本办法制定相关实施细则。

第二十五条 本办法自发布之日起施行。

3.5.2 《关于试行民用建筑能效测评标识制度的通知》（建科［2008］80号）**2008年4月28日**

有关省、自治区建设厅，直辖市、计划单列市建委（建设局）及有关部门，新疆生产建设兵团建设局：

为落实《国务院关于印发节能减排综合性工作方案的通知》（国发［2007］15号）提出的“实施建筑能效专项测评”的工作任务，我部组织制定了《民用建筑能效测评标识管理暂行办法》（附件1）、《民用建筑能效测评机构管理暂行办法》（附件2），并决定在部分有工作基础的省市以及部分项目试行。现将有关事项通知如下：

一、试行范围

（一）试行省市。包括：北京市、天津市、上海市、重庆市、江苏省、浙江省、河南省、四川省、黑龙江省、甘肃省、广东省、南京市、杭州市、郑州市、成都市、哈尔滨市、兰州市、深圳市等；

（二）试行建筑项目。包括：住房和城乡建设部、财政部组织的可再生能源建筑应用示范推广建筑项目；申请中央财政国家机关办公建筑和大型公共建筑节能专项资金贷款贴息的建筑项目；申请中央财政北方采暖地区既有居住建筑供热计量及节能改造专项资金奖励的建筑项目；自愿申请建筑能效测评标识试点的建筑项目。

二、民用建筑能效测评标识工作的日常管理

请各试行省市建设主管部门高度重视民用建筑能效测评标识工作，加强管理，认真做好试点建筑的选择、测评标识过程监管等工作，同时应将试点进展情况进行总结，及时上报我部科学技术司。

我部委托科技发展促进中心承担民用建筑能效测评与标识试点日常管理工作，委托中国建筑科学研究院承担民用建筑能效测评与标识试点的技术管理工作。

三、联系方式

联系人：科学技术司　胥小龙

电　话：010-58934548

联系人：科技发展促进中心　程　杰

电　话：010-58934233

传　真：010-58934232

E-mail：chengjie@ chinaeeb. gov. cn

联系人：中国建筑科学研究院科技处　尹　波

附件1：《民用建筑能效测评标识管理暂行办法》

附件2：《民用建筑能效测评机构管理暂行办法》

附件3：《民用建筑能效测评标识证书样式》

附件1：

民用建筑能效测评标识管理暂行办法

第一条　为贯彻《国务院关于印发节能减排综合性工作方案的通知》和建设部、国家发展改革委、财政部、监察部、审计署《关于加强大型公共建筑工程建设管理的若干意见》要求，建立和实施民用建筑能效测评标识制度，规范测评标识行为，特制定本办法。

第二条　本办法适用于针对民用建筑的能效测评标识及其相关的管理活动。

第三条　本办法所称能效测评，是指对建筑能源消耗量及其用能系统效率等性能指标进行计算、检测，并给出其所处水平的活动。

能效标识，是指依据能效测评结果，对建筑能耗相关信息向社会或产权所有人明示的活动。

第四条　下列民用建筑应进行建筑能效测评标识：

（一）新建（改建、扩建）国家机关办公建筑和大型公共建筑（单体建筑面积为2万平方米以上的）；

（二）实施节能综合改造并申请财政支持的国家机关办公建筑和大型公共建筑；

（三）申请国家级或省级节能示范工程的建筑；

（四）申请绿色建筑评价标识的建筑。

第五条 其他居住建筑和一般公共建筑的能效测评标识活动可参照本办法进行。

第六条 国务院建设主管部门负责全国民用建筑能效测评标识活动的实施和监督管理。

地方县级以上人民政府建设主管部门负责本行政区域内民用建筑能效测评标识活动的实施和监督管理。

地方县级以上人民政府建设主管部门可委托专门机构对建筑能效测评标识活动进行日常管理。

第七条 从事建筑能效测评活动的机构按国家和省两级设置。具体办法见《民用建筑能效测评机构管理暂行办法》。

第八条 建筑能效测评机构应在获得建设主管部门资格认定后，从事建筑能效测评活动，并对能效测评结果的准确性和真实性负责。

国家、省级建设主管部门应对其认定的建筑能效测评机构进行监督，并定期对其测评工作情况进行考核。

第九条 民用建筑能效测评分两个阶段进行：

（一）建筑能效理论值。建筑工程竣工验收合格后，建设单位或建筑所有权人根据工程设计、施工情况，提出该建筑的建筑能效理论值。

（二）建筑能效实测值。建筑项目投入使用一定期限内，建设单位或建筑所有权人应当委托有关建筑能效测评单位对该项目的采暖空调、照明、电气等能耗情况进行统计、监测，获得建筑能效的实测值。

第十条 民用建筑能效水平按照测评结果，划分为 5 个等级，并以星为标志。

第十一条 民用建筑能效标识由标志和证书组成，由国务院建设主管部门规定统一格式和内容，并监制。具体样式见附件。

第十二条 民用建筑能效测评标识的申请及发放分两个阶段进行：

（一）建筑工程竣工验收合格后，建设单位或建筑所有权人通过所在地建设主管部门向省级建设主管部门提出民用建筑能效测评标识申请，省级建设主管部门依据建筑能效理论值核发建筑能效测评标识。

（二）建筑项目取得建筑能效实测值后，建设单位或建筑所有权人通过该建筑所在地建设主管部门向省级建设主管部门申请更新能效测评标识。省级建设主管部门依据建筑能效实测值核发建筑能效测评标识。该标识有效期为 5 年。

第十三条 建筑所有权人应将获得的能效测评标识在建筑物明显位置张贴。

第十四条 建筑能效测评收费标准由省级建设主管部门会同物价管理部门制定。

第十五条 当发生下列情形时，建筑的所有权人应当重新进行建筑能效测评标识并承担所发生的测评费用。

（一）建筑围护结构节能改造；

（二）主要用能设备更新置换；

（三）建筑能效测评标识有效期结束。

第十六条 当发生下列情形之一时，建筑所有权人或者使用人可向建设主管部门提出申诉：

（一）对建筑能效测评结果有异议的；

（二）对建筑能效标识有异议的；

（三）建筑能效测评机构及其从业人员发生违法违规行为的。

第十七条 建设主管部门受理申诉后，可根据实际情况采取下列措施：

（一）要求建设单位和其委托的能效测评机构出具必要的证明资料，并依据资料进行处理；

（二）另行指定能效测评机构实施仲裁，并依据仲裁结果进行处理；

（三）经查实，能效测评机构及其从业人员确有违法违规行为，责令改正。

第十八条 建筑的所有权人、使用人不得擅自拆除或者变更建筑物的能效标识。

经查实，建设主管部门应当责令改正。

第十九条 建设主管部门应当建立投诉受理和处理制度，公开投诉电话、通讯地址和电子邮箱，接受社会监督。

第二十条 本办法自发布之日起施行。

附件2：

民用建筑能效测评机构管理暂行办法

第一章 总 则

第一条 为了规范民用建筑能效测评机构的管理，保障民用建筑能效测评工作的顺利开展，根据《民用建筑能效测评标识管理暂行办法》，制定本办法。

第二条 本办法所称的民用建筑能效测评机构（以下简称测评机构）是指依据本办法规定得到认定的、能够对民用建筑能源消耗量及其用能系统效率等性能指标进行检测、评估工作的机构。

第三条 测评机构实行国家和省级两级管理。住房和城乡建设部负责对全国建筑能效测评活动实施监督管理，并负责制定测评机构认定标准和对国家级测评机构进行认定管理。

省、自治区、直辖市建设主管部门依据本办法，负责本行政区域内测评机构监督管理，并负责省级测评机构的认定管理。

第四条 国家级测评机构的设置依照全国气候区划分，在东北、华北、西北、西南、华南、东南、中南7个地区各设1个。

省、自治区、直辖市建设主管部门应当依据本办法，并结合各自建设规模、技术经济条件等实际，确定省级测评机构的认定数量，原则上每个省级行政区域测评机构数量不应多于3个。

第二章 申报条件

第五条 测评机构按其承接业务范围，分能效综合测评、围护结构能效测评、采暖空调系统能效测评、可再生能源系统能效测评及见证取样检测，其基本条件如下：

（一）应当具有独立法人资格。

（二）国家级测评机构注册资本金不少于500万元；省级测评机构注册资本金不少于200万元。

（三）具有一定规模的业务活动固定场所和开展能效测评业务所需的设施及办公条件。

（四）应当取得计量认证和国家实验室认可。认可资格、授权检验范围及通过认证的计量检测项目应当满足《民用建筑能效测评与标识技术导则》（试行）所规定内容的需要。

（五）测评机构应设有专门的检测部门，并具备对检测结果进行评估分析的能力。测评机构人员的数量与素质应与所承担的测评任务相适应。

测评机构工作人员，应熟练掌握有关标准规范的规定，具备胜任本岗位工作的业务能力，技术人员的比例不得低于70%，工程师以上人员比例不得低于50%，其中，从事本专业3年以上的业务人员不少于30%。

（六）应当有近两年来的建筑节能相关检测业绩。

（七）有健全的组织机构和符合相关要求的质量管理体系。

（八）技术经济负责人为本机构专职人员，具有10年以上检测评估管理经验，具有高级技术或经济职称。

第三章 申报程序

第六条 申报测评机构应当提交下列材料：

（一）《国家级建筑能效测评机构申报书》或者《省级建筑能效测评机构申报书》；

（二）申请单位出具的表明其具备相应能力的书面申请（包括：技术、人员、设备、资质、资金方面的能力），报告内容应当包括：

1. 表明其对拟申请建筑能效测评业务的技术要求的全面理解；

2. 表明其能够承担拟申请建筑能效测评业务的能力；

3. 表明其具备与所从事业务有关的法律法规、技术标准等全面的知识。

（三）计量认证证书（CMA）及附件；中国合格评定国家认可委员会（CNAS）授权的实验室认可的证书及附件；

（四）测评机构中技术人员的职称证书、身份证、劳动合同及社保证明等；国家级测评机构中聘任的注册工程师证章材料；

（五）提供近两年来的测评合同书、测评报告等相关材料；

（六）提供取得的相关科研成果证书和成果材料。

第七条 申报程序：

（一）归地方所属的申报单位应当按统一格式将申报材料报送所在省、自治区、直辖市建设行政主管部门。

各省、自治区、直辖市建设主管部门对提交的申报材料进行审查。其中申报国家级测评机构的，经省、自治区、直辖市建设行政主管部门对申报材料进行初审后，符合要求的签署推荐意见并加盖公章后报住房和城乡建设部。

（二）申报单位是中央企业的，经国资委审核同意后直接报送住房和城乡建设部。

（三）国家级测评机构由住房和城乡建设部组织相关专家对各省、自治区、直辖市建设主管部门推荐的测评机构进行认定评审。省级测评机构由各省、自治区、直辖市建设主管部门组织专家进行认定评审。

第四章 评 审 办 法

第八条 住房和城乡建设部组织专家对符合申报条件的国家级测评机构进行综合评审，并出具评审意见。

第九条 各省、自治区、直辖市建设主管部门组织专家对申报的省级测评机构进行综合评审，并出具评审意见。

第十条 评审主要依据申报单位提交的申报材料进行评分并进行实地调查，评分标准见《建筑能效检测机构认定评分表》[附表三（略）]。主要评审内容如下：

（一）测评技术的先进性、仪器设备和主要实验室的配置；

（二）技术人员的配备、测评能力的认可；

（三）建筑节能工程测评业绩；

（四）建筑能效测评技术的研发和相关标准规范的编制。

第十一条 检测机构评审专家组成。

（一）评审应当从专家库中抽取专家组成专家评审组。评审组人员应当包含建筑、土木工程、建筑设备、建筑工程管理等方面的专家。国家级测评机构评审组专家不得少于9人；省级测评机构评审组专家不少于7人。

（二）评审专家应当具有对国家和该项工作负责的态度，具有良好的职业道德，坚持原则，独立、客观、公正的对申报单位进行评审。

（三）评审专家如与申报单位存在利益关系或其他可能影响评审公正性的关系的，应当申请回避。

第十二条 对评审合格的测评机构进行网上公示。公示期满后，由住房和城乡建设部发布获准国家级的测评机构认定名单。

省、自治区、直辖市将获准省级测评机构认定的名单经公示后发布，并报住房和城乡建设部备案。

第五章 测评机构职责

第十三条 测评机构应当按照《民用建筑能效测评标识管理暂行办法》有关规定，接受从事民用建筑能效测评业务。

第十四条 国家级测评机构主要承担下列业务：

（一）起草民用建筑能效测评方法等技术文件；

（二）国家级示范工程的建筑能效测评；

（三）评定三星级绿色建筑的能效测评；

（四）所在地区建筑节能示范工程的能效测评；

（五）住房和城乡建设部委托的工作。

第十五条 省级建筑测评机构主要承担下列业务：

（一）所在省、市建筑工程的能效测评；

（二）一星、二星级绿色建筑的能效测评；

（三）所在省、市建筑节能示范工程的能效测评。

第十六条 测评机构应当按照本办法规定进行建筑能效测评，并出具统一格式的能效测评报告。

第十七条 测评机构及其工作人员应当独立于委托方进行，不得与测评项目存在利益关系，不得受任何可能干扰其测评结果因素的影响。

第六章 监督考核

第十八条 测评机构要加强测评质量管理，注重检测设备仪器的维护、保养及标定工作；加强技术人员的能力建设和职业道德建设；加强数据、资料、成果的科学性和真实性的审核以及保存工作。

第十九条 住房和城乡建设部对国家级测评机构的工作情况进行考核。省级建设主管部门对省级测评机构的工作情况进行考核。

第二十条 对监督考核不合格的，测评机构应限期整改，并将整改结果报相应的考核部门。

第二十一条 住房和城乡建设部每3年组织对国家级测评机构资格进行重新认定。认定内容包括：资金的投入、实验室和仪器设备的配置水平、技术人员的构成与业务水平、近3年来测评项目及评价等。认定不合格的应限期整改，整改期限一般不超过6个月，整改期满经审定仍不合格的取消其能效测评资格。

第二十二条 各省、自治区、直辖市建设主管部门应当依据本办法规定，定期对本行政区域内省级测评机构进行重新认定复核，并将结果及时报住房和城乡建设部备案。

第二十三条 能效测评机构有下列行为之一的，建设主管部门应责令其改正，情节严重者撤销其认定资格：

（一）出具虚假能效测评报告的；

（二）越级进行测评的；

（三）涂改、倒卖、出租、出借、转让资格证书的；

（四）使用不符合条件的测评人员的；

（五）档案资料管理混乱，造成测评数据无法追溯的；

（六）使用未经比对的能效测评软件的。

第二十四条 被撤销认定资格的测评机构，3年内不得重新申报国家级或省级测评机构。

第七章 附则

第二十五条 本办法自发布之日起施行。

附件 3：民用建筑能效测评标识证书样式

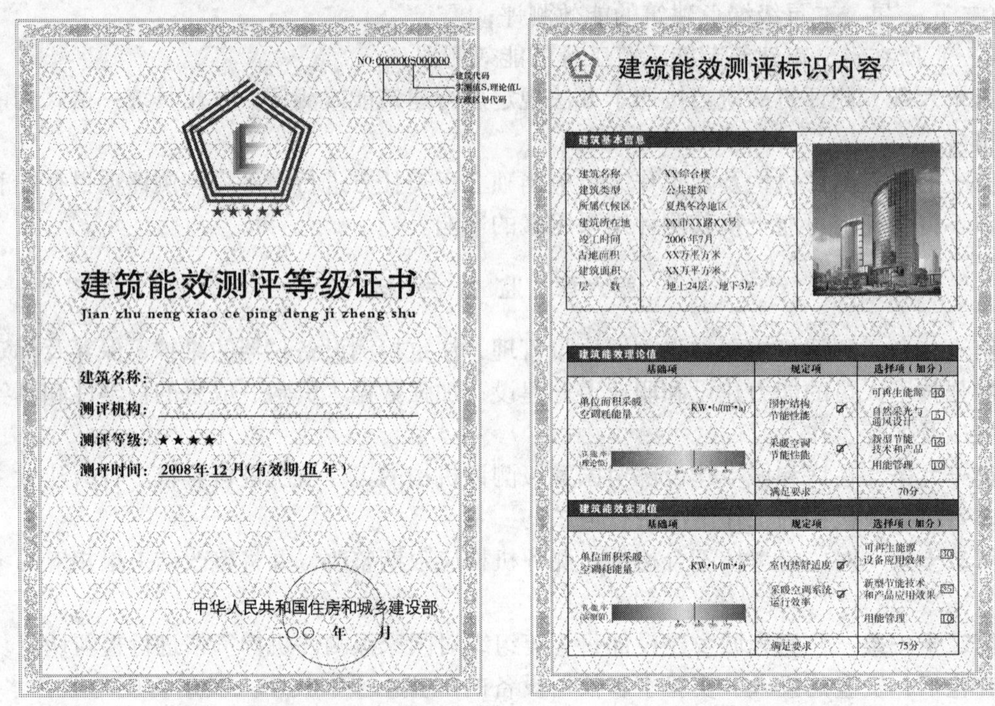

NO: 000000S000000

建筑代码

实测值S,理论值L

行政区划代码

★★★★★

建筑能效测评等级证书

Jian zhu neng xiao ce ping deng ji zheng shu

建筑名称：__________

测评机构：__________

测评等级：★★★★

测评时间：2008年12月(有效期伍年)

中华人民共和国住房和城乡建设部

二○○ 年 月

建筑能效测评标识内容

建筑基本信息	
建筑名称	XX综合楼
建筑类型	公共建筑
所属气候区	夏热冬冷地区
建筑所在地	XX市XX路XX号
竣工时间	2006年7月
占地面积	XX万平方米
建筑面积	XX万平方米
层 数	地上24层，地下3层

建筑能效理论值

基础项	规定项	选择项（加分）
单位面积采暖空调耗能量 KW·h/(m²·a) 节能率(理论值)	围护结构节能性能 ☑ 采暖空调节能性能 ☑	可再生能源 10 自然采光与通风设计 5 新型节能技术和产品 15 用能管理 10
	满足要求	70分

建筑能效实测值

基础项	规定项	选择项（加分）
单位面积采暖空调耗能量 KW·h/(m²·a) 节能率(实测值)	室内热舒适度 ☑ 采暖空调系统运行效率 ☑	可再生能源设备应用效果 30 新型节能技术和产品应用效果 35 用能管理 10
	满足要求	75分

3. 5. 3 《民用建筑节能信息公示办法》(建科［2008］115 号) **2008 年 6 月 26 日**

各省、自治区建设厅，直辖市建委，计划单列市建委（建设局），新疆生产建设兵团建设局：

为贯彻落实《中华人民共和国节约能源法》，我部制定了《民用建筑节能信息公示办法》，现印发给你们，请结合实际贯彻执行。

中华人民共和国住房和城乡建设部

二〇〇八年六月二十六日

附件：

民用建筑节能信息公示办法

为了发挥社会公众监督作用，加强民用建筑节能监督管理，根据《中华人民共和国节约能源法》的有关规定，制定本办法。

第一条 民用建筑节能信息公示，是指建设单位在房屋施工、销售现场，按照建筑类型及其所处气候区域的建筑节能标准，根据审核通过的施工图设计文件，把民用建筑的节能性能、节能措施、保护要求以张贴、载明等方式予以明示的活动。

第二条 新建（改建、扩建）和进行节能改造的民用建筑应当公示建筑节能信息。

第三条 建筑节能信息公示内容包括节能性能、节能措施、保护要求。

节能性能指：建筑节能率，并比对建筑节能标准规定的指标。

节能措施指：围护结构、供热采暖、空调制冷、照明、热水供应等系统的节能措施及可再生能源的利用。

具体内容见附件一、附件二（略）。

第四条 建设单位应在施工、销售现场张贴民用建筑节能信息，并在房屋买卖合同、住宅质量保证书和使用说明书中载明，并对民用建筑节能信息公示内容的真实性承担责任。

第五条 施工现场公示时限是：获得建筑工程施工许可证后30日内至工程竣工验收合格。

销售现场公示时限是：销售之日起至销售结束。

第六条 建设单位公示的节能性能和节能措施应与审查通过的施工图设计文件相一致。

房屋买卖合同应包括建筑节能专项内容，由当事人双方对节能性能、节能措施作出承诺性约定。

住宅质量保证书应对节能措施的保修期作出明确规定。

住宅使用说明书应对围护结构保温工程的保护要求，门窗、采暖空调、通风照明等设施设备的使用注意事项作出明确规定。

建筑节能信息公示内容必须客观真实，不得弄虚作假。

第七条 建筑工程施工过程中变更建筑节能性能和节能措施的，建设单位应在节能措施实施变更前办妥设计变更手续，并将设计单位出具的设计变更报经原施工图审查机构审查同意后于15日之内予以公示。

第八条 建设单位未按本办法规定公示建筑节能信息的，根据《节约能源法》的相关规定予以处罚。

第九条 建筑能效测评标识按《关于试行民用建筑能效测评标识制度的通知》（建科［2008］80号）执行，绿色建筑标识按《关于印发〈绿色建筑评价标识管理办法〉（试行）的通知》（建科［2007］206号）执行。

第十条 本办法自2008年7月15日起实施。

3.5.4 关于印发《民用建筑能效测评标识技术导则》（试行）的通知（建科［2008］118号）2008年7月3日

各省、自治区建设厅，直辖市建委及有关部门，计划单列市建委（建设局），新疆生产建设兵团建设局：

为落实《民用建筑能效测评标识管理暂行办法》，做好民用建筑能效测评标识试点工作，我部组织有关专家编制了《民用建筑能效测评标识技术导则》（试行），现印发给你们。请认真贯彻执行，并及时总结经验，提出意见和建议。有关情况请及时告我部科学技术司。

中华人民共和国住房和城乡建设部

二〇〇八年六月二十六日

附件：1. 民用建筑能效测评标识管理暂行办法（试行）(略)

3.5.5 《关于发布第一批民用建筑能效测评标识项目的公告》(中华人民共和国住房和城乡建设部公告第276号) **2009年4月15日**

按照《关于试行民用建筑能效测评标识制度的通知》(建科［2008］80号) 要求，我部组织开展了民用建筑能效测评标识评审工作，核定了第一批民用建筑能效测评标识项目及测评标识等级（理论值)，现予以公布。

附件：第一批民用建筑能效测评标识项目

中华人民共和国住房和城乡建设部

二〇〇九年四月九日

附件：

第一批民用建筑能效测评标识项目

证书编号	所在省	所在市	建 筑 名 称	测评标识等级（理论值）
110101L000001	北京市	东城区	中国石油大厦	★★★
110228L000002	北京市	密云县	密云县建筑节能示范中心业务用房	★★
120101L000001	天津市	和平区	天津市君隆大厦	★
210100L000001	辽宁省	沈阳市	辽宁省建设科学研究院综合住宅楼	★★
210100L000002	辽宁省	沈阳市	辽宁省建设科学研究院综合实验楼	★
310112L000001	上海市	上海市	浦江智谷商务园	★★
310115L000002	上海市	上海市	2007年花木街道由由社区节能改造二期工程22号楼	★
310119L000003	上海市	上海市	意得商城一期A-5号楼	★
320100L000001	江苏省	南京市	银城大厦	★
320100L000002	江苏省	南京市	江苏省建设管理综合楼	★
350100L000002	福建省	福州市	福州大学生活区第四期公寓C1号楼/C3号楼	★
350200L000001	福建省	厦门市	瑞景公园一期1号楼	★
370306L000001	山东省	淄博市	普利·艾伦庄园D区3号楼	★★★
410200L000001	河南省	开封市	开封市九鼎颂园18号楼	★★
440300L000001	广东省	深圳市	建科大楼	★★★
440300L000002	广东省	深圳市	嘉达化工科技研发中心	★
440300L000003	广东省	深圳市	振业城一期1C6/1D2/1E1/1G2/1H4栋建筑	★
440300L000004	广东省	深圳市	星河发展中心	★
440300L000005	广东省	深圳市	中航鼎尚华庭1栋/2栋（5栋）/3栋（4栋）/6栋/7栋（9栋）/8栋	★
510100L000001	四川省	成都市	龙锦慧苑1#楼	★★

3.6 绿 色 建 筑

3.6.1 《绿色建筑技术导则》(建科［2005］199号) **2005年10月27日**

各省、自治区、直辖市建设厅（建委）及有关建设部门、科技厅（委），副省级城市、计划单列市建委（建设局）及有关建设部门、科技局，新疆生产建设兵团建设局、科技局：

发展绿色建筑是贯彻落实中央提出的发展节能省地型住宅和公共建筑的重要举措。为加强对我国绿色建筑建设的指导，促进绿色建筑及相关技术健康发展，建设部与科技部联合组织编制了《绿色建筑技术导则》，现印发你们，并就贯彻落实的有关事宜通知如下：

一、各地建设行政主管部门应结合本地实际情况，制定相应的实施办法，组织好宣传和贯彻落实工作。要认真开展技术培训和试点示范，积极推进本地绿色建筑的发展。

二、房地产开发企业、建设单位、规划设计单位、施工与监理企业、物业管理企业、建筑产品生产企业，要遵照《绿色建筑技术导则》的内容，调整和完善本单位的发展思路和工作重点，树立绿色建筑意识，强化绿色建筑导向，建立健全实施绿色建筑的运行管理机制，培养骨干技术人才，逐步形成本单位开展绿色建筑工程实践的特点，确立核心竞争力。

三、有关大专院校、科研单位和企业，要按照《绿色建筑技术导则》的要求，积极推进产学研结合，加强自主技术创新，强化技术的优化集成和工程化配套，增强技术支撑能力，形成绿色建筑技术体系，促进绿色建筑技术产业化的发展。

中华人民共和国建设部
中华人民共和国科学技术部
二〇〇五年十月二十七日

3.6.2 《绿色建筑评价标识管理办法（试行）》(建科［2007］206号) **2007年8月21日**

各省、自治区建设厅，直辖市建委及有关部门，计划单列市建委（建设局），新疆生产建设兵团建设局：

为规范绿色建筑评价标识工作，引导绿色建筑健康发展，我部制定了《绿色建筑评价标识管理办法》(试行)。现印发你们，请遵照执行。

中华人民共和国建设部
二〇〇七年八月二十一日

附件：

绿色建筑评价标识管理办法（试行）

第一章 总 则

第一条 为规范绿色建筑评价标识工作，引导绿色建筑健康发展，制定本办法。

第二条 本办法所称的绿色建筑评价标识（以下简称“评价标识”），是指对申请进行绿色建筑等级评定的建筑物，依据《绿色建筑评价标准》和《绿色建筑评价技术细则（试行）》，按照本办法确定的程序和要求，确认其等级并进行信息性标识的一种评价活动。标识包括证书和标志。

第三条 本办法适用于已竣工并投入使用的住宅建筑和公共建筑评价标识的组织实施与管理。

第四条 评价标识的申请遵循自愿原则，评价标识工作遵循科学、公开、公平和公正的原则。

第五条 绿色建筑等级由低至高分为一星级、二星级和三星级三个等级。

第二章 组 织 管 理

第六条 建设部负责指导和管理绿色建筑评价标识工作，制定管理办法，监督实施，公示、审定、公布通过的项目。

第七条 对审定的项目由建设部公布，并颁发证书和标志。

第八条 建设部委托建设部科技发展促进中心负责绿色建筑评价标识的具体组织实施等日常管理工作，并接受建设部的监督与管理。

第九条 建设部科技发展促进中心负责对申请的项目组织评审，建立并管理评审工作档案，受理查询事务。

第三章 申请条件及程序

第十条 评价标识的申请应由业主单位、房地产开发单位提出，鼓励设计单位、施工单位和物业管理单位等相关单位共同参与申请。

第十一条 申请评价标识的住宅建筑和公共建筑应当通过工程质量验收并投入使用一年以上，未发生重大质量安全事故，无拖欠工资和工程款。

第十二条 申请单位应当提供真实、完整的申报材料，填写评价标识申报书，提供工程立项批件、申报单位的资质证书，工程用材料、产品、设备的合格证书、检测报告等材料，以及必须的规划、设计、施工、验收和运营管理资料。

第十三条 评价标识申请在通过申请材料的形式审查后，由组成的评审专家委员会对其进行评审，并对通过评审的项目进行公示，公示期为30天。

第十四条 经公示后无异议或有异议但已协调解决的项目，由建设部审定。

第十五条 对有异议而且无法协调解决的项目，将不予进行审定并向申请单位说明情况，退还申请资料。

第四章 监 督 检 查

第十六条 标识持有单位应规范使用证书和标志，并制定相应的管理制度。

第十七条 任何单位和个人不得利用标识进行虚假宣传，不得转让、伪造或冒用标识。

第十八条 凡有下列情况之一者，暂停使用标识：

（一）建筑物的个别指标与申请评价标识的要求不符；

（二）证书或标志的使用不符合规定的要求。

凡有下列情况之一者，撤销标识：

（一）建筑物的技术指标与申请评价标识的要求有多项（三项以上）不符的；

（二）标识持有单位暂停使用标识超过一年的；

（三）转让标识或违反有关规定、损害标识信誉的；

（四）以不真实的申请材料通过评价获得标识的；

（五）无正当理由拒绝监督检查的。

被撤销标识的建筑物和有关单位，自撤销之日起三年内不得再次提出评价标识申请。

第十九条 标识持有单位有第十七条、第十八条情况之一时，知情单位或个人可向建设部举报。

第五章 附 则

第二十条 处于规划设计阶段和施工阶段的住宅建筑和公共建筑，可比照本办法对其规划设计进行评价。

《绿色建筑评价标准》未规定的其他类型建筑，可参照本办法开展评价标识工作。

第二十一条 建设部科技发展促进中心应根据本办法制定实施细则。

第二十二条 本办法由建设部科学技术司负责解释。

第二十三条 本办法自发布之日起施行。

3.6.3 《绿色建筑评价技术细则（试行）》（建科［2007］205号）**2007年8月21日**

各省、自治区建设厅，直辖市建委及有关部门，计划单列市建委（建设局），新疆生产建设兵团建设局：

为规范绿色建筑的规划、设计、建设和管理工作，推动绿色建筑工作的开展，依据《绿色建筑评价标准》，我部组织相关单位编制了《绿色建筑评价技术细则》（试行）。现印发你们。

中华人民共和国建设部

二〇〇七年八月二十一日

3.7 节约型校园

3.7.1 《教育部关于建设节约型学校的通知》（教发［2006］3号）**2006年1月26日**

各省、自治区、直辖市教育厅（教委），新疆生产建设兵团教育局，部直属各高等学校：

《教育部关于贯彻落实国务院通知精神做好建设节约型社会近期重点工作的通知》（教发［2005］19号）印发后，各地各学校在建设节约型学校方面采取了许多措施，取得了一定成效。为进一步贯彻落实国务院《关于做好建设节约型社会近期重点工作的通知》（国发［2005］21号）和《国务院关于加快发展循环经济的若干意见》（国发［2005］22号）等文件精神，积极做好建设节约型学校工作，现将有关意见通知如下：

一、要充分认识建设节约型学校的重要意义。《中共中央关于制定国民经济和社会发展第十一个五年规划的建议》提出，要把节约资源作为基本国策，加快建设资源节约型、环境友好型社会。这是党中央、国务院在新形势下作出的关系到我国经济社会发展和中华民族兴衰，具有全局性和战略性的重大决策。学校承担着育人和科研的任务，且涉及师生众多，抓好节约型学校建设不仅对建设节约型社会具有重要的现实意义，更具有深远的历史意义。

二、各地各学校要把建设节约型学校作为学校发展战略列入“十一五”规划和中长期发展规划。已经完成“十一五”规划编制的学校，要按照建设节约型社会和节约型学校的要求对规划进行充实和调整。在规划中要充分体现党中央、国务院的有关精神，积极贯彻地方政府的有关规定和要求，并提出切实可行的落实措施。

三、要积极推进技术进步，提高资源利用率。建设节约型学校要以提高资源利用效率为核心，以节能、节水、节材、节地、资源综合利用为重点，大力加强资源的循环利用。要十分重视节能节约资源新技术的运用，要充分利用校内校外两种技术资源；推广节水设备和器具，加快供水管网改造，降低管网漏失率，在有条件的学校加快公共建筑、生活小区、住宅节水和中水回用设施建设；积极推广绿色照明和智能控制；加强土地节约和集约利用，严格控制扩大土地计划指标，严格控制建设用地总量，以科学手段高效利用土地，实施多功能复合用地，进行多种形式的开发利用。

四、要加强制度建设，深入推进管理体制和运行机制改革。要坚持以改革促发展，统筹整合校内资源，努力降低办学成本，在课堂教学、实验教学、行政办公、公共服务、基建、科研和后勤等各个方面的管理体制和运行机制上深入推进改革，要建立有利于节约的制约和激励机制；建立以严格、科学、合理的成本核算为基础的各项管理制度，把节约指标列入校内各部门实绩考核评价体系之中。要积极推进后勤社会化改革，探索通过新体制新机制提高后勤运行效率，降低资源能耗。

五、要加强节能节约资源新技术的运用和研究开发。有条件的高校要加强节能节约资源新技术的开发，要在科研规划、课题安排、科研经费等方面给予支持。我部将对重大资源节约技术开发、产业化示范项目提供支持和加大协调力度。

六、要在学校日常工作中加强节约管理。学校各项办学活动都要精打细算，厉行节约。坚决反对追求不必要的高标准，坚决反对讲排场、比阔气、铺张浪费。要大力加强对水、电、气和教室、实验室、学生食堂、宿舍等公共场所的使用和管理，挖掘各种资源的使用潜力，不断提高资源的使用效率。

七、要加强节约资源的宣传教育，强化师生员工的节约意识。要对广大师生员工大力加强勤俭节约、艰苦奋斗的教育，提高广大师生员工的资源忧患意识，切实增强广大师生员工的节约资源和发展循环经济的紧迫感、责任感。要采取各种有效措施，加强学校领导者、各级管理人员、教师、员工和广大学生的节约意识，尤其是节水节电、节约粮食和节约教学资源的意识。在宣传中作好具体安排，要努力做到周密部署，认真组织，长期坚持，力求实效，营造良好的同心协力建设节约型学校的校园氛围。要按照中央的要求，将建设节约型社会和节约型学校，培养学生勤俭节约意识和行为的内容列入教学计划，并纳入到学生行为守则和德育考评之中。

请各地和部各直属高校要注意发现、收集和总结先进经验和典型材料，并随时上报。

请速将本通知传达到本地区各级各类学校，并按要求认真组织落实。

联系人：刘彦波

联系电话：66096504

电子邮件地址：liuyanbo@ moe. edu. cn

3.7.2 《关于推进高等学校节约型校园建设进一步加强高等学校节能节水工作的意见》（建科［2008］90号）**2008年5月13日**

各省、自治区建设厅、教育厅，直辖市建委及有关部门、教委，计划单列市建委（建设局）、教育局，新疆生产建设兵团建设局、教育局，教育部直属高校：

为贯彻落实党的十七大精神，根据《国务院关于加强节能工作的决定》（国发［2006］28号）、《国务院关于印发节能减排综合性工作方案的通知》（国发［2007］15号）、《教育部关于建设节约型学校的通知》（教发［2006］3号）和建设部、国家发改委、财政部、监察部、审计署《关于加强大型公共建筑工程建设管理的若干意见》（建质［2007］1号）的要求，进一步加强节能节水工作，推进高等学校节约型校园建设，现提出以下意见：

一、充分认识加强节能节水工作在推进高等学校节约型校园建设中的重要意义

加快建设资源节约型、环境友好型社会，是党中央、国务院在新形势下作出的重大战略决策，建设节约型校园是教育系统落实这一战略决策的重要举措。高等学校是培养人才和促进科技进步的主要阵地，深入开展高等学校节约型校园建设工作，不仅可以促进学校本身的能源资源节约，降低办学成本，在社会起到示范和带动作用，还有利于促使广大学生树立节能环保意识，掌握节能环保技能，对我国经济和社会发展产生深远影响。节能节水工作是节约型校园建设的重要内容之一，加强节能节水工作，将有效地促进高等学校节约型校园建设的全面开展。

二、主要目标

“十一五”期间的总体节约目标是：实现已有用能项目人均用能在2005年所耗能量的基础上降低15%；已有用自来水项目人均用量在2005年所耗水量的基础上降低15%。

三、重点工作

1. 加强高等学校节能节水运行监管

加强能耗水耗监测。安装分项或分类计量装置，通过远程传输系统等手段及时采集分析能耗水耗数据，实现对学校内能耗水耗的实时动态监测。

加强能耗水耗统计分析。针对学校的用能用水特点，开展能源消耗（电、水、燃气、热量）分季度、年度的调查统计与分析。

加强能耗水耗审计。对学校内的能耗水耗情况进行审计，重点加强日常运行管理、用能系统设计的合理性、施工和系统调试遗留问题等环节，为能源节约提供依据，同时及时消除跑、冒、滴、漏现象。

建立能效公示制度。将学校的能耗水耗调查统计和能源审计结果予以公示，接受社会监督。

2. 新建建筑严格执行节能节水强制性标准

各高等学校新建建筑必须严格执行有关建筑节能节水强制性标准。建设单位要按照相应的建筑节能节水标准进行工程项目的规划、设计、施工、监理等。有关部门对新建学校及学校内新建建筑进行节能节水评估和审查，对未通过节能节水审查的项目一律不予审批。项目建成后应经建筑能效专项测评，凡达不到工程建设节能强制性标准的，有关部门不得办理竣工验收备案手续。

3. 开展低成本节能节水改造

各高等学校应根据本校的实际情况，积极开展既有建筑的节能节水技术改造工作，特别应优先开展低成本或无成本节能节水技术改造。对耗能耗水大的建筑，应进行建筑能耗水耗诊断，制定技术经济合理的节能节水改造方案，并严格履行有关报批程序，切实防止借节能改造之名搞大拆大建。

4. 积极推进新技术和可再生能源的应用

各高等学校应针对不同建筑特点和能源消费类型，在能耗统计、能源审计基础上，对既有高耗能建筑的围护结构、中央空调、采暖、照明和用电设备等进行节能改造，对用电设备和电力分配系统进行系统性诊断和分析，加装节电设备，实现用电系统整体优化，提高电效。积极采用节水系统、节水器具和设备，合理利用非传统水源。充分利用自然资源和可再生能源，积极推广使用浅层地源热泵、太阳能等新技术、新能源，扩大可再生能源使用范围。

四、切实加强组织实施工作

1. 省级建设行政主管部门会同教育行政部门负责本行政区域内高等学校节能节水工作。各地建设行政主管部门、教育行政部门及有关部门，应密切协作，统筹规划、周密部署，指导、督促当地高等学校做好节能节水工作。

2. 各高等学校应建立以学校主要负责同志为组长，各职能部门、各学院负责同志参加的节约型校园建设领导小组，并设立办公室。领导小组统筹规划、协调节约型校园建设工作。要切实将各项任务分解、落实到位，并建立校内考核评价制度。按照属地原则，各高等学校要主动配合当地建设行政主管部门对学校内建筑实行能耗统计、能源审计、能效公示工作，对发现的问题及时进行整改。

3. 做好节能节水工作的评估。各地建设行政主管部门会同教育行政部门负责对节能节水工作的成果进行评估。

4. 完善政策激励机制。住房和城乡建设部会同教育部制定相应经济激励政策，支持开展节能节水工作的高等学校建立动态监测平台建设和进行能耗统计、能源审计、能效公示等工作。

5. 认真做好经验的总结推广工作。各级建设、教育行政部门要充分发挥舆论的导向与监督作用，大力宣传我国能源资源现状与节约型校园建设的重大意义，及时总结推广节能节水工作的成功经验，完善相关工作。

请各省（自治区、直辖市）建设行政主管部门会同教育行政部门，组织本行政区域内高校，于2008年7月15日前制定完成当地各高校开展节能节水工作的实施方案（包括概况，现状分析，目标、重点和进度，主要措施，组织、政策、技术、资金保障、考核评价等），并报住房和城乡建设部、教育部备案。住房和城乡建设部、教育部将定期检查各高等学校工作进展情况。

中华人民共和国住房和城乡建设部
中华人民共和国教育部
二〇〇八年五月十三日

3.7.3 《高等学校节约型校园建设管理与技术导则（试行）》（建科［2008］89号）2008年5月13日

各省、自治区建设厅、教育厅，直辖市建委及有关部门、教委、计划单列市建委（建设局）、教育局，新疆生产建设兵团建设局、教育局，教育部直属高校：

为贯彻落实《国务院关于印发节能减排工作方案的通知》精神，指导高等学校节约型校园建设工作，住房和城乡建设部会同教育部组织有关专家编制了《高等学校节约型校园建设管理与技术导则》(试行)，现印发给你们。请根据住房和城乡建设部、教育部《关于推进高等学校节约型校园建设进一步加强高等学校节能节水工作的意见》的要求，认真贯彻执行，并及时总结经验，提出意见与建议。有关情况请及时反馈住房和城乡建设部科学技术司、教育部发展规划司。

中华人民共和国住房和城乡建设部
中华人民共和国教育部
二〇〇八年五月十三日

附件：

1. 高等学校节约型校园建设管理与技术导则（略）
2. 附表1 建筑基本信息表（略）
3. 附表2 建筑物耗电量、耗气量、校园照明耗电量的逐日数据表（略）
4. 附表3 建筑能源费账单表（略）
5. 附表4 建筑耗能量或校园区域耗能量总账单（略）
6. 附表5 能耗拆分统计表格（略）
7. 附表6 高等学校节约型校园建设考核评价得分表（略）

3.8 其　他

3.8.1 关于发布《建设部推广应用和限制禁止使用技术》的公告 2004年3月25日

中华人民共和国建设部公告第218号

为加强对全国推广应用建设新技术的指导和限制、禁止使用技术的管理，积极培育和引导建设技术市场的发展，加快建设事业科技进步，依据《中华人民共和国促进科技成果转化法》、《建设领域推广应用新技术管理规定》(建设部令第109号) 和《建设部推广应用新技术管理细则》(建科［2002］222号)，我部编制了《建设部推广应用和限制禁止使用技术》(以下简称《技术公告》)，现予公告，并就有关事宜通知如下：

一、各省、自治区、直辖市建设行政主管部门要采取切实措施，积极推进《技术公告》中新技术的推广应用；使各地建设行政主管部门、企事业单位尽快了解并准确把握公告的内容和技术要求，适时调整产品结构，促进技术升级，确保《技术公告》的实施。

二、对《技术公告》中的限用和禁用技术，施工图设计审查单位、工程监理单位和工程质量监督部门应将其列为审查内容，建设单位、设计单位和施工单位不得在工程中使用。凡违反《技术公告》继续使用限用或禁用技术的，建设行政主管部门不得验收备案；违反《技术公告》并违反工程建设强制性标准的，依据《建设工程质量管理条例》对实施单位进行处罚。

三、未列入本公告，现阶段广泛应用的技术，不属于本公告的调整范围。

中华人民共和国建设部

二〇〇四年三月十八日

3.8.2 建设部办公厅关于加强《建筑节能工程施工质量验收规范》宣贯、实施及监督工作的通知（建办标函［2007］302号）2007年5月14日

各省、自治区建设厅，直辖市建委，新疆生产建设兵团建设局，各有关单位：

根据《国务院关于做好建设节约型社会近期重点工作的通知》(国发［2005］21号)的要求，我部与国家质量监督检验检疫总局联合发布了《建筑节能工程施工质量验收规范》(GB 50411—2007)(以下简称《规范》)，将于2007年10月1日起实行。为切实做好《规范》的宣贯、实施及监督工作，现将有关事项通知如下：

一、建筑节能标准是实现建筑节能的技术依据和基本准则，认真执行建筑节能标准是现阶段做好建筑节能工作的基本目标和要求。《规范》的发布实施，进一步完善了国家有关建筑节能的标准体系，不仅为建筑节能工程施工的质量验收提供了统一的技术要求，也为落实建筑节能设计标准和有关建筑节能的要求提供了有力的技术保障和具有可操作性的技术手段，对强化建筑节能管理，保障建筑节能工程质量，实现建筑节能的目标和要求等，都具有重要的意义和作用。各地要把《规范》的宣贯、实施及监督工作作为贯彻落实科学发展观、加强依法行政和推进建筑节能的一项重要工作，加强领导，在建筑活动中认真贯彻执行。

二、加强宣贯培训是确保有关人员准确理解、掌握并贯彻实施《规范》的基本要求。各地要结合实际，制定具体的宣贯培训方案，有组织、有计划地开展形式多样的宣贯培训活动，争取年内对有关施工单位、监理单位、工程质量监督以及建筑节能管理机构的主要管理人员和技术人员轮训一遍。参加《规范》培训人员的学时可计入个人继续教育学时。

三、各省、自治区、直辖市建设行政主管部门要加强对培训工作的领导和监督管理，切实提高培训质量，确保培训效果。要采取有效措施，防止出现以盈利为目的擅自举办宣贯班、研讨班、培训班等乱办班、乱收费等不良现象。

四、《规范》实施前，各省、自治区、直辖市建设行政主管部门的标准化管理机构，要按照《规范》的规定，对已批准发布的有关建筑节能施工质量验收的地方标准进行复审、修订或废止，并按照《工程建设地方标准化工作管理规定》的要求，报我部重新进行备案。对与《规范》规定不一致且没有重新备案的地方标准，自行废止，不得作为建筑节能工程施工或质量验收的依据。

五、《规范》实施后开工建设的民用建筑工程，以及已开工建设但建筑节能分部工程尚未开始施工的，应当严格按照《规范》的要求或相应的地方标准进行施工质量验收，不符合强制性条文规定或验收不合格的民用建筑工程，不得予以备案或交付使用。对

《规范》实施前已开工建设且节能分部工程已开始施工的民用建筑工程，具备条件的，可以按照《规范》进行施工质量验收。

六、《规范》实施过程中，各地要严格按照《中华人民共和国节约能源法》、《建设工程质量管理条例》(国务院令第279号)、《民用建筑节能管理规定》(建设部令第143号)、《实施工程建设强制性标准监督规定》(建设部令第81号）等有关法律、法规的规定，明确责任，加强对建筑工程施工、监理、质量监督、验收等各环节实施《规范》的监督管理，确保《规范》的贯彻执行。

七、各省、自治区、直辖市建设行政主管部门应当根据本地区的具体情况，适时开展《规范》实施情况的专项检查或抽查活动。对不执行或不严格执行《规范》的情况，要视情节轻重予以通报批评、责令整改或依法进行处罚。

八、为确保《规范》宣贯培训的质量和效果，我部将于2007年5月下旬召开《规范》发布宣贯会议，并委托中国建筑科学研究院举办师资培训班，组织《规范》编写组成员集中进行讲解，为各地开展标准培训活动提供师资力量。各省、自治区、直辖市建设行政主管部门要根据本地区宣贯培训工作的需要，统一选派5~10名师资人员参加培训。发布宣贯会议和师资培训的具体安排另行通知。

中华人民共和国建设部办公厅

二〇〇七年五月十四日

3.8.3 关于印发《民用建筑能耗统计报表制度（试行)》的通知（建科函［2007］271号）**2007年8月8日**

河北、黑龙江、辽宁、山东、江苏、福建、河南、湖北、广东、海南、四川、陕西省建设厅，北京、天津、上海、重庆市建委及有关部门：

为全面掌握我国建筑能耗实际状况，促进建筑节能的发展，在广泛听取意见的基础上，建设部组织制定了《民用建筑能耗统计报表制度》(试行)(以下简称《报表制度》)，并已经国家统计局审核批准。建设部决定在北京、天津、上海、重庆、石家庄、唐山、沈阳、哈尔滨、南京、常州、福州、厦门、济南、郑州、鹤壁、武汉、广州、深圳、海口、三亚、成都、绵阳、西安等23个城市，试行民用建筑能耗统计报表制度，取得经验后，将在全国范围内推广。现将《报表制度》印发给你们试行，并通知如下：

一、本《报表制度》自2007年年报起执行，首次报送时间为2008年3月31日前，报送内容为2007年1~12月期间各相关报表。

二、民用建筑能耗统计报表采取电子形式报送，民用建筑能耗统计信息报送平台，具体开通时间另行通知。

三、民用建筑能耗统计报表采取逐级报送方式。先由各相关省建设行政主管部门对辖区内试行城市有关单位、部门上报的报表进行审核汇总，再通过民用建筑能耗统计信息报送平台报送建设部。直辖市建设行政主管部门先将辖区内有关单位、部门上报的报表进行审核汇总，再通过民用建筑能耗统计信息报送平台报送建设部。

四、凡已纳入国家机关办公建筑和大型公共建筑节能监管体系建设的试点城市，开展国家机关办公建筑和大型公共建筑的能耗统计工作，均应按照《报表制度》的要求进行。

五、我部委托建设部科技发展促进中心承担民用建筑能耗统计报表的催报、接收、汇总等具体工作。报表制度实施中如有问题，请及时与我部科学技术司联系。

六、联系方式

联系人：建设部科技司 梁俊强、胥小龙

电　话：010-58934548

联系人：建设部科技发展促进中心　丁洪涛、张小玲

电　话：010-58933102、58933245

E-mail：nhtj@ chinaeeb. gov. cn

附件：

1.《国家统计局关于同意制发民用建筑能耗统计制度的函》(国统制［2007］42 号)

2.《民用建筑能耗统计报表制度》(试行)(略)

中华人民共和国建设部

二〇〇七年八月八日

附件 1：

国家统计局关于同意制发民用建筑能耗统计制度的函

国统制〔2007〕42 号

建设部：

你部《关于申请执行〈民用建筑能耗统计报表制度〉的函》(建综函〔2007〕226 号)收悉。经审核，同意制发《民用建筑能耗统计制度》，有效期限 2 年。超过有效期需继续执行或在有效期内进行重大修订时，须重新办理审批手续。

在实施时，请将正式文件及调查方案报我局统计设计管理司 6 份，并将调查所得的汇总资料及时提供我局工业交通统计司。

中华人民共和国国家统计局

二〇〇七年七月二十三日

3.8.4　财政部、国家发展改革委关于印发《高效照明产品推广财政补贴资金管理暂行办法》的通知（财建［2007］1027 号）**2007 年 12 月 28 日**

各省、自治区、直辖市、计划单列市财政厅（局）、发展改革委、经贸委（经委），新疆生产建设兵团财务局、发展改革委：

根据《国务院关于加强节能工作的决定》(国发［2006］28 号）和《国务院关于印发节能减排综合性工作方案的通知》(国发［2007］15 号）精神，中央财政设立专项资金，支持高效照明产品的推广使用。为规范财政资金管理，提高资金使用效益，我们制定了

《高效照明产品推广财政补贴资金管理暂行办法》。现予印发，请遵照执行。

附件：高效照明产品推广财政补贴资金管理暂行办法

财政部

国家发展改革委

二〇〇七年十二月二十八日

附件：

高效照明产品推广财政补贴资金管理暂行办法

第一章　总　则

第一条　根据《国务院关于加强节能工作的决定》(国发［2006］28 号) 和《国务院关于印发节能减排综合性工作方案的通知》(国发［2007］15 号)，国家安排专项资金，支持高效照明产品的推广使用。为加强高效照明产品推广财政补贴资金（以下简称财政补贴资金）管理，提高资金使用效益，特制定本办法。

第二条　财政补贴资金用于支持采用高效照明产品替代在用的白炽灯和其他低效照明产品，主要包括高效照明产品补贴资金和推广工作经费。

第三条　补贴资金采取间接补贴方式，由财政补贴给中标企业，再由中标企业按中标协议供货价格减去财政补贴资金后的价格销售给终端用户，最终受益人是大宗用户和城乡居民。

第四条　财政补贴资金由中央财政预算安排，实行公开、透明管理办法，接受社会监督。

第二章　补贴产品和受益对象

第五条　财政补贴的高效照明产品主要是普通照明用自镇流荧光灯、三基色双端直管荧光灯（T8、T5 型）和金属卤化物灯、高压钠灯等电光源产品，半导体（LED）照明产品，以及必要的配套镇流器。

第六条　财政补贴的受益对象包括大宗用户和城乡居民用户。大宗用户是指工矿企业、写字楼、医院、学校、宾馆、商厦、车站、机场、码头、道路等采用照明产品集中的场所，采用合同能源管理推广高效照明产品的节能服务公司可视为大宗用户；居民用户是指以社区或行政村为购买单位的用户。

第三章　中标企业及产品要求

第七条　高效照明产品推广企业及协议供货价格通过招标产生。国家实行统一招标，并根据招标结果，公示中标企业、高效照明产品及其中标协议供货价格。

第八条　中标企业提供的高效照明产品必须达到照明产品国家能效标准的节能评价

值，其规格、型号必须通过国家节能产品认证。

第九条 中标企业应当具有完善的售后服务体系，履行约定的质量承诺（大宗用户不少于1年、城乡居民用户不少于2年）。

第十条 中标企业应在产品外包装和本体上印制“政府补贴、绿照工程”字样。

第十一条 中标企业必须按照中标协议供货价格减去财政补贴资金后的价格销售中标产品。

第四章 补 贴 标 准

第十二条 大宗用户每只高效照明产品，中央财政按中标协议供货价格的30%给予补贴；城乡居民用户每只高效照明产品，中央财政按中标协议供货价格的50%给予补贴。

第五章 资金申报与拨付

第十三条 国家发展改革委、财政部根据国家高效照明产品年度推广任务、人口分布、城乡发展水平及白炽灯使用情况等因素，联合下达年度高效照明产品推广任务，并提供中标企业名单、产品目录及其协议供货价格。

第十四条 省级节能主管部门会同财政部门根据国家发展改革委、财政部下达的高效照明产品年度推广任务，结合本地实际情况，制定具体实施方案，明确所需产品的名称、型号、数量、厂家及推广地区等，联合报国家发展改革委、财政部备案，并组织协调中标企业落实推广任务。

第十五条 中标企业根据高效照明产品推广计划、高效照明产品实际安装数量、中标协议供货价格、补贴标准，提出财政补贴资金申请报告［见附表一（略）］，经高效照明产品推广所在地财政部门和节能主管部门审核后，报省级财政部门和节能主管部门。

第十六条 省级财政部门会同节能主管部门对企业资金申请报告进行审核，分别于每年4月30日和8月31日前报财政部、国家发展改革委［见附表二（略）］。

第十七条 财政部会同国家发展改革委对高效照明产品推广情况和实际安装数量进行抽查。

第十八条 财政部根据抽查情况下达财政补贴资金预算，抄送国家发展改革委。

第十九条 财政部视情况安排一定的推广工作经费，支持基层节能部门、居委会或村委会开展与推广相关的需求统计、宣传资料、组织联络等工作。

第二十条 各级财政部门要按照财政国库管理制度等有关规定，将财政补贴资金及时拨付给有关单位和中标企业。

第六章 资金监督管理

第二十一条 企业对财政补贴资金申请报告的真实性负责。对弄虚作假，骗取财政补贴资金的企业，财政将追缴扣回补贴资金，并由国家发展改革委取消企业的供货资格，同时向社会公布。

第二十二条 财政补贴资金必须专款专用，任何单位不得以任何理由、任何形式截留、挪用。对违反规定的，按照《财政违法行为处罚处分条例》(国务院令第427号）等有关规定，依法追究有关单位和人员的责任。

第七章　附　　则

第二十三条　本办法由财政部会同国家发展改革委负责解释。

第二十四条　本办法自印发之日起实施。

3.8.5　关于印发《再生节能建筑材料财政补助资金管理暂行办法》的通知（财建［2008］677号）2008年10月14日

各省、自治区、直辖市、计划单列市财政厅（局），新疆生产建设兵团财务局：

为贯彻落实《国务院关于印发节能减排综合性工作方案的通知》(国发［2007］15号）精神，切实推动再生节能建筑材料的生产与利用，特别是支持推动汶川地震建筑垃圾处理与再生利用，我们研究制定了《再生节能建筑材料财政补助资金管理暂行办法》。现予印发，请遵照执行。

附件：再生节能建筑材料财政补助资金管理暂行办法

财政部

二〇〇八年十月十四日

附件：

再生节能建筑材料生产利用财政补助资金管理暂行办法

第一条　为支持推动汶川大地震建筑垃圾处理与再生利用，贯彻落实《国务院关于印发节能减排综合性工作方案的通知》(国发［2007］15号）精神，国家财政将安排资金专项用于支持再生节能建筑材料生产与推广利用。为加强该项资金管理，特制定本办法。

第二条　本办法所称"再生节能建筑材料"是指利用建筑垃圾等废弃物生产的再生建材以及新型节能建材。

本办法所称"再生节能建筑材料推广利用财政补助资金"（以下简称补助资金）是指中央财政安排的专项用于支持再生节能建筑材料生产与推广利用方面的资金。

第三条　补助资金使用范围主要包括：再生节能建筑材料企业扩大产能贷款贴息；再生节能建筑材料推广利用奖励；相关技术标准、规范研究与制定；财政部批准的与再生节能建筑材料生产利用相关的支出。

第四条　中央财政贴息资金将按再生节能建材生产企业扩大产能实际贷款额及中国人民银行同期贷款基准利率计算。贷款期限不长于3年的，按实际贷款期限贴息；贷款期限长于3年的，按3年贴息。

申请中央财政贴息资金的再生节能建筑材料生产企业需满足技术、经济等相关条件，具体条件由住房城乡建设部会同财政部发布。符合相关条件的企业均可向当地财政部门申请资金，省级财政部门会同建设部门负责对申报企业的相关条件进行审核，并根据贷款合同及结息凭证等，对企业申报的贴息资金予以审核确认。贴息期为上年的6月29日至本年的 6 月 30 日。财政部将不定期地组织财政部驻各地财政监察专员办事处对补助资金申报落实情况进行监督检查。

第五条 再生节能建筑材料推广利用奖励办法另行制订。

第六条 补助资金支付管理按照财政国库管理制度有关规定执行。

第七条 各级财政、建设部门要切实加强补助资金的管理，确保补助资金专款专用。对弄虚作假、冒领、截留、挪用补助资金的，一经查实，按照国家有关规定进行处理。

第八条 本办法由财政部负责解释。

第九条 本办法自印发之日起施行。